mentor Abiturhilfe

Biologie

Oberstufe

Verhalten
Methoden, Mechanismen
und Ursachen

Reiner Kleinert
Wolfgang Ruppert
Franz X. Stratil

Mit ausführlichem Lösungsteil

mentor
Eine Klasse besser.

Die Autoren:

Reiner Kleinert, Oberstudienrat für Biologie
Wolfgang Ruppert, Studienrat für Biologie
Franz X. Stratil, Oberstudienrat für Biologie

Illustrationen:
Udo Kipper, Hanau
Fotos S. 11, 42, 30, 72, 111, 113, 131, 138, 139: Reiner Kleinert, Hanau

Layout:
Sabine Nasko, München

Umwelthinweis: Gedruckt auf chlorfrei gebleichtem Papier.

Druck: Mercedes-Druck, Berlin
Printed in Germany
www.mentor.de

ISBN 13: 978-3-580-65694-2
ISBN 10: 3-580-65694-5

1 2 3 4 5 / 10 09 08 07 06

Inhalt

Vorwort

1. Warum	bebrüten	Vögel	**Eier**?
2. Warum	**bebrüten**	Vögel	Eier?
3. Warum	bebrüten	**Vögel**	Eier?
4. **Warum**	bebrüten	Vögel	Eier?

Die Antwort auf die obige(n) Frage(n) hängt sehr davon ab, welche Schwerpunkte ein Wissenschaftler setzt. „Vögel bebrüten ihre Eier, weil bestimmte Mechanismen sie dazu veranlassen. Sie sind (durch die natürliche Selektion) dafür konstruiert, Eier zu bebrüten, weil dieses Verhalten eine Funktion erfüllt, die für ihr Überleben und ihre Fortpflanzung wichtig ist" (McFarland 1989, S. 1).

Der Verhaltensbiologe Tinbergen hat bereits 1963 darauf aufmerksam gemacht, dass beim Studium des biologischen Verhaltens die gleichen Fragen zu stellen sind, die generell in der Biologie gestellt werden:
- die Frage nach den **Mechanismen**,
- die Frage nach der ontogenetischen **Entwicklung**,
- die Frage nach der biologischen **Funktion**, dem Überlebensvorteil und
- die Frage nach der stammesgeschichtlichen Entwicklung, der **Evolution** des Verhaltens.

Die beiden ersten Fragen zielen auf die so genannten „Wirk-Ursachen" (proximate Ursachen) des Verhaltens ab, die beiden letzten auf die „Zweck-Ursachen" (ultimate Ursachen).
Die Soziobiologie versucht, die Fragen nach der biologischen Angepasstheit des Verhaltens zu beantworten, und hat maßgeblich zur Entwicklung der Verhaltensforschung von einer zunächst hauptsächlich beschreibenden zu einer zunehmend analytischen Wissenschaft beigetragen.

In Film und Fernsehen werden wir mit Verhaltensweisen von Tieren konfrontiert. Und wer hat nicht Bücher geliebt, in denen besonders intelligente Tiere eine Hauptrolle spielen?

Viele von uns haben vielleicht einmal Haustiere gehalten und dabei ganz spezielle Erfahrungen mit Tieren gesammelt. Mütter und Väter beobachten ihre heranwachsenden Kinder. Die Aufzählung, in welchen Situationen wir uns direkt oder indirekt mit Verhalten auseinander setzen, ließe sich fast beliebig erweitern.

Ein Bereich der Biologie hat es sich zum Ziel gesetzt, die biologischen Anteile dieses weiten Feldes zu ergründen und zu beschreiben: die Verhaltensforschung. Es handelt sich dabei um eine relativ junge Fachrichtung; ihre wesentlichen Erkenntnisse stammen aus den letzten 50 Jahren.

Anhand klassischer Beispiele haben wir im vorliegenden Buch versucht, die Grundideen und Grundthesen dieses Wissenschaftsbereiches darzustellen. Dabei wurden, wo immer es sinnvoll und möglich schien, die Wissenschaftler selbst zitiert – auch, um die Besonderheiten ihrer Sichtweisen möglichst authentisch wiederzugeben.

Oft stellen die Aufgaben nicht nur Wiederholungen und Überprüfungen der vorher beschriebenen Inhalte heraus, sondern erweitern und vertiefen diese Inhalte, indem sie weitere klassische Untersuchungen vorstellen. Gerade sie stellen somit eine ideale Vorbereitung auf mögliche Arbeits- und Abituraufgaben dar.

Der Frage nach den Mechanismen gehen wir in den ersten drei Kapiteln nach: Zunächst klären wir den Unterschied zwischen **proximaten und ultimaten Ursachen**, danach stellen wir die **Methoden der Verhaltensbiologie** dar. Von den **Reflexen**, kaum veränderlichen Bewegungsabläufen, kommen wir zu den **Instinkthandlungen**, die durch das Zusammenwirken von äußeren Reizen und inneren Antrieben ausgelöst werden und in der Regel als **Handlungsketten** organisiert sind. Die Frage nach der ontogenetischen Entwicklung steht im Mittelpunkt des vierten Kapitels: **Lernvorgänge** von der klassischen und operanten Konditionierung über das Lernen durch Beobachtung und Nachahmung bis hin zum kognitiven Lernen werden thematisiert. Den Abschluss bildet das **Prägungslernen**, das nur in einer genetisch festgelegten sensiblen Phase stattfindet. Der Frage nach der biologischen Funktion ist das abschließende Kapitel gewidmet: Ausgehend von der Annahme, dass jedem natürlichen Verhalten eine biologisch sinnvolle Funktion zukommt, werden zur Erklärung der ultimaten Ursachen **soziobiologische Konzepte** herangezogen, die den Anpassungswert des Verhaltens betonen. Hier entwickeln wir vor allem Konzepte zur Erklärung des **tierlichen und menschlichen Sozialverhaltens**.

An vielen Stellen ergeben sich Überschneidungen mit unserer Abiturhilfe Nerven, Sinne und Hormone; die physiologischen Grundlagen sollten deshalb dort nachgeschlagen werden.

Wir haben versucht, dem Buch einen Arbeitsbuch-Charakter zu geben. Papier und Stift sind deshalb ebenso wichtig wie die Lektüre selbst. Wir hoffen, dass die Beispiele und Aufgaben auch zum Schmökern anregen und dadurch fast nebenbei die Inhalte vermitteln und so zum Lernen beitragen.

Die Lösungen zu den Aufgaben stehen wie üblich im separaten Lösungsteil am Ende des Buches.

Viel Spaß und Erfolg wünschen:

Reiner R. Kleinert,
Wolfgang Ruppert und
Franz X. Stratil

Alle Begriffe, die mit einem * versehen sind, erläutert das **Glossar** S. 167.

A Einleitung

In unserer Umgangssprache hat das Wort „Verhalten“ eine ausgesprochen weite Verbreitung: Da verhalten sich Schüler in der Schule, Käufer beim Einkauf, Kurse an der Börse, Kandidaten beim Wahlkampf, die Lymphozyten bei der Immunabwehr, Moleküle im Reagenzglas, Materialien unter bestimmten Umwelteinflüssen, Konfliktparteien im Krieg usw. Überall wird sich verhalten und wir verhalten uns ebenfalls ständig – wir können uns gar nicht **nicht** verhalten.

1. Was ist Verhalten?

Originaltext

Wo sollen wir beginnen? Am besten doch mit der grundlegenden Frage: Was ist eigentlich tierisches Verhalten? Was verstehen wir darunter? Die Antwort ist keineswegs einfach. Grob gesagt, besteht das Verhalten aus den Bewegungen der Tiere. Diese beschränken sich nicht nur auf Laufen, Schwimmen, Kriechen und andere Arten der Fortbewegung. Sie enthalten auch die Bewegungen der Tiere beim Fressen, bei der Paarung und beim Atmen. Das ist noch nicht alles. Selbst die leisesten Bewegungen einzelner Körperteile, wenn ein Tier z.B. die Ohren spitzt oder einen Laut von sich gibt, sind Ausdruck von Verhaltensweisen. ... Im ganzen gesehen neigen wir jedoch dazu, Bewegungen oder einen Bewegungswechsel, auch den Wechsel von Bewegungen zu absoluter Ruhe oder „Erstarren“, als Verhalten zu bezeichnen, also alles das, was man beobachten kann. ...
Tiere verhalten sich auf verwirrend viele Arten. In der Tat ist der Spielraum tierischer Verhaltensweisen genauso groß wie die Vielfalt tierischer Formen, Größen und Färbungsunterschiede, die schon viele Generationen von Zoologen beschrieben und klassifiziert haben. Keine zwei Arten verhalten sich genau gleich.
(TINBERGEN *1976*)

Diese Ausführungen von NIKO TINBERGEN* umreißen in anschaulicher Art und Weise die Wissenschaftsdisziplin, die auf den folgenden Seiten vorgestellt wird.
Da die Verhaltensforschung wie kaum eine andere Disziplin der Biologie mit Begriffen aus der Alltagssprache operiert und Sachverhalte zum Inhalt hat, von denen jeder glaubt, auch ohne ein vertieftes Studium genügend Kenntnisse zu besitzen, um „mitreden“ zu können, ist es besonders wichtig, die biologische Teildisziplin **Verhaltensforschung** sauber gegenüber vorwissenschaftlichen Alltagserfahrungen abzugrenzen. Hierzu ist eine exakte Definition des Wortes **Verhalten** unabdingbar. Wir wollen uns dabei an die Vorstellungen von TINBERGEN anlehnen:

Definition Verhalten umfasst alle an lebenden Organismen äußerlich wahrnehmbaren Bewegungen und Stellungen, Körperhaltungen und Lautäußerungen sowie kurzfristigen, umkehrbaren Farb- und Formänderungen und die Abgabe von Substanzen, die zur gegenseitigen Verständigung dienen und beim Gegenüber ihrerseits Verhaltensweisen bedingen können.

Versuchen wir zunächst, dieses Definitionsmonstrum zu knacken:
Bewusst haben wir in unsere Definition **alle** lebenden **Organismen** einbezogen, auch die Pflanzen, Einzeller und Bakterien. Das „Lebendig-Sein“ selbst bedeutet schon Verhalten in diesem weiten Sinne, ein lebender Organismus kann sich gar nicht **nicht verhalten**, denn auch das Ruhen stellt ja ein beobachtbares Verhalten dar.
Wir kommen mit unseren Überlegungen nur weiter, wenn wir versuchen, das für uns relevante Verhalten einzugrenzen. Zum Verhalten im von uns gemeinten Sinne zählen weder Wachstumsvorgänge oder Entwicklungsprozesse (Größenwachstum, Geweihwachstum, Geschlechtsdifferenzierungen u.a.) noch physiologische Vorgänge wie z.B. die Verdauungsbewegungen des Darms, Schweißabsonderungen zur Vermeidung von Überhitzung oder die Bräunung der Haut als Reaktion auf Sonneneinstrahlung.
Dass auch nach diesen Überlegungen manche Abgrenzung problematisch bleiben wird, liegt in der Komplexität der Sache, da sich die Verhaltensforschung nicht mehr mit Teilaspekten (Zellbiologie, Physiologie, Genetik) der lebenden Organismen beschäftigt, sondern mit den Organismen selbst und deren Beziehungen untereinander.

2. Ursachen von Verhalten

2.1 Reize

Ein auf solche Weise definiertes Verhalten stellt normalerweise eine **Antwort des Lebewesens auf Einwirkungen aus der Umwelt** dar. Sind diese Einwirkungen so beschaffen, dass die Organismen dafür Wahrnehmungseinrichtungen z.B. in Form von Sinnesorganen besitzen, kann es zu gezielten, beobachtbaren **Reaktionen** beim betroffenen Lebewesen kommen.

Während wir am Tisch sitzen und schreiben, hören wir gleichzeitig Musik aus dem Radio und Autos an unserem Haus vorbeifahren. Es dringen Kaffeedüfte oder Gerüche aus der Küche in unsere Nase; wir schreiben ruhig weiter. Eine Verhaltensänderung findet erst dann statt, wenn z.B. plötzlich die Türglocke erklingt. Jetzt stehen wir auf und öffnen die Tür.

a) b)

Abb. 1
Reize, a) Reizflut ohne Reaktion, b) reaktionsauslösender Reiz

Das Läuten der Türglocke hat dazu geführt, dass wir unser Verhalten geändert haben, es hat eine Reaktion ausgelöst.

Definition Alle messbaren physikalischen oder chemischen Zustände oder Zustandsänderungen in der Umwelt von Organismen, die zur Erhaltung oder Änderung von Verhaltensweisen der betroffenen Organismen führen, nennen wir **reaktionsauslösende Reize** (*nach* APFELBACH/DÖHL *1976, S. 11*).

Damit grenzen wir gezielt diejenigen Reize aus, die vom Organismus mit keiner direkt beobachtbaren Reaktion beantwortet werden. Ob im obigen Beispiel die Musik, die Fahrgeräusche und/oder der Kaffeeduft indirekt einen Einfluss auf unser Verhalten hatten, bleibt damit unbeantwortet.

Für unsere weiteren Betrachtungen sind diejenigen Reize von Bedeutung, für die die betrachteten Organismen entsprechende (**adäquate**) Wahrnehmungsstrukturen besitzen. Bei den vielzelligen Tieren und den Menschen sind dies normalerweise spezialisierte Organe, die **Sinnesorgane** oder **Rezeptoren**.

Beobachten und analysieren wir das Verhalten von Tieren, müssen wir uns immer Klarheit darüber verschaffen, in welcher Form diese speziellen Organismen ihre Umwelt wahrnehmen. Gegenüber unserer eigenen **Wahrnehmung** kann dies eine Einschränkung oder Ausweitung bedeuten (optischer Sinn bei Maulwürfen, Ultraschall bei Fledermäusen, Geruch bei Hunden etc.). Nur unter Berücksichtigung dieser Unterschiede in der Wahrnehmung lassen sich verallgemeinerbare Aussagen erzielen (*vgl. Kap. B*).

Reize haben immer nur eine **auslösende Funktion**; die vom Rezeptor aufgenommene Energie ist weit geringer als die notwendige Energie zur Weiterleitung und Beantwortung (*vgl. Mentor Abiturhilfe Nerven, Sinne und Hormone*).

Neben dem für jeden Rezeptor **adäquaten Reiz**, für den der Rezeptor quasi „gebaut" ist, können auch so genannte **inadäquate Reize** eine Reaktion hervorrufen. Sie müssen dann jedoch eine wesentlich höhere „Reizenergie" bereitstellen: Am bekanntesten ist hier wohl der berühmte Schlag aufs Auge, der uns „Sternchen" sehen lässt. Während Licht im Bereich von 400 nm bis 760 nm den für das menschliche Auge adäquaten Reiz darstellt, wäre der Schlag aufs Auge ein inadäquater Reiz.

Unberücksichtigt bleiben all diejenigen Umwelteinflüsse, für die bisher (noch) kein Wahrnehmungssystem bekannt ist, z.B. Röntgenstrahlen, atomare Strahlen, elektromagnetische Strahlung (Elektrosmog) oder geruchlose Gase und Gifte. Da diese Reize entscheidende kurz- und/oder langfristige Schädigungen und damit auch Verhaltensänderungen zur Folge haben können, sind sie doppelt problematisch.

2.2 Innerer Antrieb

Nach einer ausgiebigen, sättigenden Mahlzeit kann selbst unsere Lieblingsspeise ein erneutes Essverhalten nicht auslösen; wir verzichten – wenn auch mit Bedauern.

Es scheint also „innere Kräfte" zu geben, die wesentlichen Einfluss auf die Ausführung einer Verhaltensweise haben. Diese **inneren Antriebe** stehen in einer Wechselwirkung zum äußeren Reiz; erst das Zusammenspiel beider Komponenten hat Verhalten als Folge (*vgl. Prinzip der doppelten Quantifizierung, Kap. C. 3.1 und Reflexe, Kap. C.2*).

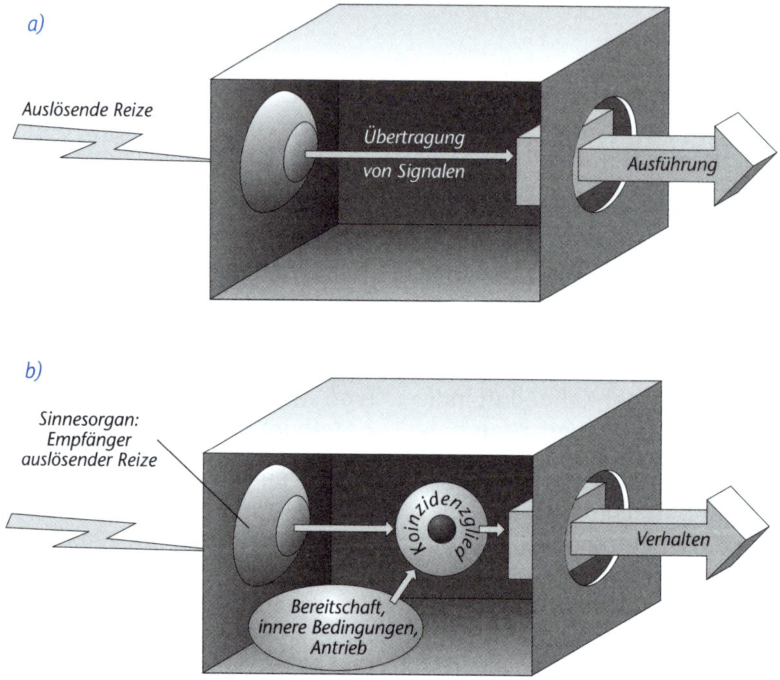

Abb. 2
Vereinfachte Funktionsschaltbilder zur a) Reiz-Reaktions-Theorie und b) Triebtheorie; der Organismus entspricht einer Blackbox, das empfangende System (z.B. Rezeptor) ist durch eine Halbschale, das sichtbare Verhalten durch einen dicken Pfeil symbolisiert; die Verbindungslinien kennzeichnen die Informationswege (Nervenbahnen, Hormone), so genannte Koinzidenzglieder (Scheibe mit Punkt) stellen Verknüpfungsstellen dar.

2.3 Angeboren bzw. genetisch bedingt – oder erworben?

Ein Mensch besitzt **„angeborenermaßen"** Arme, Hände, Finger, Beine, Augen etc.; ebenso sind bestimmte physiologische Prozesse angeborenermaßen gegeben und können, wenn genetische Defekte vorliegen, zu erbbedingten Anomalien führen (z.B. die Phenylketonurie, *vgl. mentor Abiturhilfe Genetik*). Dass bestimmte Strukturen und Funktionen angeboren sind – und das meint in diesem Sprachgebrauch **ererbt** oder **genetisch determiniert** –, scheint also keinem Zweifel zu unterliegen.

Betrachten wir einen **neugeborenen Säugling**, so können wir beobachten, dass dieser sofort zu schlucken vermag, d.h., der Schluckreflex (vgl. Kap. C.2) scheint angeborenermaßen vorhanden zu sein.

Wir drücken uns deshalb nach wie vor so vorsichtig aus, weil wir keine Aussagen darüber machen können, welche **vorgeburtlichen Bedingungen** notwendig waren, damit dieses Verhalten nach der Geburt sofort auftreten konnte. Menschliche Feten trinken nachweislich auch schon vor der Geburt vom

Fruchtwasser, der Schluckreflex muss also bereits bei Feten vorhanden sein.

Damit ist nun plötzlich gar nicht mehr so eindeutig klar, ob der Schluckreflex nicht doch auf Erfahrungen beruht, die der Fetus beim Schlucken von Fruchtwasser gemacht hat – also ob der Reflex vererbt (angeboren) oder erworben (erlernt) wurde.
Andererseits können Verhaltensweisen, die direkt nach der Geburt oder dem Schlüpfen aus dem Ei (z.B. bei Vögeln, Reptilien, Amphibien und Fischen) (noch) nicht gezeigt werden und erst in späteren Entwicklungsphasen zum ersten Mal auftreten, durchaus im oben verwendeten Sinn des Begriffes angeboren sein (Flugfähigkeit von Vögeln, *vgl.* **Reifung**, *Kap. C.3.3*).

Eine weitere Einschränkung bzw. Konkretisierung erfährt der Begriff „angeboren" dadurch, dass auch bei körperlichen Merkmalen nicht die Merkmale selbst, sondern **Variationsbreiten/Reaktionsnormen** vererbt werden. Die Ausdifferenzierung verläuft dann innerhalb der ererbten Reaktionsnorm

Abb. 3
Angeborenes Können: Kaum hat er die Puppenhülle abgestreift, kann der Kohlweißling fliegen.

quasi als „Angebot" an die Umwelt in Wechselwirkung zwischen ererbten Anteilen und Außenfaktoren.

Dass Verhaltensweisen allerdings auch im strengen Sinne angeboren, d.h. genetisch determiniert sein können, wird besonders deutlich, wenn man das Verhalten von Insekten betrachtet:

Bekannt ist das Beispiel des Kohlweißlings, der aus der Puppenhülle geschlüpft ist und dessen Flügel erhärtet sind. Er kann fliegen, ganz offensichtlich wegen eines vom Genom festgelegten Verhaltensprogrammes (**angeborenes Können**). Genetisch bedingt ist also das Programm für einen bestimmten Bewegungsablauf (Erbmotorik).

Der Kohlweißling zeigt auch ein offensichtlich ererbtes Erkennen von Reizen: er legt ohne vorherige Erfahrungsmöglichkeit seine Eier an Kohlpflanzen ab, wo die Raupen geeignete Entwicklungsbedingungen antreffen (**angeborenes Erkennen**). Hier wäre dann die Kenntnis der auslösenden und richtenden Reize genetisch festgelegt (Erbrezeptorik).

Allgemein geht man davon aus, dass ein Verhalten dann als angeboren, d.h. genetisch bedingt, bezeichnet werden kann, wenn eine Verhaltensweise auftritt, ohne dass vorher eine spezifische Erfahrung notwendig gewesen wäre (*vgl. Kaspar-Hauser-Versuch, Kap. B.2.1*). Es ist dann anzunehmen, dass sie auf Informationen basiert, die im Genom als Reaktionsnorm gespeichert sind.
Synonym mit dem Begriff „angeboren" (ererbt) wird allgemein auch das Wort **„instinktiv"** verwendet.

Für angeborene Verhaltensweisen ist kennzeichnend:

- die Verhaltensweise tritt auch bei isoliert aufgezogenen Tieren auf,
- die Verhaltensweise tritt bei allen Tieren der Art auf,
- das auftretende Verhalten ist arterhaltend, zweckmäßig.

2.4 Proximate* und ultimate* Ursachen

Der **Schneehase** (*Lepus timidus*) hat im Sommer ein rotbraunes bis bräunlichgraues Fell. Das Winterfell ist hingegen bis auf die schwarzen Ohrspitzen reinweiß. WATSON hat nachgewiesen, dass die Umfärbung von der Umwelttemperatur abhängig ist. So ist auch zu erklären, dass arktische Schneehasen das ganze Jahr über weiß sind, während irische Schneehasen oft auch im Winter ein rotbraunes Fell haben. Unsere Frage heißt nun: **Warum ist das Winterfell des Schneehasen weiß?**

Grundsätzlich lassen sich in der Biologie zwei Antworten auf die „Warum-Frage" geben.

Antwort 1: Das Winterfell ist weiß, weil bei niedrigen Temperaturen keine Pigmente gebildet werden, die Fellhaare damit pigmentlos sind und dadurch das Licht total reflektieren. Mit dieser Antwort haben wir den unmittelbaren Mechanismus benannt, der die weiße Fellfärbung erzeugt. Sie erklärt die so genannte **Wirkursache**, die **proximate Ursache** für die Farbe Weiß.

Antwort 2: Das Winterfell ist weiß, weil der Hase dadurch in seinem spezifischen Lebensraum, einer Schneelandschaft, für seine Feinde optisch unauffälliger ist, seltener erbeutet wird und seine individuellen Überlebenschancen ebenso wie seine Fortpflanzungschancen erheblich verbessert sind. Mit dieser Antwort haben wir die so genannte **Zweckursache**, die **ultimate Ursache** für die weiße Fellfärbung gegeben. Bei der ultimaten Begründung geht es um eine evolutionsbiologisch orientierte Erklärung für die Fellfärbung. Der Mechanismus, wodurch die optimale Anpassung, der Selektionsvorteil, erreicht wird, ist davon unabhängig (*vgl. mentor Abiturhilfe Evolution*).

Indirekt liefert damit die ultimate Erklärung zugleich auch den Grund für die Entwicklung, Ausbildung und Vervollkommnung eines bestimmten Merkmals und damit des proximaten Mechanismus.

In den Kapiteln C und D werden hauptsächlich proximate Ursachen benannt und Antworten auf die Frage gegeben, wie dieses oder jenes Verhalten funktioniert.

Im Kapitel E werden wir intensiv den ultimaten Ursachen nachgehen und Antworten auf die Frage versuchen, wozu dieses oder jenes Verhalten „gut ist".

3. Zusammenfassung

- Unter Verhalten versteht man Bewegungen, Lautäußerungen und Körperhaltungen sowie äußerlich erkennbare Veränderungen, die der gegenseitigen Verständigung dienen und beim Gegenüber ihrerseits Verhaltensweisen bedingen können (z.B. Farb- und Formveränderungen, Abgabe von Duftstoffen).
- Reize sind alle messbaren Zustände bzw. Zustandsänderungen in der Umgebung oder im Inneren eines Lebewesens, die zur Erhaltung oder Änderung von Verhaltensweisen der betroffenen Organismen führen. Reizbarkeit ist eine Grundeigenschaft von Lebewesen schlechthin. Für die Verhaltensforschung sind alle reaktionsauslösenden Reize von besonderer Bedeutung (vgl. auch Schlüsselreize).

- Verhaltensweisen beruhen auf dem Zusammenspiel von auslösendem Reiz und innerem Antrieb (vgl. doppelte Quantifizierung).
- Der Begriff „angeboren" ist sehr umstritten. Angeborene Verhaltensweisen sind für Lebewesen ebenso charakteristisch wie kennzeichnende Körpermerkmale oder physiologische Eigenschaften. Angeboren, d.h. genetisch bedingt, ist dabei eine bestimmte Reaktionsnorm, die durch das ständige Wechselspiel zwischen Erbgut und Umwelt ausgeformt wird.
  Man unterscheidet zwischen angeborenem Erkennen (z.B. dem Erkennen von Nahrung) und angeborenem Können (z.B. dem Ablauf bestimmter Bewegungen). Angeboren heißt nicht „von Geburt an" vorhanden; bestimmte Verhaltensweisen können auch dann angeboren sein, wenn sie erst im Laufe der Entwicklung des Lebewesens erstmals auftreten (vgl. Reifung).
  Um zu entscheiden, ob eine Verhaltensweise angeboren oder erlernt (erworben) ist, finden folgende Kriterien Anwendung:
  - Die Verhaltensweise wird vom ersten Auftreten an immer vollständig durchgeführt.
  - Die Verhaltensweise läuft immer in gleicher Form ab und tritt bei allen Vertretern einer Art in gleicher Form auf.
- Auf die Frage nach den Ursachen von Verhaltensweisen sind in der Biologie grundsätzlich zwei unterschiedliche Antworten möglich:
  Die proximate Antwort beschreibt die zugrunde liegenden physiologischen Ursachen (Wirkursachen).
  Die ultimate Antwort versucht den Zweck/Sinn zu beschreiben (Zweckursache).

B Methoden der Verhaltensforschung

1. Beobachten, Experimentieren, Protokollieren

KONRAD LORENZ behauptete schon in seiner grundlegenden Abhandlung zur Ethologie 1935:

> **Originaltext**
>
> ..., dass das Experiment ohne Kenntnis der natürlichen Verhaltensweise in den meisten Fällen vollständig wertlos ist. ...
> Aber nicht nur das natürliche, auf Erbtrieben beruhende Verhalten einer Tierart müssen wir kennen, bevor wir zum Experiment schreiten, sondern auch ganz allgemein müssen wir ihre Verhaltensweisen, auch die individuell veränderlichen, kennen, wenn wir eine bestimmte von ihnen näher untersuchen wollen. Um ein Beispiel herauszugreifen: Eine Fehlerquelle, die bei sehr vielen Labyrinth- und Vexierkasten-Versuchen überhaupt nicht berücksichtigt ist, liegt in der Tatsache, dass jede Panik die verstandesmäßigen Fähigkeiten gerade der höheren Tiere auf nahezu Null herabsetzt. ... Zahme und scheue Stücke derselben Art geben dann natürlich ganz verschiedene Ergebnisse. Das Resultat ist dann ebenso falsch, wie wenn man die Intelligenz von Homo sapiens danach beurteilen wollte, dass beim Wiener Ringtheaterbrand 1881 die in Panik geratene Menschenmenge vor dem Umwegproblem versagte, das ihr durch den Umstand gestellt wurde, dass sich die Türen des Theaters nach innen, statt nach außen öffneten. ... (Um derartige Fehler auszuschließen,) ist aber eine langdauernde Allgemeinbeobachtung unbedingt vonnöten, die dem Beginn der Versuche voranzugehen hat. Wer zu einer solchen, zunächst auf gar kein bestimmtes Ziel gerichteten Beobachtung keine Zeit zu haben meint, lasse überhaupt die Hände von der Tierseelenkunde. ...
> Ein großer Nachteil der reinen Beobachtung im engsten Sinne, den wir hier ruhig eingestehen wollen, liegt in der Schwierigkeit ihrer Mitteilung an andere. Während das Experiment durch die Nachahmbarkeit der Versuchsbedingungen einen hohen Grad der Objektivität erreicht, trifft das für die reine Beobachtung nicht zu.
> (LORENZ *1970, S. 124–126*)

Diesen Ausführungen zur **Bedeutung der Beobachtung** bleibt kaum etwas hinzuzufügen. In der modernen Verhaltensforschung ist deshalb die Beobachtung ein wesentlicher Bestandteil geblieben.

Berühmt sind z.B. die Freilandbeobachtungen an wild lebenden Berggorillas durch DIANE FOSSEY, die gezeigt haben, wie wichtig die Beobachtung in der natürlichen Umgebung für das Verständnis von Verhaltensweisen ist.

Ziel einer systematischen Beobachtung muss eine möglichst **objektive Beschreibung** dessen sein, was beobachtet wurde. Das bedeutet für den Beobachter zum einen, dass er selbst weitgehend vermeiden sollte, das Verhalten zu interpretieren, zum anderen, dass er sich seiner Rolle als Beobachter ständig bewusst sein muss.

Nimmt er eine passive Rolle ein, bleibt die Situation ungestört. Greifen er oder seine Helfer aktiv ein, werden bestimmte Bedingungen geschaffen, um ein besonders interessierendes Verhalten beobachten zu können. Reaktionen werden gezielt provoziert.

Das Experiment setzt ein breites Wissen über das Verhalten oder die Lebensweise eines Tieres voraus; erst dann kann ein Versuchsleiter gezielt ein **Experiment planen**, das den Fähigkeiten des Versuchstieres gerecht wird.

Der Vorteil des gezielt geplanten Experimentes liegt darin, die Bedingungen so zu wählen, dass **eine einzige Veränderung** in ihrer Wirkungsweise auf die Reaktion untersucht werden kann, mit dem Ziel, **Kausalbeziehungen** (wenn ..., dann ...) aufzudecken.

Eine weitere charakteristische Eigenschaft des Experimentes besteht darin, dass es **reproduziert** werden kann (sollte!). Es sollte also aus mehreren Wiederholungen bestehen und möglichst eine große Gruppe von Versuchstieren einschließen.

Im so genannten **Feldversuch** (Freilanduntersuchung) lassen sich gegenüber dem **Laborexperiment** (Aufzucht und Haltung der Versuchstiere oft unter künstlichen Bedingungen) die Vorteile einer Untersuchung in der natürlichen Umgebung mit den Vorteilen der gezielten Veränderung spezifischer Bedingungen verbinden.

Die Freilanduntersuchung hat heute einen großen Stellenwert bei allen Verhaltensuntersuchungen gewonnen. Lassen sich doch so mögliche Verhaltensdeformationen

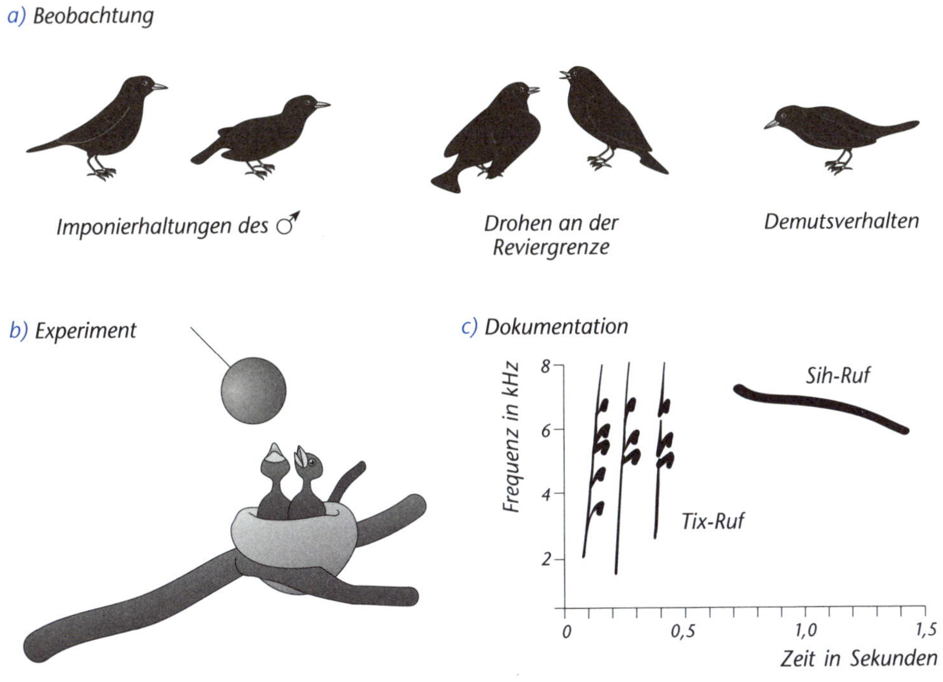

Abb. 4
Ethogrammausschnitt für das Verhalten der Amsel (die Abbildungen zeigen die beobachteten Körperhaltungen, die Bildunterschriften stellen Deutungen der Beobachtungen in ethologischer Sichtweise dar), a) Beobachtung, b) Experiment, c) Tonbanddokumentation, Klangspektrograph von Tix-Ruf (Bodenfeindalarm) und Sih-Ruf (Luftfeindalarm)

weitestgehend ausschalten, die schon im Vorfeld, z.B. bei Aufzuchtfehlern, entstehen können.

Schließlich ist es Aufgabe des Versuchsleiters, die Ergebnisse oder Daten so zusammenzustellen, dass sowohl er als auch andere daraus Schlüsse ziehen können. Neben Beobachtungsprotokollen geschieht dies häufig mithilfe von Tabellen und Kurven; auch statistische Methoden eignen sich gut, um Auswertungen vorzubereiten (*vgl. Kap. B.2.3*).

Dabei ist der Protokollierende angehalten, nur den Ablauf des beobachteten Geschehens zu beschreiben und zwar so, als sähe er den Vorgang zum ersten Mal. Vergleiche, Kategorisierungen und Deutungen sind zu vermeiden. Erst die spätere Auswertung der Protokolle soll zu Fragestellungen führen. Nur so lässt sich vermeiden, dass „im vorauseilenden Gehorsam" nur das protokolliert wird, was für die anschließenden Fragestellungen wahrscheinlich „gebraucht" wird.

Ziel all dieser Bemühungen ist es, ein **Ethogramm** zu erstellen, einen möglichst umfassenden und differenzierten Katalog der Verhaltensweisen einer speziellen Tierart.

Die Arbeit mit „Papier und Bleistift" sollte nach Möglichkeit durch Foto-, Film-, Audio- und Videoaufnahmen untermauert werden. Besonders Film- und Videoaufnahmen gewährleisten eine einigermaßen sichere Konservierung der Beobachtungen, was gerade für vergleichende Untersuchungen von großem Vorteil ist.

2. Untersuchungsmethoden der Ethologie

2.1 Allgemeine Methoden zur Untersuchung von Verhaltensweisen

Nach allgemeiner Übereinstimmung sind die wichtigsten Methoden in der Ethologie:

a) Kaspar-Hauser-Versuche (Aufzucht unter Erfahrungsentzug),

b) Untersuchung taubblind Geborener,

c) Attrappenversuche,

d) Versuche mit kontrolliert veränderten Umweltfaktoren,

e) Kreuzungsexperimente; Zwillingsuntersuchungen,

f) elektrische und/oder hormonale Reizung des Nervensystems,

g) Ausschaltexperimente.

a) Kaspar-Hauser-Versuche

Die Bezeichnung „Kaspar Hauser" geht zurück auf das Jahr 1828. In diesem Jahr wurde in der Nähe von Nürnberg ein junger Mann gefunden, der sich nur unkoordiniert bewegen konnte und überwiegend unverständliche Laute von sich gab. Nach eigenen Angaben war er in einem dunklen Verlies nahezu ohne Kontakt zu Menschen aufgewachsen. Er nannte sich selbst Kaspar Hauser.

Mit seiner Herkunft beschäftigte sich sehr schnell eine umfangreiche Literatur; umso mehr, als er am 17.12.1833, fünf Jahre nach seinem Auftauchen, an einer Stichwunde durch einen Unbekannten starb. Man nahm lange an, dass sein Aufwachsen und seine Ermordung mit Erbfolgestreitigkeiten zu tun hatten und er möglicherweise ein Urenkel des Großherzogs Karl Friedrich von Baden war.

Kaspar-Hauser-Versuche sind spezielle Verfahren der **Aufzucht von Jungtieren**, bei

Abb. 5
Bettelpicken eines Silbermöwenkükens,
a) normales Verhalten mit Altvogel,
b) Auslösung des gleichen Verhaltens mit einer Attrappe (spitzer Stift)

denen die Tiere **isoliert** von Artgenossen gehalten werden, um angeborene Verhaltensmuster zu erforschen.

Eine **vollständige Isolierung** eines heranwachsenden Lebewesens ist überhaupt nicht möglich, da ein Rest an Erfahrungsmöglichkeiten immer bleibt, so z.B. die Erfahrungen mit dem eigenen Körper. Außerdem führen extreme Isolationsexperimente zu schweren Entwicklungsstörungen, sodass das beobachtete Verhalten nicht mehr vergleichbar mit dem Verhalten von normal aufgewachsenen Artgenossen ist. Bei völlig in Dunkelheit aufgezogenen Affen entwickelte sich z.B. die Netzhaut nicht vollständig; sie waren nicht in der Lage zu sehen.

Entwicklungsstörungen wie Gefühls- und Kontaktarmut, die auf fehlende soziale Bindungen zurückgeführt werden können, bezeichnet man als Kaspar-Hauser-Komplexe.

Selbstverständlich verbieten sich Kaspar-Hauser-Versuche am Menschen wegen der auftretenden schweren Schädigungen (*vgl. Kap. D.3.3*).

b) Untersuchung taubblind Geborener

Lebewesen, die taub und blind zur Welt kommen, nennt man **Teil-Kaspar-Hauser** (*s.o.*). Erkenntnisse, die man an ihnen erlangt, sind mit solchen von Kaspar-Hauser-Untersuchungen vergleichbar. Ihnen fehlen von Geburt an zwei Sinneskanäle, mit denen gesunde Lebewesen wesentliche Umwelteindrücke sammeln.

c) Attrappenversuche

sind alle Experimente mit Attrappen (d.h. Nachbildungen) von Artgenossen, Feinden oder Beutetieren, mit deren Hilfe man die reaktionsauslösenden Reize zu ermitteln versucht (*vgl.* **Schlüsselreize**).

Bei allen Experimenten beginnt man zunächst mit möglichst naturgetreuen Nachbildungen der Reizmuster und verändert sie schrittweise so, dass Ähnlichkeit und Merkmalsfülle abnehmen. Im Idealfall bleibt nur noch ein Element übrig, das die Reaktion auslöst (*vgl. Abb. 5*).

d) Versuche mit kontrolliert veränderten Umweltbedingungen

Hierbei werden einzelne Umweltfaktoren kontrolliert verändert und die daraus resultierenden Verhaltensänderungen festgestellt. Solche Versuche lassen sich sowohl im Freiland als auch im Labor planen und durchführen.

e) Kreuzungsexperimente; Zwillingsuntersuchungen

Die Versuchsidee besteht darin, durch gezielte Kreuzungen von Individuen untereinander Aussagen über die Erblichkeit von

Verhaltensmustern zu erlangen (**positive Beweisführung**).
Da für die Mehrzahl von angeborenen Verhaltensweisen allerdings **polygene Vererbungsmechanismen** angenommen werden müssen, ist der direkte Nachweis vom Gen zum Phän (also zum Verhaltensmerkmal) bisher noch kaum gelungen (Polygenie, *vgl. mentor Abiturhilfe Genetik*).

Besonders umfangreiche Untersuchungen existieren im Bereich des Balzverhaltens, z.B. von Enten der Gattung *Anas* (Stockenten u.ä.). Trotz beträchtlicher Unterschiede in ihrer jeweiligen Färbung treten oft sehr große Ähnlichkeiten im hoch differenzierten Balzverhalten auf. Verhaltensanalysen liefern so einen **Beitrag** (Beweis) **zur Evolution** dieser Organismengruppe (*vgl. mentor Abiturhilfe Evolution*).

Da beim Menschen gezielte Kreuzungsexperimente aus ethisch-moralischen Gründen nicht möglich sind, helfen dem Verhaltensforscher vergleichende Untersuchungen an **eineiigen und zweieiigen Zwillingen**, um auf ererbte bzw. erworbene Verhaltensanteile zurückzuschließen.

f) *Elektrische und/oder hormonale Reizung des Nervensystems*

Hierbei handelt es sich um eine Untersuchungsmethode, bei der durch implantierte (eingepflanzte) Elektroden in genau festgelegten Bereichen des zentralen Nervensystems Aktionspotenziale ausgelöst werden (*vgl. mentor Abiturhilfe Nerven, Sinne, Hormone*).
Anstelle von elektrischen Impulsen können auch gezielt Hormone verabreicht werden. Die Versuchsergebnisse ermöglichen Rückschlüsse auf Regel- und Steuerungsprozesse und die daran beteiligten Zentren.

g) *Ausschaltexperimente*

Werden bestimmte nervöse oder hormonale Zentren gezielt ausgeschaltet, z.B. durch operative Eingriffe, kann anhand der auftretenden **Ausfallerscheinungen** auf angeborene und erlernte Verhaltenselemente rückgeschlossen werden. Wie bei (f) sind Aussagen zur Sensomotorik möglich (Zusammenhang zwischen Reiz und Reaktion).

Ähnliche Ergebnisse lassen sich im Bereich des menschlichen Verhaltens durch Untersuchungen an Menschen gewinnen, die durch Unfälle oder Verletzungen schwer geschädigt wurden. Hierbei handelt es sich um zufallsbedingte Ausfallerscheinungen von Rezeptoren oder verarbeitenden Zentren, die Rückschlüsse auf die normale Funktion zulassen.

Aus der Kombination der Ergebnisse unterschiedlichster Erfassungsmethoden lassen sich relativ vollständige **Ethogramme** von Tierarten erstellen. Diese können genutzt werden, um verschiedene Tierarten miteinander zu vergleichen. Aussagen zu Verwandtschaftsbeziehungen und Verhaltensursprüngen sind so möglich.

Bei allen Untersuchungen und Experimenten sollte strengstens auf die **ethische Vertretbarkeit** Rücksicht genommen werden.

2.2 Erfassung erbbedingter Verhaltensweisen beim Menschen

Grundsätzlich lassen sich die oben beschriebenen Methoden auch beim Menschen einsetzen.

Allerdings spielen im menschlichen Verhaltensrepertoire erlernte Komponenten eine ganz besondere Rolle, was u.a. auf die spezifische Evolution des Großhirns zurückzuführen ist. Das Erfassen erbbedingter Verhaltensweisen ist deshalb beim Menschen besonders schwierig (*vgl. Kap. C.2*). Folgende zusätzliche Methoden haben sich herausgebildet:

Beobachtungen an Neugeborenen. Verhaltensbeobachtungen an gesunden Neugeborenen und ihr Vergleich untereinander ermöglichen Aussagen über angeborene Elemente. Die Verhaltensweisen zwischen Mutter und Kind sind sehr gut untersucht; wir werden in späteren Kapiteln darauf eingehen.

Beobachtungen an blind geborenen Kindern. Blind geborenen Kindern fehlt einer der beiden wichtigsten Sinneskanäle des Menschen. Dennoch folgen sie z.B. einem Geräusch mit den Augen, ebenso wie sehende Kinder. Hieraus kann man schließen, dass die Orientierung und Koordination dieses „Sehvorganges" auf ererbten Strukturen basiert.

Kulturvergleiche. Untersucht und verglichen wird hierbei die Reaktion von Individuen aus unterschiedlichen Kulturkreisen auf bestimmte Reizsituationen, um Aussagen über die Erblichkeit zu gewinnen.
Besonders bei der Analyse von **Ausdrucksbewegungen** wie Lächeln, Weinen, Erbleichen und anderen mimischen Gesichtsausdrücken sind erbliche Elemente mittlerweile nachgewiesen.

Auch der so genannte **Augengruß**, erstmals von EIBL-EIBESFELDT* nach Filmanalysen beschrieben, gehört zu den erblich bedingten Ausdrucksbewegungen: Für den Bruchteil einer Sekunde werden dabei ruckartig die Augenbrauen angehoben. Bei uns selbst können wir den Augengruß beobachten, wenn wir z.B. unvorhergesehen einen guten Freund treffen. Es handelt sich um eine Verhaltensweise, die vor allem in Zusammenhängen mit der Bejahung eines sozialen Kontaktes vorkommt (Begrüßung, Flirt, Zustimmung).

Tier-Mensch-Vergleiche. Besonders interessant sind Vergleiche mit den stammesgeschichtlich „nächstverwandten" Primaten. Bestimmte Ausdrucksbewegungen sind bei Menschen und Schimpansen sehr ähnlich, sodass sie als **homolog** (ursprungsgleich) betrachtet werden können (*vgl. Kap. C.2*). Hierher gehören z.B. das „Mund-offen-Gesicht", das dem menschlichen Lächeln homolog ist, oder das Schmollgesicht.

2.3 Statistische Methoden – Chi-Quadrat-Test und Stichprobe

Beispielhaft stellen wir **eine mathematische Methode** vor, die bei der Auswertung von gewonnenen Ergebnissen eine große Rolle spielt.

Hiermit greifen wir auch den ungerechtfertigten Vorwurf auf, Beobachtungen und Erkenntnisse der Verhaltensforschung seien nicht **„objektiv"** nachweisbar.

Zunächst tasten wir uns anhand einer relativ typischen und einfachen Verhaltensuntersuchung an die Fragestellung und Grundproblematik heran:

Bienen „weiden" im Allgemeinen eine ertragreiche Futterquelle sehr gründlich ab. Fin-

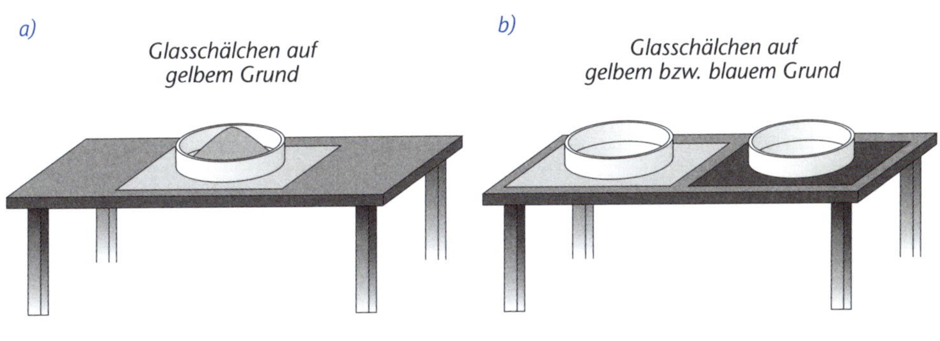

Abb. 6
Farbwahrnehmung bei Bienen, a) Dressur auf die Farbe Gelb, b) Test mit Schälchen auf gelbem und blauem Grund

den z.B. Sammelbienen, nachdem sie vorher andersfarbige Blüten abgesucht haben, reichlich Nahrung (Nektar) an Blüten einer neuen Farbe, so suchen sie anschließend nur an Blüten dieser Farbe weiter.

Es hat anscheinend ein **Lernprozess** stattgefunden (*vgl. Kap. D*): Durch die positive Erfahrung – die Aufnahme von Nektar hat als Belohnung gewirkt – werden nun Blüten dieser neuen Farbe gezielt gesucht und angeflogen. Der folgende Versuch zur **Farbwahrnehmungsfähigkeit** von Bienen beruht auf diesem Lernvermögen der Tiere.

Man **dressiert Bienen** z.B. darauf, die Farbe Gelb anzufliegen, indem man ihnen wiederholt ein Glasschälchen mit Zuckerwasser auf einem gelb unterlegten Futtertischchen bietet (*vgl. Abb. 6*). Sind die Tiere mehrfach mit Zuckerwasser belohnt worden, geht man davon aus, dass eine entsprechende Reiz-Reaktions-Beziehung aufgebaut wurde (*vgl. Kap.D*).

Zur Überprüfung verwendet man am gleichen Futterplatz zwei nebeneinander stehende Glasschälchen mit normalem Leitungswasser, das eine auf blauem, das andere auf gelbem Untergrund. Gezählt wird die Anflughäufigkeit auf das jeweilige Schälchen.

Um eine Bevorzugung der Seite auszuschließen, vertauscht man wiederholt die Position des gelben und blauen Farbfeldes.

Der Beobachter stellt fest, dass die Bienen die zwei Schälchen unterschiedlich häufig anfliegen; von 86 „Versuchsbienen" flogen 25 zur Farbe Blau und 61 zur Farbe Gelb.

Es stellt sich nun die Frage, was man mit diesen Zahlen „anfangen" kann. Rein **quantitativ** betrachtet fliegen mehr Bienen das gelb unterlegte Schälchen an. Sind es deutlich mehr, viel mehr, kaum mehr? Kann man nach diesem Versuch behaupten, Bienen können zwischen gelb unterlegten und blau unterlegten Glasschälchen unterscheiden?

Um zu einer **quantifizierbaren Aussage** zu gelangen, kann man einen **statistischen Test** zu Hilfe nehmen: Die Grundüberlegung dabei ist, dass **theoretisch** betrachtet beide Schälchen von den Bienen gleich häufig angeflogen werden müssten, wenn die Farbe nicht als besonderer (richtender, auslösender) Reiz wirkt. Denn alle anderen Faktoren wurden nicht verändert und die Bevorzugung einer Seite wurde durch Umwechseln ausgeschlossen.

Für unser konkretes Beispiel wären also an beiden Schälchen ca. 43 Anflüge zu erwarten. Die Bienen hätten dann die unterschiedlichen Farben rein zufällig angeflogen.

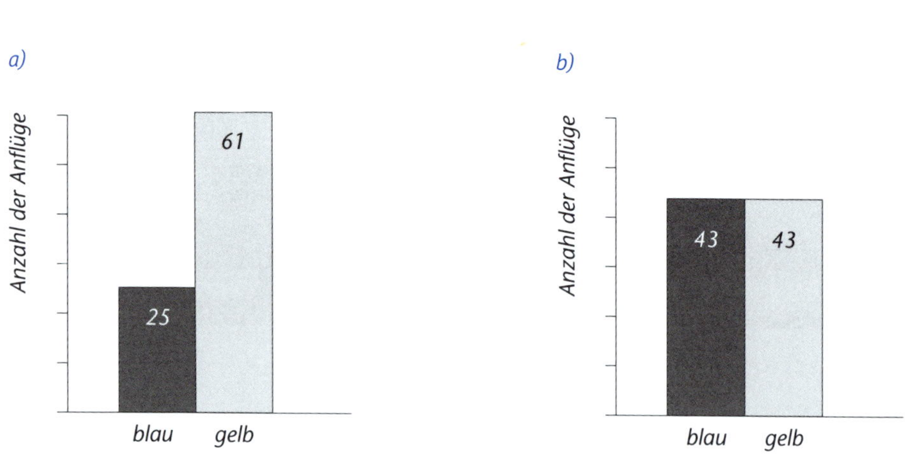

Abb. 7
Säulendiagramme zu a) empirisch gewonnenen und b) theoretisch erwarteten Werten bei einem Versuch zum Farbensehen von Bienen

Der **Chi-Quadrat-Test** (χ^2**-Test**) kann zur Überprüfung der **empirisch*** gewonnenen Werte herangezogen werden: Es handelt sich dabei um ein statistisches Verfahren zur Sicherung der Übereinstimmung zwischen empirisch ermittelten und theoretisch zu fordernden Werten.

Als so genannte **Nullhypothese** wird dabei angenommen, dass zwischen den empirisch ermittelten und theoretisch zu fordernden Werten **kein Unterschied** besteht. Die Berechnung erfolgt dann gemäß folgender Beziehung:

$$\text{Chi-Quadrat} = \text{Summe}\ \frac{\left(\text{empirischer Wert} - \text{Erwartungswert}\right)^2}{\text{Erwartungswert}}\ ;\ \text{kurz: } \chi^2 = \sum \frac{(B-E)^2}{E}$$

(Der **Erwartungswert** entspricht dem theoretisch zu fordernden Wert.)

Das **Ziel** dieser statistischen Testmethode besteht darin, die **Nullhypothese abzulehnen**, was in unserem konkreten Fall bedeuten würde, dass zwischen empirisch ermitteltem und theoretisch erwartetem Wert **ein Unterschied bestände**. Dies wiederum ließe dann die Aussage zu, dass die Anflüge nicht rein zufällig erfolgt wären, sondern mindestens ein weiterer, das Verhalten der Bienen beeinflussender Faktor vorhanden wäre.

Doch so weit sind wir noch nicht; zunächst müssen wir die Berechnung durchführen. Dabei entspricht E = 43, B1 (blau) = 25 und B2 (gelb) = 61, also:

$$\chi^2 = \frac{(25-43)^2}{43} + \frac{(61-43)^2}{43}$$

$$\chi^2 = \frac{(-18)^2}{43} + \frac{(18)^2}{43} = \frac{324}{43} + \frac{324}{43} = \frac{648}{43}$$

$$\chi^2 = \underline{15{,}07}$$

Klasse	95%	80%	50%	20%	5%	1%
2	0,004	0,06	0,46	1,64	3,84	6,64
3	0,1	0,45	1,39	3,22	5,99	9,21
4	0,35	1,01	2,57	4,64	7,82	11,35
5	0,71	1,65	3,36	5,99	9,49	13,28
6	1,15	2,34	4,35	7,29	11,07	15,09

Tabelle 1
Chi-Quadrat-Werte für 2, 3, 4, 5 und 6 Klassen

Um für das berechnete χ^2 eine Bestätigung oder Ablehnung der Nullhypothese zu erhalten, müssen wir den errechneten Wert mit entsprechenden χ^2-Werten aus Wertetabellen vergleichen (*vgl. Tabelle 1*).

Die Tabellenwerte geben die Wahrscheinlichkeit an, mit der eine bestimmte **Nullhypothese anzunehmen** ist. Die Werte in der Tabelle sind für verschiedene **Klassen** aufgelistet: Im obigen Beispiel gibt es zwei unter-

Abb. 8
Biene beim Anflug auf eine Blüte

schiedliche Klassen, Werte für blaue und gelbe Anflüge.

Vereinbarungsgemäß bezeichnet man die **„5%-Werte“** als **Warngrenze**, die **„1%-Werte“** als **Widerspruchsgrenze**, d.h.: Bei χ^2-Werten, deren ermittelter Wert größer ist als der aus der Tabelle ersichtliche Wert für 5%, muss höchstwahrscheinlich, bei Werten, die größer sind als der entsprechende Wert für 1%, mit Sicherheit davon ausgegangen werden, dass zwischen den empirisch ermittelten und den theoretisch geforderten Werten ein Unterschied besteht.

Für unseren Fall bedeutet dies, dass wir die Nullhypothese mit großer Wahrscheinlichkeit ablehnen dürfen, wenn unser berechneter Wert **größer** als **3,84** ist, und mit Sicherheit ablehnen dürfen, wenn er **größer** als **6,64** ist. Da unser **χ^2-Wert 15,07** beträgt und damit größer ist als der Wert für die so genannte Widerspruchsgrenze bei 2 Klassen, können wir mit einer Wahrscheinlichkeit von 100% – 1% = 99% annehmen, dass unsere **Nullhypothese falsch** ist; d.h., Befund und Erwartung sind nicht miteinander vereinbar.

Es muss mindestens einen Faktor geben, der die Abweichung veranlasst hat. Positiv ausgedrückt können wir deshalb annehmen, dass sich die Bienen gezielt für die Alternative Gelb entschieden haben.

Beziehen wir an dieser Stelle unsere Dressur mit ein, können wir nach dem vorliegenden Ergebnis behaupten, dass die Bienen die Farbe Gelb von der Farbe Blau unterscheiden können.

Damit ist allerdings **noch nicht bewiesen**, dass **Bienen** tatsächlich **Farben sehen** können: Das gezielte Aufsuchen der gelben Schälchen könnte z.B. auch durch einen unterschiedlichen Graukontrast der beiden Farben entstanden sein. Das Ergebnis wäre dann auf die Fähigkeit der Bienen zurückzuführen, diesen Kontrast zu erkennen. Durch die Wahl von kontrastgleichen Farbkarten lässt sich dieser Fehler ausschließen. In wei-

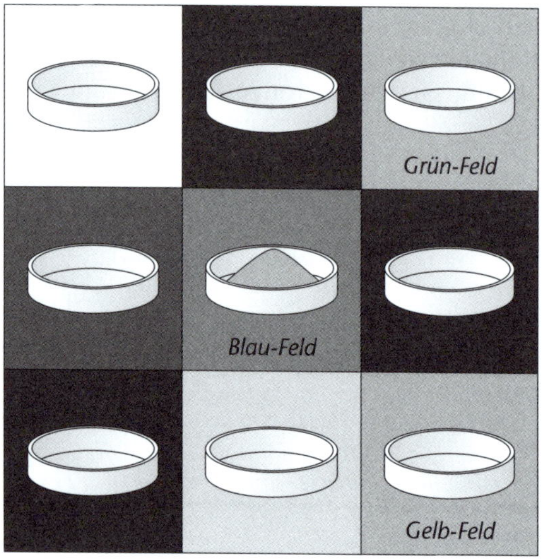

Abb. 9
Versuch zum Farbensinn von Bienen: Auf jedem der unterschiedlichen Farb- bzw. Graufelder steht ein Schälchen mit Wasser. Auf dem Blaufeld befindet sich ein Schälchen mit Zuckerwasser. Nach der Dressur haben die Bienen „gelernt“, dass auf diesem Feld Futter angeboten wird. Nun wird auch hier Wasser angeboten. Weiterhin wird das blaue Feld angeflogen, auch wenn es nachträglich verschoben wurde.

Aufgabe

B01 In mehreren Versuchen sollte festgestellt werden, ob Wespen, ähnlich wie Bienen, einen Futterplatz ihren Nestgenossinnen mitteilen.

Dazu wurden mehrere individuell markierte Wespen auf einen Futterplatz in ca. 100 m Entfernung vom Nest dressiert. Nach Erreichen der gewünschten Testentfernung wurde kurzfristig qualitativ hochwertiges Futter (Zuckerwasser) angeboten, um eventuell eine Alarmierung zu veranlassen.

Danach wurde im Test am Testplatz selbst sowie an zwei Kontrollplätzen (K1 in ca. 50 m und K2 in ca. 140 m Entfernung vom Nest in der gleichen Richtung wie der Testplatz gelegen) nur noch Wasser angeboten. An allen drei Plätzen wurden die sich einstellenden Neulinge gezählt. Folgende Ergebnisse wurden bei vier unterschiedlichen Versuchen erzielt:

Versuch 1:
K1 = 3, T = 24, K2 = 0 Tiere

Versuch 2:
K1 = 15, T = 24, K2 = 0 Tiere

Versuch 3:
K1 = 0, T = 32, K2 = 0 Tiere

Versuch 4:
K1 = 18, T = 43, K2 = 2 Tiere

Führen Sie einen statistischen Test durch, mit dessen Hilfe Ihnen eine gesicherte Aussage über die Versuchsergebnisse gelingt (*vgl.* KLEINERT *1978*).

teren Experimenten müssten nun andere Farbfolgen untersucht werden, um zu einer Gesamtaussage zu kommen.

K. v. FRISCH hat hier bahnbrechende Untersuchungen durchgeführt, die das Farbunterscheidungsvermögen und die Orientierungsfähigkeit der Bienen nach dem polarisierten Himmelslicht nachweisen und ein hoch komplexes **Orientierungs- und Kommunikationssystem** entschlüsseln (1973 gemeinsam mit K. LORENZ und N. TINBERGEN Nobelpreis für Medizin).

Bisher haben wir uns mit einem konkreten Fall und seiner möglichen statistischen Auswertung befasst. Zum Abschluss beschäftigen wir uns ganz allgemein und kritisch mit der statistischen Auswertungsmethode:

Statistische Methoden, korrekt angewandt – und nur dann nimmt man der weit verbreiteten Meinung, mit Statistik sei schließlich alles zu beweisen, den Wind aus den Segeln –, ermöglichen es, Beobachtungen und Untersuchungsergebnisse **allgemein überprüfbar** darzustellen und **zufallskritisch** zu bewerten.

Vergleicht man z.B. die **Kinderzahl** zweier Familien, so lässt sich mit Bestimmtheit sagen, ob sie gleich viele oder unterschiedlich viele Kinder haben. „Möchten wir als nächstes zwei Gruppen von Familien vergleichen, beispielsweise Land- und Stadtbewohner, so ist eine derart bestimmte Aussage eigentlich nur möglich, wenn wir sämtliche Land- und Stadtfamilien erfassen, die **„Grundgesamtheit“** (Population).

Psychologen und ebenso Ethologen arbeiten jedoch meist mit **„Stichproben"**, ... Damit kann keine absolut sichere Aussage mehr erreicht werden, sondern es werden Wahrscheinlichkeitsaussagen gemacht. ...
Die Statistik erlaubt jedoch, das Maß der Unsicherheit einer Aussage zu bestimmen, allerdings nur in bezug auf die Verschiedenheit, nicht aber die Gleichheit von Stichproben" (DIFF *1987, STB 10, S.106*).

Dies bedeutet: Jeder statistische Vergleich geht von der **Nullhypothese** aus, dass die **Stichproben** gleich seien. Da es allgemein **Ziel** ist, **Unterschiede aufzuzeigen** und nicht Gleichheiten festzustellen, wird die **Nullhypothese verworfen** und es kann ein Unterschied zwischen den Stichproben angenommen werden. Ist ein Unterschied auf dem 1%-Niveau **abgesichert** (der Fachbegriff hierfür lautet **signifikant**), so bedeutet dies, dass für die Schlussfolgerung eine Fehlerwahrscheinlichkeit von höchstens 1 % vorliegt.

Die **Verantwortlichkeit des Wissenschaftlers** ist dabei in doppelter Weise gefordert: bei der **Wahl der Stichprobe** und des Stichprobenumfangs selbst und bei der **Wahl des statistischen Testverfahrens**. Allgemein gilt, dass bei entsprechend großen Stichproben auch geringe Unterschiede zwischen den Ergebnissen statistisch signifikant werden können.
Damit wird die Auswahl der Stichprobe besonders wichtig. Zwei Grundentscheidungen sind dabei zu berücksichtigen:

- auf welche Grundgesamtheit man sich beziehen will (welche Bezugsgruppe man auswählt) und
- welche Individuen daraus für die konkrete Beobachtung ausgewählt werden.

Die **Wahl der Bezugsgruppe** (z.B. der Tierart) hängt davon ab, welche „biologische Theorie" überprüft oder aufgestellt werden soll: Man sucht die für die Untersuchung geeignetste Tierart aus. Berücksichtigt werden dabei auch bestimmte arbeitsökonomische Faktoren, wie einfache Haltungs- und Zuchtbedingungen, schnelle Generationenfolge, exakte Kenntnis der allgemeinen Lebensweise oder ganz persönliche Vorlieben und Neigungen der Forscher zu bestimmten Tierarten. So arbeiteten z.B. LORENZ und TINBERGEN als Ornithologen hauptsächlich mit Vögeln.

Die Auswahl der Individuen sollte so erfolgen, dass der „Teil das Ganze repräsentiert" (**repräsentative Stichprobe**). Bei Tieruntersuchungen sollten deshalb unbedingt Geschlecht und Alter berücksichtigt werden, bei Untersuchungen zu menschlichen Verhaltensweisen auch kulturelle und sozioökonomische Faktoren.

Der **Stichprobenumfang** lässt sich nur schwer festlegen: Würden sich sämtliche Individuen einer Tierart in einer bestimmten Reiz-Reaktions-Situation gleich verhalten, wäre die Untersuchung eines einzigen Individuums ausreichend. Dieses einzelne Individuum würde dann schon als Teil das Ganze repräsentieren. Daraus folgt: Je größer die interindividuellen Unterschiede bezüglich des untersuchten Verhaltens sind, desto mehr Individuen sind nötig. Der notwendige Umfang muss also für jede Untersuchung festgestellt und entsprechend festgelegt werden.

3. Zusammenfassung

- In der Ethologie kommt der Beobachtung ein besonderer Stellenwert zu; Ziel muss eine möglichst objektive Beschreibung sein.
  Experimente müssen gezielt geplant werden; sie setzen ein großes Wissen über die Lebensweise der untersuchten Tierart voraus.
- Die wichtigsten Untersuchungsmethoden in der Ethologie sind:
  - Kaspar-Hauser-Versuche (Aufzucht unter Erfahrungsentzug)
  - Untersuchung taubblind Geborener (Teil-Kaspar-Hauser)
  - Attrappenversuche
  - Versuche mit kontrolliert veränderten Umweltbedingungen
  - Kreuzungsexperimente; Zwillingsuntersuchungen
  - elektrische und/oder hormonale Reizung des Nervensystems
  - Ausschaltexperimente
- Die Untersuchung menschlichen Verhaltens ist besonders schwierig, da bestimmte Experimente sich aus ethischen Gründen grundsätzlich verbieten und das Verhaltensprogramm des Menschen sehr offen ist, d.h. durch Lernen stark beeinflusst wird. Als zusätzliche Methoden spielen eine Rolle:
  - Beobachtungen an Neugeborenen
  - Beobachtungen an blind geborenen Kindern
  - Kulturvergleiche
  - Tier-Mensch-Vergleiche
- Um Verhaltensuntersuchungen zu objektivieren, eignen sich Testmethoden aus der Statistik. Der χ^2-Test ermöglicht den Vergleich von empirisch ermittelten Daten mit theoretischen Werten. Ausgehend von einer Nullhypothese, bei der angenommen wird, dass die Verteilungen gleich seien, ist es Ziel, diese Annahme mit 99%iger Wahrscheinlichkeit zu verwerfen (Widerspruchsgrenze).
- Um der Meinung zu begegnen, mit Statistik sei schließlich alles zu beweisen, muss der Wissenschaftler sehr verantwortlich mit der Auswahl der Grundgesamtheit und der Stichprobe umgehen. Die jeweilige Auswahl sollte möglichst repräsentativ und das gewählte Testverfahren der Fragestellung angemessen sein.

Vorwiegend erbbedingte Verhaltensweisen

1. Hinweise auf erbbedingte Verhaltensweisen beim Menschen

Der amerikanische Kinderpsychologe LEE SALK machte in mehreren Entbindungskliniken folgende Beobachtung:

Von 287 Müttern, die in den ersten Tagen nach der Geburt und später bei den Vorsorgeuntersuchungen beobachtet wurden, trugen 237 (82,6%) ihr Kind auf der linken Seite und nur 50 (17,4%) trugen es rechts. Wie eine gleichzeitig durchgeführte Befragung zeigte, waren sie sich der Tatsache durchaus nicht bewusst.

32 dieser Frauen waren Linkshänderinnen. Von ihnen trugen 25 (78%) das Kind links, 7 (22%) trugen es rechts.

Beide Werte lassen sich statistisch absichern (*zur Methode vgl. Kap. B.2.3*) und wir müssen mindestens einen Faktor annehmen, der dieses Verhalten der Mütter beeinflusst.

Die weiteren Untersuchungen SALKS ergaben, dass Frauen ihre Kinder nahezu gleich häufig rechts oder links trugen, wenn sie in den ersten sieben Tagen nach der Geburt, insbesondere aber während der ersten 24 Stunden nach der Geburt, vom Kind getrennt waren (z.B. bei Frühgeburten oder wegen medizinischer Maßnahmen).

Ausnahmen von dieser Beobachtung machten allerdings diejenigen Frauen, die bereits vorher ein Kind hatten und mit diesem in der oben angegebenen Zeitspanne Kontakt aufnehmen konnten. Sie trugen auch ihre „neuen“ Säuglinge bevorzugt auf der linken Seite.

Alles deutete darauf hin, dass während der ersten 24 Stunden nach der Geburt des ersten Kindes, aber spätestens bis zum 7. Tag danach, bei den Müttern eine **signifikante Reiz-Reaktions-Beziehung** entstanden war. Bewusst wollen wir das Phänomen an dieser Stelle nicht weiter erklären, kommen in den nachfolgenden Abschnitten aber wieder darauf zurück.

Vielmehr wollen wir noch ein weiteres, zunächst unerklärt bleibendes Phänomen aus den Untersuchungen des Amerikaners SALK kennen lernen: Er ließ vor 102 Neugeborenen Tag und Nacht **Herzschlaggeräusche** von Erwachsenen abspielen (mithilfe von Tonbandaufnahmen). Es zeigte sich, dass diese Säuglinge – verglichen mit einer Kontrollgruppe, der diese Geräusche nicht vorgespielt wurden – schneller an Gewicht zunahmen und wesentlich seltener und weniger schrien (*Prägung, vgl. Kap. D.3.3*).

Kinder einer dritten Gruppe, die einem anderen rhythmischen Geräusch, z.B. einem Metronom, ausgesetzt waren, wurden dagegen jedes Mal beim Einsetzen des Tons unruhig bzw. schrien lauter als zuvor.

Beschreibt man Verhaltensweisen wie die oben dargestellten, fallen sehr schnell Begriffe wie: **Instinkt, angeboren, geprägt, anerzogen** u.Ä. Um zu befriedigenden Erklärungen zu kommen, müssen wir uns mit den ethologischen Bedeutungen dieser Begriffe näher befassen!

Wenden wir uns zunächst der Fragestellung zu, wie wir im menschlichen Verhalten **angeborene** und **erlernte Anteile** unterscheiden können.

Mimik und Gestik stellen einen für uns alle jederzeit aktuellen Bereich leicht beobachtbaren menschlichen Verhaltens dar.

Besonders in einem Zeitalter, in dem die Weltbevölkerung immer mehr zusammenwächst und Urlaubsreisen in weit entlegene Teile dieser Welt führen, scheint die Frage interessant, ob Mimik und Gestik in allen menschlichen Kulturen gleich sind. Werden wir in fremden Ländern nonverbal verstanden? Interpretieren wir Signale von Menschen aus anderen Kulturkreisen richtig?

Aufgabe

C01 Bei Tests zum Mimikerkennen wurden Testpersonen Porträtfotos von Menschen verschiedener Kulturen, verschiedenen Geschlechts und Alters vorgelegt. Sie hatten die Aufgabe, die Abbildungen den 6 Deutungskategorien der nachfolgenden Tabelle (vgl. Tab. 2) zuzuordnen. Bei drei Testdurchgängen mit Schülerinnen und Schülern unterschiedlicher Altersstufen und erwachsenen Teilnehmerinnen und Teilnehmern von Volkshochschulkursen wurden die in der Tabelle aufgeführten Ergebnisse ermittelt. Führen Sie einen Chi-Quadrat-Test durch! Was lässt sich aus den Ergebnissen für die Frage nach der einheitlichen Beurteilung der Mimik anderer Menschen schließen?

Deutung / Bild	Freude Glück Zufriedenheit	Aufmerksamkeit Staunen Überraschung	Leiden Trauer	Zorn Wut Aggression	Furcht Entsetzen Ekel Abscheu	Scham Schüchternheit – Koketterie	Stichprobenumfang
1	116	2	–	–	–	26	144
2	–	–	1	124	19	–	144
3	44	4	–	–	–	72	120

Tabelle 2
Mimik beim Menschen; Untersuchungsergebnisse von Tests mit Schülerinnen, Schülern und Erwachsenen im Alter zwischen 12 und 52 Jahren.

Führt man den statistischen Test zu Aufgabe C01 durch, so zeigt sich bei allen Abbildungen eine überzufällige Häufung der gewählten Deutung, was mindestens einen beeinflussenden Faktor fordert (*vgl. Lösungsteil*).

Liegt dieser Faktor, der uns eine Mimik erkennen lässt, im Bereich der gemeinsamen Erziehung – denn schließlich fand der Test ja mit Personen aus unserem Kulturkreis statt – oder basiert er auf bei allen Menschen vorhandenen genetisch bedingten Anlagen?

Um diese Frage zu beantworten, müssten wir Menschen anderer Kulturkreise befragen. Dies ist in groß angelegten Untersuchungen geschehen, z.B. von PAUL EKMAN (Direktor des Human Interaction Laboratory der University of California in San Francisco):

Deutung	Glück	Furcht	Überraschung	Zorn	Ekel	Trauer
Japan	87	71	87	63	82	74
Brasilien	97	77	82	82	86	82
Chile	90	78	88	76	85	90
USA	97	88	91	69	82	73

Tabelle 3
Identifikation von Gesichtsausdrücken; die Zahlen geben an, wie viel Prozent der getesteten Personen aus dem jeweiligen Kulturkreis die vorgelegten Gesichtsausdrücke „korrekt" identifizieren konnten.

Während die Lautsprachen ausgesprochen vielgestaltig sind und viele symbolische Gesten ebenfalls eine unterschiedliche Bedeutung haben – z.B. begrüßen Tibetaner einen Freund, indem sie ihm die Zunge herausstrecken, Bulgaren schütteln den Kopf, wenn sie Zustimmung signalisieren wollen –, sind viele emotionale Gesichtsausdrücke allen Menschen gemeinsam.
„Am Gesichtsausdruck kann man ablesen, wie sich Menschen fühlen, oder zumindest, wie sie sich zu fühlen vorgeben. Dies wird möglich durch bestimmte Muster von Falten und Bewegungen im Gesicht des Gegenübers – Signale, die im Laufe der Evolution mit den wichtigsten menschlichen Gefühlen gekoppelt worden sind" (EKMAN *1976, S. 31*).

In seinen Untersuchungen legte EKMAN Menschen aus unterschiedlichen Kulturkreisen Fotos vor, auf denen 14 verschiedene Menschen sechs Gefühle zeigten: Glück, Furcht, Überraschung, Zorn, Ekel und Trauer (*vgl. Tabelle 3*). Selbst „analphabetische, völlig isoliert lebende Menschen verfügen über dieselben Gesichtsausdrücke und können auch dieselben Gesichtsausdrücke in Gesichtern erkennen wie wir" (EKMAN, *ebenda, S. 34*).

Weitere Tests belegten die **Universalität der Gesichtsausdrücke**, zeigten allerdings gleichzeitig, dass es sehr wohl einen kulturspezifischen Unterschied darin gibt, wann und wem gegenüber bestimmte Gefühle gezeigt werden.
Mimik ist nach EKMAN also nicht gelernt oder von der Umwelt geprägt, sondern genetisch bedingt. Er geht davon aus, dass allen Menschen eine bestimmte nervale Programmierung eigen ist, „die Gesichtsmuskeln und Gefühle verbindet. Die spezifischen Ereignisse, welche ein Gefühl hervorrufen und auch die Regeln, nach denen das Zeigen von Gefühlen abläuft" (EKMAN, *ebenda, S. 35*), können dagegen gelernt und kulturell bestimmt sein. Es liegt in ethologischer Sichtweise eine so genannte **Instinkt-Dressur-Verschränkung** vor.

Die These der weitgehend lernunabhängigen, angeborenen Steuerung wird durch Beobachtungen an Neugeborenen und Säuglingen unterstützt. Bereits sie zeigen eine ausgesprochen differenzierte Mimik (beobachten Sie einmal kleine Kinder!).

Zu den gleichen Ergebnissen kommen Untersuchungen an **taubblind geborenen Kindern**:
Diese Kinder haben keine Möglichkeit zur Nachahmung von Gesten, Lauten etc.
Dennoch zeigen sie eine Reihe erstaunlicher Fähigkeiten: Ein zehnjähriges, taubblind geborenes Mädchen konnte z.B. herzlich lachen, wenn es seine verlorene Puppe fand. „Es lachte auch, wenn es auf den Zehenspitzen tanzte, was es sich selbst beigebracht hatte. Ärgerte es sich, dann wandte es den Kopf ab, runzelte die Stirn und schürzte die Lippen. Bei starkem Ärger warf es den Kopf zurück, schüttelte ihn heftig und zeigte die zusammengebissenen Zähne."
(EIBL-EIBESFELDT *1987, S. 680*)

Die Lachmotorik von taubblind geborenen Kindern entspricht in nahezu allen Einzelheiten derjenigen gesunder Kinder. Sie werfen, wenn sie intensiv lachen, in ganz typischer

Weise den Kopf zurück und öffnen dann den Mund. Die rhythmischen Lautäußerungen klingen jedoch etwas leiser und verhaltener als bei nicht behinderten Kindern, eher wie ein Kichern.

Auch die Beobachtungen von EIBL-EIBESFELDT deuten auf eine prinzipiell lernunabhängige Ausprägung der Mimik hin, unterstreichen aber gleichzeitig, dass die Intensität der Ausführung möglicherweise von Lernvorgängen beeinflusst wird. Dies stimmt mit den Ergebnissen des **kulturvergleichenden Ansatzes** von P. EKMAN überein.

Gehen wir noch einen letzten Schritt, um unsere Hypothese zu belegen:
Beide vorausgegangenen Untersuchungsansätze deuten auf angeborene Grundlagen bei der Ausprägung von Mimik hin. Wenn diese Behauptung richtig wäre, dann müssten nicht nur unsere Vorfahren schon über entsprechende Verhaltensformen verfügt haben – die wir heute natürlich nicht mehr untersuchen und nachweisen können –, sondern es sollten bei stammesgeschichtlich nahe verwandten Tierarten ähnliche, möglicherweise vergleichbare Verhaltensweisen auftreten (zu Problemen beim **Tier-Mensch-Vergleich** *vgl. auch Kap. B*).

Viele Primaten, besonders die uns am nächsten verwandten Schimpansen, zeigen eine Gesichtsmimik, die derjenigen des Menschen vergleichbar scheint. Auch dieses Ergebnis stützt unsere Annahme über angeborene Grundlagen der Steuerung menschlichen Ausdrucksverhaltens.

Aufgabe

C02 „Ein Lächeln entwaffnet, ... Jeder Reisende hat erfahren, wie ein Lächeln die Spannung zwischen Fremden löst. Man lächelt auch höflich, wenn man jemandem einen abschlägigen Bescheid erteilen muss, und man lächelt, wenn man sich entschuldigt. ...
Bereits der Säugling lächelt und verstärkt damit das Band zu den Eltern. Bei Erwachsenen schlägt das Lächeln Brücken zu völlig fremden Menschen. Man lächelt einander zu im Flirt wie auch im Gruß.
Das Lächeln geht oft in Lachen über, das daher oft als Steigerungsstufe des Lächelns aufgefasst wird. Es ist aber sicher nicht allein als solches zu deuten. Vielmehr treten weitere Komponenten hinzu. Man öffnet z.B. den Mund und stößt rhythmische Laute aus. ...
Es ist ziemlich sicher, dass im Lachen Aggression steckt. Die rhythmische Lautäußerung erinnert an ähnliche Lautäußerungen, mit denen viele Primaten einer Gruppe gemeinsam gegen einen Feind drohen („hassen"). Ein solches gemeinsames Drohen verbindet die Mitglieder einer Gruppe, und es fällt bei einer Untersuchung des Lachens auf, dass hier in ganz ähnlicher Weise zwischen Gruppenmitgliedern ein starkes Band geschaffen wird. Außerhalb der Gruppe Stehende berührt ein solches Lachen eher unangenehm, ja, wenn es den Charakter des Auslachens trägt, wirkt es ausgesprochen aggressiv, herausfordernd. Lachen scheint in seiner ursprünglichen Funktion gegen Dritte zu verbinden" (EIBL-EIBESFELDT 1987).

a) Wodurch lassen sich Lächeln und Lachen unterscheiden?

b) Wie könnte man nachweisen, dass das Lächeln beim Menschen eine angeborene Ausdrucksbewegung ist?

2. Reflexe

Definition Reflexe sind einfache Reaktionen, die dann in immer gleicher, stereotyper und rascher Weise auf spezifische Reize hin eintreten, wenn der Reiz eine bestimmte Stärke aufweist, d.h. einen so genannten Schwellenwert übersteigt. Reflexe sind stets funktionsbereit (auch im Schlaf).

Uns am geläufigsten sind wohl der **Lidschlussreflex** (**Schutzreaktion** der Augenlider auf einen sich dem Auge rasch nähernden Gegenstand oder Luftstrom) und der Stolper-**Kniesehnenreflex**, der auch helfen kann, die Funktionsfähigkeit des sensomotorischen Systems* zu überprüfen.

Der Kniesehnenreflex ist ein Beispiel für einen **monosynaptischen** Reflex, da im Rückenmark nur **eine** Synapse die afferente Nervenbahn (= sensorische Nervenbahn; vom Sinnesorgan zum Verarbeitungszentrum hinführend) mit der efferenten Nervenbahn (= motorische Nervenbahn; vom Verarbeitungszentrum zum Erfolgsorgan, dem Effektor, hinführend) verbindet.

Im vorliegenden Fall handelt es sich um einen so genannten **Eigenreflex**, da von der Muskelspindel als Rezeptor der Weg zum gleichen Muskel als Effektor zurückführt. Den Eigenreflexen gegenüber stehen die so genannten **Fremdreflexe**, die von einem Rezeptororgan über normalerweise mehrere afferente und efferente Nervenbahnen – und damit über eine Vielzahl von Synapsen – zum Effektororgan führen (**polysynaptische Reflexe**).

Spezielle Untersuchungen an Eigenreflexen haben immer wieder gezeigt, dass die **Reflexzeit** – diejenige Zeit, die zwischen dem Moment des eintreffenden Reizes und dem Reaktionsbeginn liegt – relativ kurz ist und auch nach mehrfacher Wiederholung relativ konstant bleibt. Eigenreflexe sind nahezu nicht ermüdbar.

Allerdings sind sowohl Fremd- als auch Eigenreflexe durch übergeordnete Zentren des Zentralnervensystems (ZNS) beeinfluss-

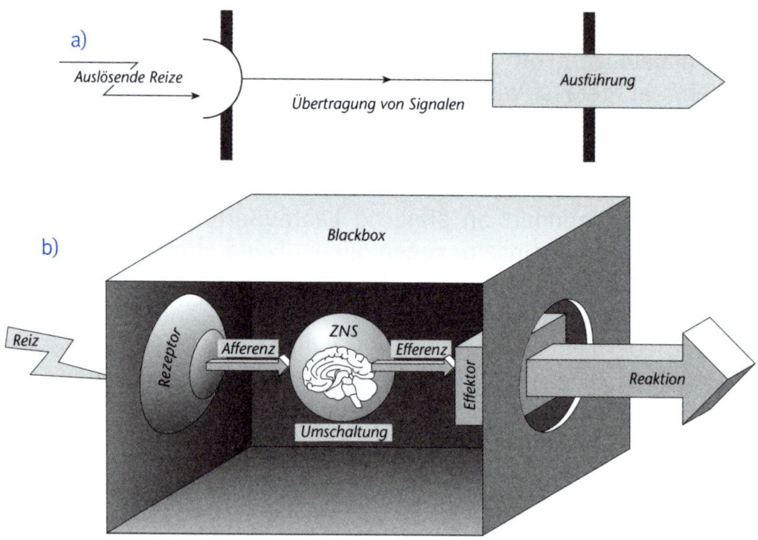

Abb. 10
a) Vereinfachtes Funktionsschaltbild eines stets funktionsbereiten Reflexes; senkrechte Striche kennzeichnen die Grenze zwischen Organismus und Umwelt, b) Blackbox-Modell (Erklärungen im Text)

bar und oftmals nicht sofort auslösbar. Dies macht deutlich, wie isolierend wir vorgehen, wenn wir uns einengend mit der Wirkungsweise eines Reflexes beschäftigen und das komplexe Zusammenspiel im Gesamtsystem des Organismus außen vor lassen.

Die Verarbeitungs- und Umschaltungsprozesse finden bei allen Wirbeltieren im ZNS statt; zu ihm gehören das Rückenmark und das Gehirn. Für Reflexe lassen sich ein vereinfachtes **Funktionsschaltbild** bzw. ein **Blackbox-Modell** erstellen (*vgl. Abb. 10*).

Ein spezifischer (adäquater) Reiz, der einen bestimmten Schwellenwert übersteigt, wird von einem Rezeptor wahrgenommen, über afferente Nervenbahnen zum ZNS übertragen und im ZNS verarbeitet. Auf efferenten Nervenbahnen gelangt die Antwort auf diesen Reiz zu einem Effektor (Muskel, Drüse), der dadurch aktiviert wird und eine Reaktion bedingt. Den gesamten Weg bezeichnet man als **Reflexbogen**.

In dem als Blackbox bezeichneten Bereich finden Prozesse der Weiterleitung und Verarbeitung statt, die wir bewusst in diesem Band nicht beschreiben werden (*vgl. ausführliche Darstellung in mentor Abiturhilfe Nerven, Sinne, Hormone*).
Die **Muskelspindeln** als „Dehnungsfühler" sind für die gesamte Motorik von entscheidender Bedeutung. Sie sind dafür verantwortlich, dass wir unseren Körper aufrecht halten, vornüberbeugen ohne umzufallen, dass wir sitzen, gehen und laufen können.

In aufrechter Haltung sind alle Muskelspindeln von Waden-, Gesäß- und Schultermuskeln in „Ruhe". Werden wir unwillkürlich nach vorn gebeugt, kommt es zu entsprechenden Reflexen und damit zu einer Haltungskorrektur.

Typische Reflexe von Neugeborenen

- **Suchreflex:** Streicht man einem Säugling mit dem Finger um die Mundwinkel, führt er Pendelbewegungen des Kopfes aus (Suchbewegungen nach der vermeintlichen Brustwarze).
- **Lippenreflex:** Berührt man die Lippen eines Säuglings mit dem Finger, so öffnet er den Mund und „schürzt" auf charakteristische Weise die Lippen – wie es zum Saugen notwendig wäre.
- **Saugreflex:** Die Berührung des Munddaches löst eine rhythmische Pumpsaugbewegung aus.
- **Zungenstoßreflex:** Existiert bis ca. zum 2. Monat und erschwert das Füttern mit dem Löffel, ist für die Pumpsaugbewegung notwendig. Mit dem 3. Monat wird die Bewegungskoordination der Zunge bewusst steuerbar, eine unbedingt notwendige Voraussetzung für das Sprechen-Lernen.
- **Gehreflex:** Wird der Fußrücken eines Säuglings leicht berührt, streckt sich das Bein und der Schreit- bzw. Gehreflex ist aktiviert: der Säugling führt Gehbewegungen aus (der Reflex verliert sich während der ersten Lebensmonate).
- **Stützreflex:** Stellt man einen Säugling durch Hochhalten auf die Füße, sodass die Fußsohlen belastet werden, strecken sich die Beine und der gesamte Körper strafft sich.
- **Handgreif-/Fußgreifreflex:** Berührt man Handfläche oder Fußballen von Säuglingen leicht mit dem Finger, löst dieser Reiz eine Greifreaktion bzw. das Einwärtskrümmen der Zehen aus.
- **Augenschlussreflex:** Durch lautes Klatschen ist ein reflektorisches Schließen der Augen von Säuglingen auslösbar, auch wenn das Klatschen nicht im Gesichtsfeld des Babys geschieht.
- **Moro-Reflex:** „Auf einen Schreck oder das schnelle Hintüberneigen des Kindes oder seines Köpfchens reagiert der neugeborene Säugling durch Ausbreiten der Arme, Spreizen der Finger und Strecken der Beine. Diese ... Reaktion verschwindet nach ein paar Lebenswochen" (HASSENSTEIN *1987, S. 73*).

Alle unwillkürlichen Veränderungen und alle willkürlich ausgeführten Bewegungen (Muskelkontraktionen) werden entsprechenden Gehirnzentren gemeldet und dort mit allen anderen eingehenden Informationen – z.B. vom Gleichgewichtssinn – verarbeitet. Allein um unsere Körperhaltungen zu koordinieren, laufen permanent komplizierte Regelungsprozesse im ZNS ab.

Die beschriebenen Reflexe sind **Schutzreflexe**, die den Körper vor Schaden bewahren sollen. Dazu gehören z.B. auch Kratz-, Rückzieh-, Nieß-, Husten- und Brechreflexe. Im Zusammenhang mit der Ernährung wirken der Schluck- und Speichelflussreflex (*vgl. Kap. D 2.1*).

Für all diese einfachen Verhaltensweisen scheinen **genetisch fixierte Programme** zu existieren, die die Ausführung der entsprechenden Reaktion auf den spezifischen Reiz hin **genetisch bedingen**; wir bezeichnen sie auch als **angeboren**.

3. Instinktives Verhalten – Kennzeichen und Modellvorstellungen

Verfügen Lebewesen über Verhaltensweisen zur Bewältigung konkreter Umweltgegebenheiten, ohne dass diese erlernt werden mussten, spricht man von **genetisch bedingten**, **ererbten** oder **instinktiven** Verhaltensweisen. Diese Verhaltensweisen sichern ein erfolgreiches Überleben der Individuen (Nahrung, Revier, Feinde) und der Art (Geschlechtspartner, Balz, Jungenaufzucht) und sind bei Tieren und Menschen in nahezu allen Funktionskreisen anzutreffen.

3.1 Das Prinzip der doppelten Quantifizierung

Ein wesentliches Charakteristikum der **Reflexe** ist, dass sie **jederzeit** ausgelöst werden können. Viele andere Verhaltensweisen werden dagegen von den zugehörigen auslösenden Reizen nicht immer ausgelöst.

Geben wir unserer Hauskatze Futter, so kann es passieren, dass sie sofort zu fressen beginnt – wir sagen, sie war „hungrig" – oder aber sie lässt es zunächst unberührt stehen, obwohl wir sicher sind, dass sie es mit ihren Sinnesorganen (Augen, Nase) eindeutig wahrgenommen hat.

Füttert man in einem Experiment Aquarienfische quantitativ und qualitativ unterschiedlich, so kann man verschiedene Verhaltensweisen beobachten: Je länger die letzte Fütterung zurückliegt, um so eher wird auch qualitativ schlechtes Futter akzeptiert. Sind die Futterpausen klein, nehmen die Fische nur qualitativ gutes Futter auf.

Im Gegensatz zu den Reflexen, bei denen der adäquate Reiz jederzeit zu der entsprechenden Reaktion führt, müssen für die oben beschriebenen Verhaltensweisen von Hauskatze und Aquarienfischen zwei Bedingungen erfüllt sein, um eine Reaktion auszulösen: die **auslösenden Reize** und ein **innerer Zustand der Bereitschaft**, oft auch als **Antrieb, Handlungsbereitschaft, Reaktionsbereitschaft** oder **Motivation** bezeichnet.

Originaltext

Äußere Reize und innere Bedingungen bestimmen gemeinsam die Reaktionsstärke: Tier und Mensch verzehren um so mehr von verfügbarer Nahrung, je besser sie schmeckt (höherer Reizwert) und je größer der Hunger ist (größere Bereitschaft). Das allgemeine Prinzip lautet: Die Reaktionsstärke ergibt sich aus zwei Bedingungen, der Reizbeschaffenheit und dem Aktivierungsgrad der Bereitschaft. Diesen Sachverhalt bezeichnet man seit den Anfängen der Verhaltensforschung als **doppelte Quantifizierung*** der Reaktionsstärke durch äußere Reize und innere Bedingungen.
(HASSENSTEIN *1987, S. 242*)

Dieses Prinzip lässt sich auch als Funktionsschaltbild darstellen (*vgl. Abb.11*).

Das so genannte **Koinzidenzelement** hat man sich hierbei so vorzustellen, dass es nur dann Signale aussendet, die zu einem Verhalten führen, wenn es gleichzeitig von beiden Eingangskanälen Signale erhält. Das Element **„innere Bedingungen“** sendet umso mehr Signale aus, je stärker es erregt ist; ebenso gilt, dass die Signale des **Rezeptors** umso häufiger sind, je stärker der Reizwert ist. Das heißt mit anderen Worten, eine **mittlere Reaktionsstärke** kann ihren Ursprung haben in:

- durchschnittlicher Reizstärke und durchschnittlicher Handlungsbereitschaft,
- hoher Reizstärke und geringer Handlungsbereitschaft,
- geringer Reizstärke und hoher Handlungsbereitschaft (*vgl. Abb. 12*).

Die Handlungsbereitschaft selbst ist abhängig von den unterschiedlichsten Variablen. Wir werden diesem Punkt in Kapitel C.3.3 unsere besondere Aufmerksamkeit schenken. Zwei Bereiche in Abbildung 12 bedürfen einer zusätzlichen Erklärung:

Ersatzbefriedigung: Je höher die Handlungsbereitschaft, umso „geringerwertige“ (unspezifischere) Reize können zur Auslösung der Verhaltensweise führen. Dies bedeutet im Extremfall, dass auch solche Reize als Auslöser dienen, die das Erreichen des ursprünglichen Verhaltenszieles nicht mehr gewährleisten (Ersatzreize, Ersatzobjekte – Ersatzbefriedigung, *vgl. Kap. C.4.2*).

So konnte man z.B. an Zootieren, die ohne einen Geschlechtspartner gehalten wurden, beobachten, dass sie sich am Ende der Paarungsperiode mit einem Weibchen/Männchen einer verwandten Art zu paaren versuchten.

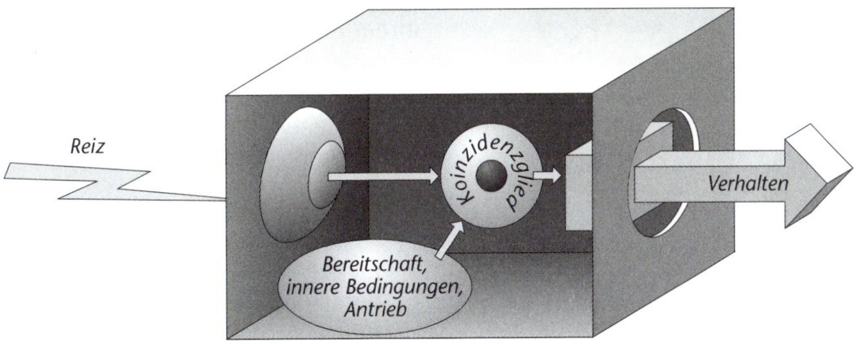

Abb. 11
Prinzip der doppelten Quantifizierung, Funktionsschaltbild

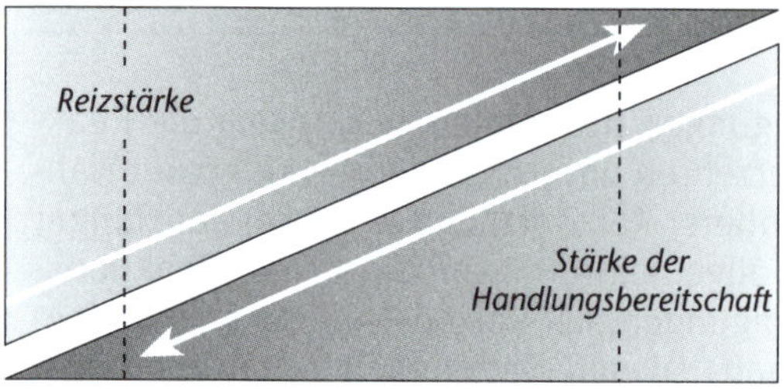

Ist dagegen nur eine äußerst **geringe Handlungsbereitschaft** vorhanden, führt selbst ein sehr starker Auslösereiz nicht zum Verhalten.

Abb. 12
Prinzip der doppelten Quantifizierung, Veranschaulichungsmodell

Aufgabe

Co3

a) Männliche Wellensittiche, die sich in der Balzzeit befinden und kein arteigenes Weibchen geboten bekommen, balzen in der Folgezeit selbst vorbeifliegende Hummeln an.

b) An unserem Haushund konnte ich schon wiederholt beobachten, wie er eine Socke oder einen Schuh von mir ins Maul nahm und diesen kräftig durchschüttelte, biss und benagte.

Erklären Sie die oben beschriebenen Verhaltensweisen mithilfe von ethologischen Fachbegriffen.

3.2 Die Instinkthandlung

Beim Kaisermantel, einem der schönsten heimischen Tagschmetterlinge, fliegt das Männchen während der Balzzeit oft ziellos suchend weite Strecken, ohne sich an ein bestimmtes Revier zu halten. Begegnet es dabei einem Lebewesen, das einem Weibchen ähnelt, so fliegt es sofort dorthin. Die Kaisermantel-Weibchen senden einen ganz spezifischen Duft aus. Nimmt das Männchen diesen Duft wahr, so balzt es vor dem Weibchen und versucht, sich mit ihm zu paaren.

Abb. 13
Kaisermantel (Argynnis paphia), ca. 33–38 mm, hauptsächlich im Juli/August auf blühenden Disteln und in Brombeersträuchern – Männchen mit rostbrauner Flügeloberseite und schwarzer Zeichnung, Flügel der Weibchen hellgrau-grünlich, auf der Flügelunterseite silbrige Perlmuttstreifen

Instinkthandlungen dienen als angeborene, genetisch bedingte Verhaltensweisen der Auseinandersetzung der Lebewesen mit ihrer Umwelt, sie müssen sich deshalb in ihrem Ablauf auf den **auslösenden Reiz** hin orientieren. Analysieren wir den oben beschriebenen Verhaltensablauf, so zeigt sich eine typische Abfolge von **drei** unterscheidbaren **Phasen**:

① Zunächst fliegt das Männchen scheinbar ziellos herum. Dieses ungezielte Umherfliegen ist auf eine hohe Handlungsbereitschaft, die zur Bewegungsunruhe führt, zurückzuführen. Man bezeichnet diese **erste Phase** als **ungerichtetes Suchen** oder **Appetenzverhalten***.

② Nimmt der Schmetterling dabei das Objekt seines Suchens wahr (auslösender Reiz), so fliegt er gerichtet auf dieses Objekt zu. Es handelt sich hierbei um die **zweite Phase** der Instinkthandlung, die **gerichtete Annäherung**, die **Orientierungsreaktion** oder **Taxis.**

③ Trifft er durch sein Hinfliegen tatsächlich auf ein arteigenes Weibchen, so zeigt der Schmetterling diejenige Verhaltensweise, zu der seine Handlungsbereitschaft bestand; es kommt zum Balzverhalten und möglicherweise zur Paarung. Diese **dritte Phase** der Instinkthandlung wird als (instinktive) **Endhandlung,** (erbkoordinierte) Endhandlung oder **Instinktbewegung** (-reaktion) bezeichnet.

Besteht eine solche erbkoordinierte Endhandlung aus einer fest programmierten Abfolge von Einzelbewegungen und verläuft sie im Gegensatz zur Orientierungsreaktion relativ formstarr, artspezifisch und von Außenreizen unabhängig, nennt man diesen Verhaltensteil oft auch ganz einfach **Erbkoordination.** Erbkoordinationen sind durch keinerlei Lernvorgänge veränderbar.

Eine typische Instinkthandlung setzt sich also aus den drei Komponenten **Appetenzverhalten, Orientierungsreaktion** und **erbkoordinierte Endhandlung** zusammen.
Kommt es zur Endhandlung, führt die Ausführung zum Absinken der Handlungsbereitschaft; das gleiche Instinktverhalten ist dann nach dem Prinzip der doppelten Quantifizierung – wenn überhaupt – nur durch einen sehr starken Reiz auslösbar.

Die **relativen Anteile** von Orientierungsreaktion und erbkoordinierter Endhandlung an einer Instinkthandlung sind von Fall zu Fall sehr unterschiedlich:

- Bei den Instinkthandlungen der Fortbewegung kommt der Orientierungsreaktion die wesentliche Bedeutung zu; die Erbkoordination besteht hierbei nur noch in der koordinierten Ausführung der Bewegung.

  Noch größer ist der relative Anteil der Orientierungsreaktion bei allen einfachen Orientierungsreaktionen selbst, z.B. dem Blickzuwenden; die Erbkoordination besteht hier nur noch in der genetisch bedingten Fähigkeit, die Augen in bestimmte Richtungen bewegen zu können.

- Ganz im Gegensatz dazu überwiegt der erbkoordinierte Anteil an der Instinkthandlung z.B. beim Kokonbau der Seidenraupe – einer fast 24-stündigen, exakt koordinierten Bewegungsabfolge, bei der ca. 3 km Seidenfaden versponnen werden.

  Wie starr Erbkoordinationen festgelegt sind, zeigt das Scharren der Hunde mit den Hinterbeinen, nachdem sie Kot abgegeben haben. Es wird auch bei festem Untergrund durchgeführt, obwohl es hier keinerlei Erfolg zeigt.

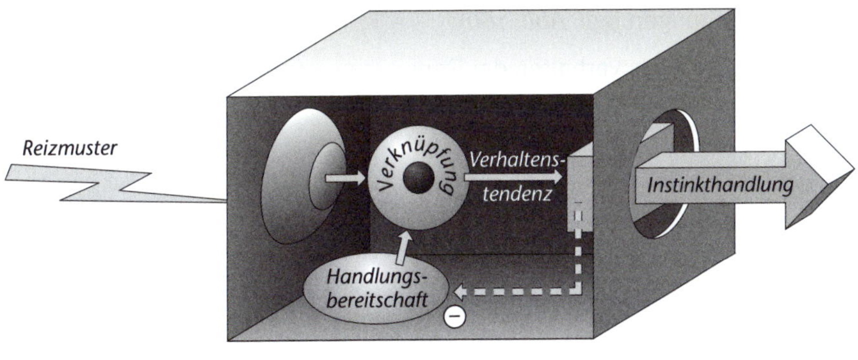

Abb. 14
Vereinfachtes Funktionsschaltbild einer Instinkthandlung

In Abbildung 15 wird versucht, die drei Phasen der Instinkthandlung an einem vereinfachten Funktionsschaltbild zu verdeutlichen:

Normalerweise sind alle drei Phasen einer Instinkthandlung von derselben Handlungsbereitschaft abhängig. Für die erste Phase, das ungerichtete Suchen (Appetenzverhalten), spielt die Handlungsbereitschaft gleichzeitig die Rolle des Antriebs. In der zweiten und dritten Phase wirken Handlungsbereitschaft und auslösender Reiz nach dem Prinzip der doppelten Quantifizierung (*vgl. Abb. 11*) zusammen und führen gegebenenfalls zur Endhandlung.

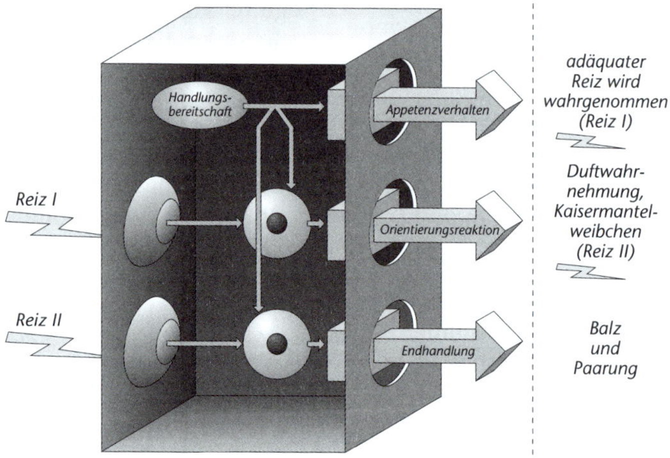

Abb. 15
Die drei Phasen der Instinkthandlung

Aufgabe

C04 Eine brütende Gans rollt ein Ei, das sich außerhalb ihres Nestes in Nestnähe befindet, mit ihrem Schnabel ins Nest zurück (*vgl. Abb. 16a*). Dabei greift sie mit dem Schnabel über das Ei und rollt es langsam zum Nest. Mit Hals und Schnabel führt sie Korrekturbewegungen durch, um zu verhindern, dass ihr das Ei zur Seite wegrollt. Nimmt man ihr während des Eirollvorganges das Ei mit der Hand weg, führt sie das Verhalten trotzdem bis zum Nest fort, allerdings ohne seitliche Korrekturbewegungen (*vgl. Abb. 16b*).

Erklären Sie dieses Verhalten der Gans.

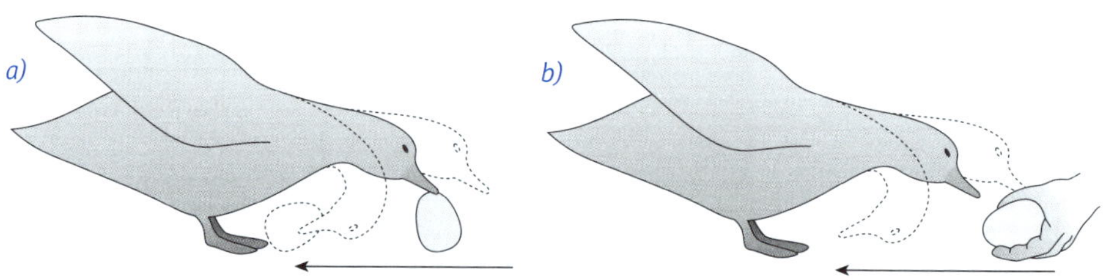

Abb. 16
Eirollbewegung bei der Gans, a) mit einem Ei, b) nach Entfernen des Eis

Aufgaben

C05 Mit etwas Glück und viel Geduld kann man bei einem Wasserfrosch folgendes Verhalten beobachten: Lange sitzt der Frosch reglos an einem Platz. Plötzlich sucht er einen anderen Ort auf und bleibt dort erneut reglos sitzen. Landet seitlich von ihm in seiner Nähe ein kleines Insekt, z.B. eine Fliege, wendet er seinen ganzen Körper auf der Stelle und richtet ihn auf die Fliege aus. Er fixiert die Fliege mit beiden Augen. Ganz plötzlich springt er auf die Fliege zu und verschluckt sie.
Noch im Sprung klappt er die am Vorderrand des Maules angewachsene Zunge blitzartig aus und fängt damit die Fliege.

Diese Zungenbewegung lässt sich allerdings nur bei Zeitlupenaufnahmen im Film erkennen.

Erklären Sie das beobachtete Verhalten mit Fachbegriffen.

Abb. 17
Sprungbereiter Frosch

C06 Springspinnen spinnen keine Netze, sondern jagen ihre Beute.

Springspinnen-Männchen führen bei der Balz einen regelrechten „Liebestanz“ vor ihren Weibchen auf. Der Zoologe O. Drees stoppte die Dauer des Balztanzes bei unterschiedlichen Bedingungen:

Hat sich das Männchen schon lange Zeit mit keinem Weibchen mehr gepaart, so balzt es bis zu 3 Minuten lang. Direkt nach einer Paarung balzt es überhaupt nicht. Nach einer Pause von 3 Tagen balzt es rund 15 Sek. lang, nach 5 Tagen rund 60 Sek. lang, nach 8 Tagen rund 80 Sek., nach 10 Tagen rund 155 Sek. und erst nach einer Pause von ca. 15 Tagen wurde die volle Balzdauer wieder erreicht (*nach* Hassenstein *1987, S. 257*).

a) Stellen Sie die Ergebnisse grafisch dar.

b) Erklären Sie das beschriebene Verhalten des Springspinnen-Männchens.

Aufgabe

C07 Nach dem Schlüpfen aus dem Ei sind Amseljunge noch blind. Kommt ein Altvogel von der Futtersuche zurück und landet auf dem Nestrand, führt dies zur Erschütterung des Nestes. Die Jungvögel, die normalerweise zusammengekauert in der Nestmulde sitzen, recken sofort die Hälse senkrecht nach oben und reißen die Schnäbel auf – zeigen das so genannte **Sperren**.

Dieses Sperren lässt sich bei frisch geschlüpften Nestlingen auch auslösen, indem man mit dem Finger leicht an den Nestrand klopft (*vgl. Abb. 4*).

Ca. 1–3 Tage nach dem Öffnen der Augen sperren die Nestlinge in Richtung des Altvogelschnabels.

Erklären Sie die beschriebenen Verhaltensweisen.

Abb. 18
Sperren von Nestlingen in verschiedenen Stadien der Nestlingszeit, a) direkt nach dem Schlüpfen, b) ca. 1–3 Tage nach dem Öffnen der Augen

3.3 Reifung

Wenn wir Instinkthandlungen als angeborene, genetisch bedingte Verhaltensweisen bezeichnet haben, so bedeutet das nicht, dass sie auch immer von Geburt an funktionsfähig und auslösbar sein müssen (*vgl. Kap. A.2.3*). Oft bedürfen sie einer postnatalen Reifung, um zu funktionieren.

In vielen Fällen hängen die Reifungsvorgänge damit zusammen, dass bestimmte **anatomisch-morphologische Strukturen** erst **ausreifen** müssen, wie das nächste Beispiel verdeutlicht:
Frisch geschlüpfte Tauben können noch nicht fliegen. Zieht man eine Gruppe von

Tauben normal auf und hält eine andere Gruppe in so engen Käfigen, dass sie darin die Flügel nicht öffnen können, so zeigen beide Gruppen nach 8–9 Wochen das gleiche Flug- und Landevermögen, wenn man sie erstmals ins Freie lässt, obwohl eine Gruppe keine Möglichkeiten zur vorherigen Übung hatte.

Fliegen-Können ist eine genetisch bedingte Instinkthandlung (Erbkoordination) bei Tauben; die neuromotorischen Strukturen bedürfen allerdings einer postnatalen Reifung.

Unter Reifung versteht man die **Vervollkommnung einer Instinkthandlung** ohne vorherige Übung.
Um den Unterschied zum Lernen zu verdeutlichen (*vgl. Kap. D*), führte E. H. HESS ein eindrucksvolles Experiment durch:

HESS hatte beobachtet, dass **Hühnerküken** nach allen körnerartigen Objekten picken, und festgestellt, dass die **Treffsicherheit** bei frisch geschlüpften Küken wesentlich schlechter ist als bei vier Tage alten Tieren. Beruhte dieser Unterschied auf der Reifung oder einem Lernvorgang?

Um dies zu prüfen, zog er Küken nach dem Schlüpfen im Dunkeln heran und stülpte ihnen eine Kopfhaube über, bevor sie erstmals optische Erfahrungen sammeln konnten. Eine Kükengruppe erhielt Hauben mit Prismen (Prismenbrillen), die alle Objekte der Umwelt um 1,5 cm nach rechts versetzten.

In den folgenden Tagen beobachtete HESS die Zielgenauigkeit, d.h. wie sicher ein Zielobjekt getroffen wurde, bei beiden Gruppen. Er stellte fest, dass bei beiden Gruppen die Zielgenauigkeit besser wurde. Doch lag der Punkt, auf den sich die Pickeinschläge konzentrierten, bei der Gruppe mit Prismengläsern genau 1,5 cm rechts neben dem Zielpunkt (z.B. einem Nagelkopf in der Mitte einer Plastilinscheibe).
Die Verbesserung der Zielgenauigkeit war unabhängig von einer Belohnung und basierte auf einem Prozess des Heranreifens. Die Reifung betraf die Koordination zwischen Wahrnehmung eines Reizes und dessen Verknüpfung mit einer angeborenen Pickreaktion.

a)

b)

c)

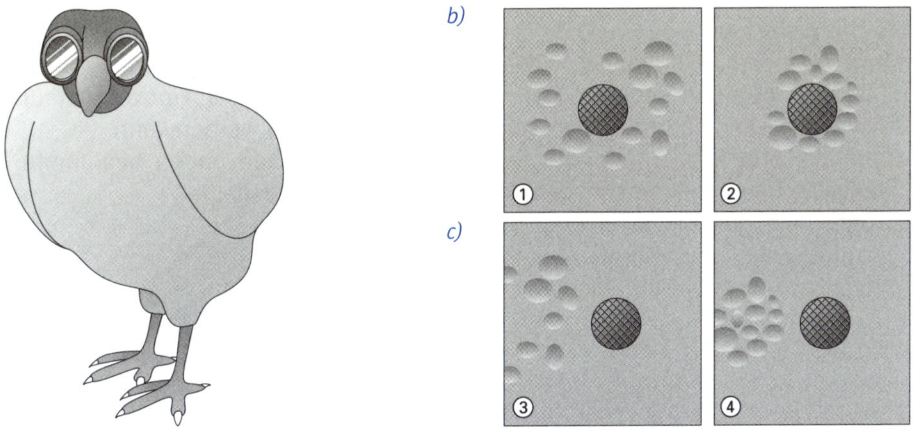

Abb. 19
Heranreifen eines Zielmechanismus, a) Hühnerküken mit Prismenbrille, b) Pickeinschläge von normalen eintägigen ① und viertägigen ② Küken, c) Pickeinschläge von eintägigen ③ und viertägigen Brillenküken ④; Erklärungen im Text

3.4 Instinkt-Dressur-Verschränkung

Grundsätzlich ist es sehr schwierig, die erbbedingten und erfahrungsbedingten Anteile an einem komplexen Verhaltensablauf sauber zu trennen; dies gelingt nur in sehr einfachen Fällen. Vielmehr muss man davon ausgehen, dass „normales Verhalten“ auf sehr engen **Verschränkungen zwischen angeborenen und erworbenen Anteilen** beruht, eine Trennung also eher künstlich ist.

„Ich habe diese Erscheinung als Instinkt-Dressurverschränkung bezeichnet. ... Das Wesen einer solchen Verschränkung liegt darin, daß in dem Ablauf einer im übrigen instinktmäßig angeborenen Handlungskette an einer bestimmten, ebenfalls ererbtermaßen festliegenden Stelle eine Dressurhandlung eingeschaltet ist ... Die angeborene Handlungskette besitzt in einem solchen Falle eine Lücke, in die statt einer angeborenen Instinkthandlung eine „Fähigkeit zum Erwerben“ eingeschaltet ist.
Die Ausfüllung der Lücken ... findet ... in einer Weise statt, die die Verschränkung zu einer biologisch sinnvollen funktionellen Einheit werden läßt.“
(Lorenz *1970, S. 294*).

Nach den hier vertretenen Vorstellungen lassen sich allerdings für jegliche Form von Verhalten entsprechende angeborene Grundlagen finden – auch für jede Form des Lernens (*vgl. Kap. D: EAAM, EAM*).

3.5 Schlüsselreiz und auslösender Mechanismus (AM)

Instinkthandlungen scheinen durch einfache Reize ausgelöst zu werden:
Die Männchen vieler Mückenarten finden ihre Weibchen z.B. nur nach einem Ton, dem Flugton der Weibchen.
Truthähne reagieren, wie mancher vielleicht schon leidvoll erfahren musste, bei ihren aggressiven Attacken hauptsächlich auf eine Farbe: auf die Farbe Rot.
Amerikanische Baumgrillenmännchen benutzen Zirpgesänge, um die arteigenen Weibchen anzulocken.
Hühner erkennen angeborenermaßen ihre Küken nur an deren Lautäußerungen. Selbst wenn das Küken nicht zu sehen ist, kommt die Glucke ihm zu Hilfe, wenn sie den speziellen Angstruf der Küken hört. Sie ignoriert das Küken aber, wenn es z.B. unter einer schalldichten Glasglocke sitzt und von ihr nur gesehen werden kann.
In allen Fällen haben bestimmte Reize ein Verhalten ausgelöst.

Abb. 20
Schlüsselreiz beim Haushuhn, a) schallisoliertes Küken, b) optisch isoliertes Küken

Die charakteristische Kombination der Einzelreize, die ein bestimmtes Verhalten auslösen, werden in der Verhaltensforschung **Schlüsselreize** genannt. Ähnlich wie ein Schlüssel beim richtigen Schloss dazu führt, dass sich die Tür öffnen lässt, führt ein Schlüsselreiz dazu, dass eine zugehörige Verhaltensweise ausgelöst wird.

Im Prinzip können alle Reizqualitäten als Schlüsselreize wirken: optische, akustische, chemische oder mechanische.

Definition

„Unter einem **Schlüsselreiz** verstehen wir jeden Reiz, der kennzeichnend für eine biologisch relevante Umweltsituation ist und vom Organismus ohne vorherige Lernvorgänge mit arterhaltend sinnvollen Verhaltensweisen beantwortet wird" (JÜRGENS/PLOOG *1974, S.12*).

SCHLEIDT konnte bei Truthühnern zeigen, dass Truthennen ihre eigenen Küken wie einen Fressfeind angreifen und zu Tode hacken, wenn sie – z.B. durch Vertaubung – nicht mehr in der Lage sind, das Piepen der Küken zu hören. Setzt man einer Pute dagegen einen ausgestopften Marder vor, der über einen eingebauten Lautsprecher Kükenpiepen ausstrahlt, versucht sie diesen ins Nest zu ziehen und ihn zu hudern.

Die beschriebenen Verhaltensweisen sind nun nicht etwa damit zu erklären, dass Hühner und Truthühner schlecht sehen würden. Dies ist absolut nicht der Fall; wie alle Vögel verfügen sie vielmehr über einen ausgesprochen gut entwickelten optischen Sinn. Der Grund ist darin zu suchen, dass nicht alle vom Objekt ausgehenden Reize ein Verhalten auslösen, sondern selektiv nur ein kleiner Ausschnitt der objekteigenen Reize als Schlüsselreize wirken. Das Tier beantwortet angeborenermaßen einige wenige Merkmale eines Objektes mit einer spezifischen Verhaltensweise.

Da nicht alle Schlüsselreize so einfach sind wie oben beschrieben, sondern teilweise aus recht komplexen Reizkombinationen bestehen, führt man zur genaueren Analyse der relevanten Einzelreize so genannte **Attrappenversuche** durch.

Man arbeitet dann nicht mehr mit den lebenden Objekten als Auslöser, sondern mit Nachbildungen (Attrappen). Es handelt sich dabei um Gegenstände, die eine Instinkthandlung auslösen, ohne der biologisch normale Reiz zu sein.

Attrappen lassen sich sehr einfach in Aussehen, Größe, Farbe oder anderen Merkmalen gegenüber dem natürlichen Objekt variieren, sodass über entsprechende Versuchsreihen die Elemente der Schlüsselreizkombination einzeln analysiert werden können. Ebenso kann auf die Wirksamkeit der Einzelreize für die Reaktionsstärke geschlossen werden (*vgl. Abb. 5 und 22*).

Das **Futterbettelverhalten** von Möwenküken wurde von TINBERGEN und seiner Mitarbeiterin PERDECK sehr genau erforscht:

Originaltext

Die Silbermöwe füttert ihre Jungen folgendermaßen: Sie streckt den Hals nach unten, äußert einen langgezogenen Schrei und dann, wenn eines oder mehrere Küken antworten, würgt sie die halbverdaute Nahrung heraus, von der sie, nachdem sie sie zunächst fallen gelassen hat, einen kleinen Bissen in den Schnabel nimmt. Diesen bietet sie den Jungen für einige Sekunden an; sie steht dabei ruhig und hat den Kopf nach unten gerichtet. Das Küken antwortet, indem es an die Schnabelspitze pickt. Diese Bewegungen sind am ersten Tag relativ unbeholfen und schlecht orientiert, es braucht manchmal viele Versuche, bis es das Futter ergreift. Das Betteln des Kükens ist nicht abhängig vom vorherigen Auswürgen. Die Eltern können die Initiative ergreifen und, ohne vom Jungen dazu angeregt worden zu sein, auswürgen, aber gewöhnlich wird das Junge der Initiator sein. Das Junge wird nicht immer an die Schnabelspitze picken, es pickt häufig nach dem Futter am Boden. Das Auftreten beider Reaktionen kann zu Beginn der allerersten Fütterung beobachtet werden, sie sind zweifellos angeboren. ... Das Junge zielt auf den roten Fleck am Unterschnabel, und weil es schlecht zielt und den Schnabel öffnet und schließt, erfasst es vielleicht einen Nahrungsbrocken.
(TINBERGEN/PERDECK *1951, zitiert nach* ECKEBRECHT *1995, S. 44*)

Abb. 21
Silbermöwe mit Küken

TINBERGEN und PERDECK experimentierten mit unterschiedlichen **Schnabelattrappen**, um die wirksamen Einzelreize herauszufinden, die diese Pickreaktion der Möwenküken auslösen: Eine möglichst naturgetreue Nachbildung eines Silbermöwenkopfes diente als Vergleichsobjekt (entspricht 100% Pickreaktion). Beim Vergleich der relativen Häufigkeiten in Abbildung 22a) und b) wird deutlich, dass sowohl die Farbe des Schnabelflecks als auch die Form des Schnabels eine auslösende Wirkung zu haben scheinen. Es gibt also nicht einen Schlüsselreiz, sondern mehrere Einzelreize, die in Kombination auftreten und zusammenwirken.

Auffällig ist auch, dass ein besonders langer und spitzer Schnabel eine deutlich heftigere Reaktion auslöst als die naturgetreue Nachbildung. Bei diesem Phänomen haben wir es mit einem so genannten **überoptimalen Auslöser**, einer **„Superattrappe“**, zu tun (*vgl. Abb. 22c*). In einem Vergleichsexperiment kombinierten TINBERGEN und PERDECK die gefundenen Einzelreize in einer Attrappe, die dem natürlichen Reizmuster möglichst unähnlich gestaltet war: einem mit Farbringen versehenen spitzen Stöckchen. Mit dieser Attrappe konnten sie mehr Pickreaktionen erzielen als mit der natürlichen Nachbildung (*vgl. Abb. 22c*).

Insgesamt konnten TINBERGEN und PERDECK sieben wirksame Reize ausmachen, durch die das Objekt, das die Pickreaktionen auslöst, wirkt:

1. die Bewegung der Attrappe (statt Ruhigstellung),
2. eine ganz bestimmte Gestalt,
3. eine möglichst niedrige Lage,
4. die Nähe der Attrappe (statt Distanz),
5. Nach-unten-Zeigen der Attrappe,
6. den roten Fleck an der Spitze (dabei wirken Farbe und Kontrast),
7. etwas, das über den Schnabel hinausragt (Futter).

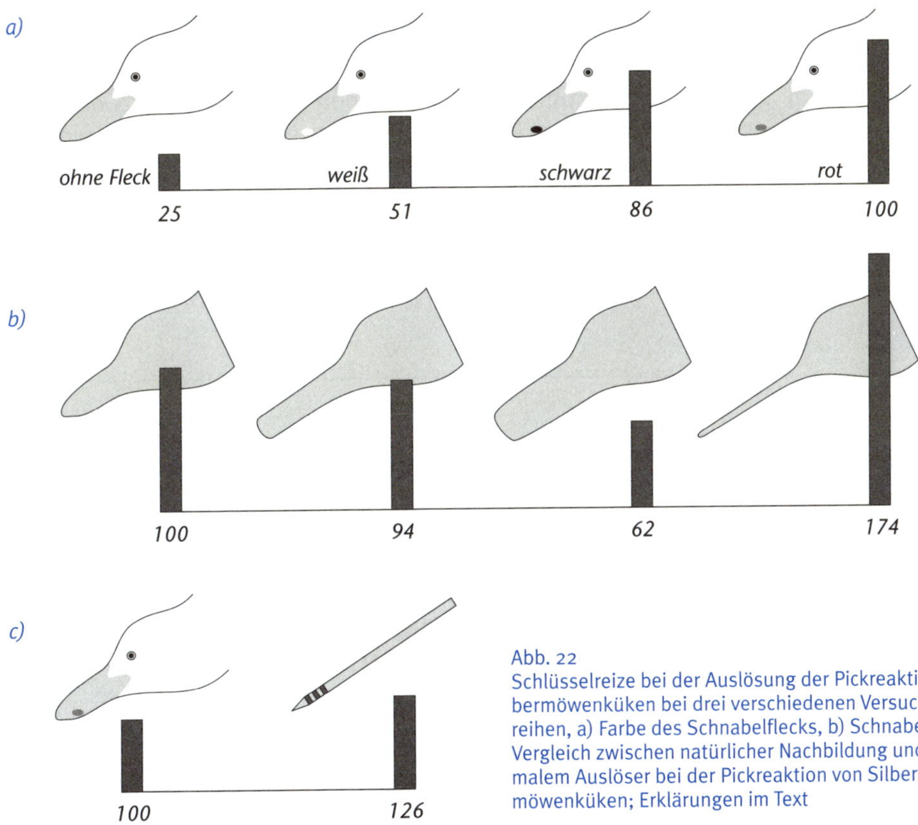

Abb. 22
Schlüsselreize bei der Auslösung der Pickreaktion von Silbermöwenküken bei drei verschiedenen Versuchsreihen, a) Farbe des Schnabelflecks, b) Schnabelform, c) Vergleich zwischen natürlicher Nachbildung und überoptimalem Auslöser bei der Pickreaktion von Silbermöwenküken; Erklärungen im Text

TINBERGEN und PERDECK gingen davon aus, dass alle diese Schlüsselreize einen zugleich auslösenden und richtenden Einfluss haben.

Schlüsselreize, die außer der Mitteilungsfunktion sonst keine andere Funktion für einen Organismus haben, werden als **Auslöser** bezeichnet; sie dienen ausschließlich der Kommunikation zwischen Artgenossen.

An diesen Ergebnissen ist in den letzten Jahren heftig **Kritik** geübt worden, insbesondere von der Verhaltensforscherin ZIPPELIUS. Ihre Kritik stützt sie auf Untersuchungen ihrer Mitarbeiterin EYPASCH, die zeigen konnte, dass der rote Fleck am Unterschnabel der Elterntiere nicht als Schlüsselreiz für das Picken der Küken gegen den Elternschnabel infrage kommt: Selbst blau-weiß bemalte Kugeln wurden häufiger angebettelt als die naturgetreue Kopfattrappe. Attrappen mit und ohne Fleck lösten nahezu keine Unterschiede im Bettelverhalten aus.
Die Problematik der klassischen Experimente liegt nach den Erkenntnissen von EYPASCH

hauptsächlich darin, dass das **Lernvermögen** der Küken **unterschätzt** wurde. Tinbergen und Perdeck boten bei ihren Experimenten jedem Versuchstier unterschiedliche Attrappen in relativ kurzer zeitlicher Folge dar (Sukzessivmethode); damit waren die Tiere am Ende der Testfolge keinesfalls mehr unerfahren, was aber als notwendige Voraussetzung für den Nachweis von genetisch bedingtem Verhalten gilt. Um diesen Lernprozess auszuschließen, zeigte Eypasch jedem Küken zwei unterschiedliche Attrappen nur je einmal gleichzeitig (Simultanmethode). Bei einem solchen Wahlversuch wird die Attrappe als auslösend gewertet, der sich das Küken zuwendet. Silbermöwenküken betteln dabei alle auffällig konturierten Objekte an und lernen schon bei der zweiten Fütterung, wo sie Nahrung erhalten.

Es ist inzwischen fraglich, ob sich Eypaschs Untersuchungen überhaupt mit denen von Tinbergen und Perdeck vergleichen lassen. Dagegen sprechen die extremen **Untersuchungsbedingungen** bei den „Revisionsversuchen“: Die Versuchstiere wurden, um jegliche Erfahrung auszuschließen, vor den Versuchen im Dunkeln gehalten, künstlich gefüttert und erst im Alter von 2 Tagen ans Tageslicht gebracht und dann getestet. Es ist nicht auszuschließen, dass sich die Tiere an die Dunkelheit gewöhnt hatten und in der Testsituation eher eine **Flucht- oder Schutzreaktion** ausgelöst wurde. Für eine solche Annahme spricht, dass die Küken in einem Viertel der Versuche überhaupt keine Reaktion zeigten.

Aufgaben

C08 Tinbergen untersuchte mit seinen Mitarbeitern die sexuellen Reaktionen von Samtfaltermännchen. Samtfaltermännchen haben die Eigenart, vorbeiflatternde Weibchen durch Anfliegen zu verfolgen. Für die Untersuchungen wurden Papierattrappen (Weibchen-Attrappen) gebaut, die man wie Angelköder an einer Angelrute den männlichen Samtfaltern vorhalten konnte (vgl. Abb. 23).

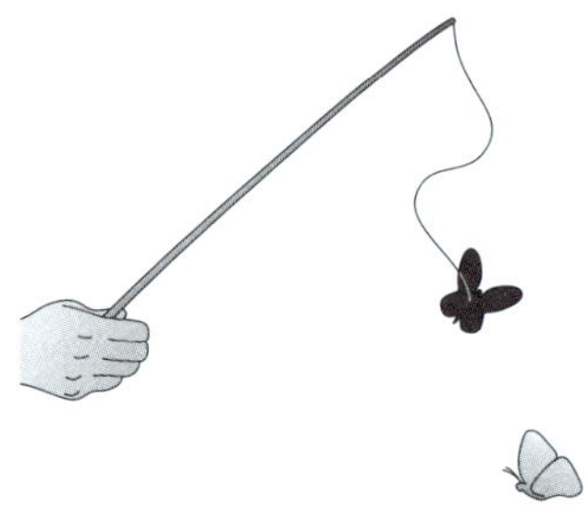

Abb. 23
Versuchsdurchführung, um die sexuellen Reaktionen von Samtfaltermännchen zu analysieren

In der Abbildung 24 sind die Versuchsergebnisse Tinbergens schematisch dargestellt.
In einer ersten Versuchsreihe ① wurden weibchenähnliche Attrappen getestet, die alle gleich groß waren, sich aber in der Grautönung von schwarz nach weiß unterschieden. Die Säulen symbolisieren die Anflughäufigkeit der Männchen.
In der zweiten Versuchsreihe ② wurden unterschiedliche Formen getestet.
Der dritte Versuch ③ sollte die Bedeutung der Entfernung klären; die Attrappen wurden in unterschiedlichen Entfernungen dargeboten.
Im letzten Versuch ④ wurde der Einfluss verschiedener Bewegungsarten auf die Reaktionshäufigkeit untersucht.

a) Analysieren Sie die Abbildung 24 und erklären Sie die unterschiedliche Wirksamkeit von Reizelementen auf die sexuellen Reaktionen von Samtfaltermännchen.

b) Beschreiben Sie den wirksamen Schlüsselreiz zur Auslösung des oben angesprochenen Verhaltens.

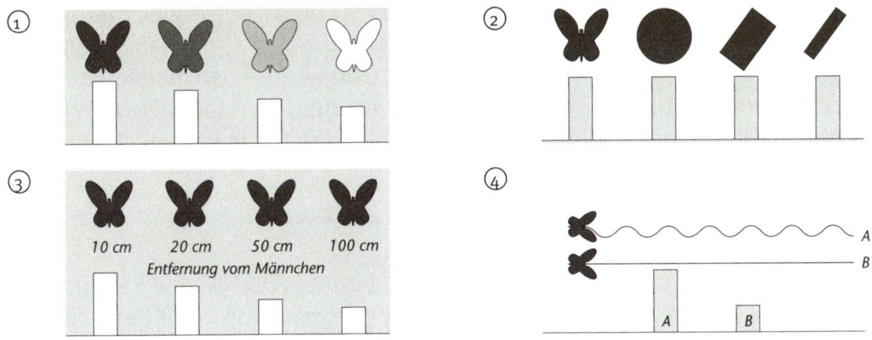

Abb. 24
Untersuchungsergebnisse zur Analyse der sexuellen Reaktion auf Weibchen-Attrappen beim Samtfaltermännchen

C09 In einem anderen Experiment testete TINBERGEN die visuelle Unterscheidungsfähigkeit junger Drosseln.

Er verwendete für seine Experimente Altvogelattrappen aus Pappe, die er den Nestlingen an einem Stab vorhielt. Er konnte feststellen, dass sie auch bei Modellen sperrten, die keine Ähnlichkeit mehr mit einer Drosselmutter aufwiesen (*vgl. Abb. 25*).
Zeigte man ihnen nacheinander zwei Mutterattrappen aus drei unterschiedlich großen Kreisen, bei denen nur der mittlere Kreis in seiner Größe verändert wurde, sperrten die Küken einmal ⓐ in Richtung des kleinsten, einmal ⓑ in Richtung des mittelgroßen Kreises.

Welcher Reiz ist für die Richtung des Sperrverhaltens der jungen Drosseln auslösend?

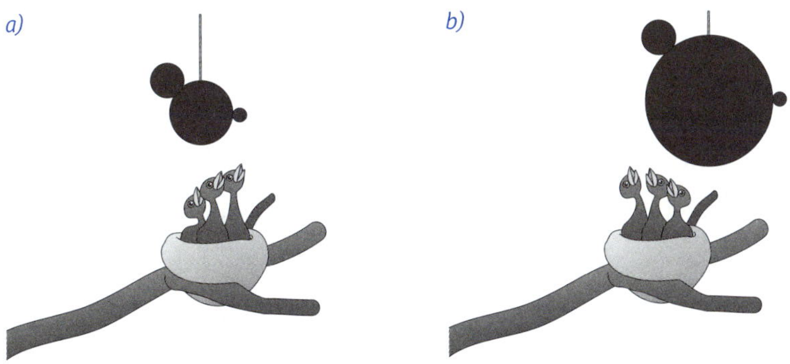

Abb. 25
Attrappenversuch mit Drosseln

Wir haben in unserer Darstellung den Erkenntnissen TINBERGENS insofern Rechnung getragen, als wir nicht vom roten Fleck als dem Schlüsselreiz schlechthin sprachen, sondern die unterschiedlichen Reize, die zur Auslösung beitragen, benannt haben.

Durch die zeitliche Kombination und das gegenseitige Zusammenspiel von Auslösern und Verhaltensweisen kommt es zu so genannten Handlungsketten (*vgl. Kapitel C.4.1*).

Statt Auslöser wird häufig der Begriff **Signal** verwendet: z.B. Balzsignale, Drohsignale.

Bietet man Amseljungen eine aus zwei unterschiedlich großen Kreisen bestehende Elternattrappe, so löst diese bei den Jungvögeln das Sperrverhalten aus. Diese Reaktion kann auch dadurch ausgelöst werden, dass man leicht auf den Nestrand klopft, was zu schwachen Erschütterungen des Nestes führt (*vgl. Abb. 4, 18*). Bietet man im Experiment beide Reize gleichzeitig an – also optischen und mechanischen Schlüsselreiz zusammen –, so findet das Sperrverhalten viel heftiger statt als bei einzelner Darbietung der Reize (*vgl. auch Kap. C.3.7*).

Definition Fördern sich Schlüsselreize, die bereits einzeln eine Reaktion auslösen, in ihrer Wirkung gegenseitig, so spricht man von einer **Reizsummation.**

Mit Reizsummation ist allerdings nicht die mathematische, quantitative Addition gemeint, sondern mehr ein gegenseitiges Fördern, ohne dass der „Gesamtreizwert" unbedingt exakt der Summe der Einzelreize entspricht. Deshalb wird synonym auch der Begriff **wechselseitige Reizverstärkung** benutzt.

Auch die Wirkung von **übernormalen Auslösern** lässt sich mit der Reizsummation erklären (*vgl. Abb. 26 und 22*): Für die Eirollbewegung der Graugans stellen die Merkmale Eigröße, Fleckung und Grundfärbung Schlüsselreize dar. Ein großes Ei wirkt stärker als ein kleines, ein gelb geflecktes stärker als ein ungeflecktes und ein der natürlichen Färbung entsprechendes besser als eines mit einer anderen Färbung.

Stellt man nun eine Attrappe her – z.B. ein großes Holzei –, die alle verstärkenden Merkmale vereint, erzielt man mit ihr die heftigste Verhaltensreaktion (*vgl. Abb. 26a*). Auch lässt sich das Fehlen eines Merkmals (z.B. der Fleckung) durch Verstärkung eines anderen (z.B. der Eigröße) ausgleichen. Das beschriebene Verhalten ist für nahezu alle bodenbrütenden Vögel typisch; größere und/oder greller gefärbte Kunsteier werden eigenen Eiern vorgezogen und bebrütet.

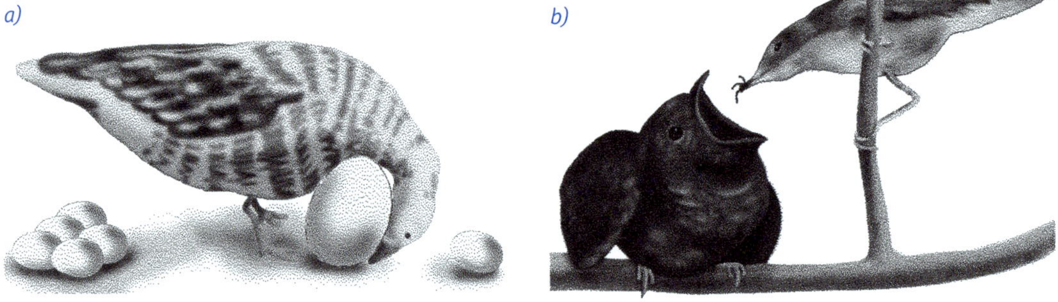

Abb. 26
a) Eirollbewegung der Graugans bei künstlichem Riesenei, b) Singvogel beim Füttern eines jungen Kuckucks; Erklärungen im Text

Dass solche überoptimalen Schlüsselreize nicht nur experimentell bedeutsam sind, sondern auch unter natürlichen Bedingungen eine entscheidende Rolle spielen können, zeigt der Kuckuck. Der Schnabel des jungen Kuckucks ist meist größer und sein Rachen intensiver gefärbt als der der restlichen Nestlinge, was bei den „Pflegeeltern" als übernormaler Schlüsselreiz wirkt. Dadurch wird er von den Altvögeln häufiger gefüttert als die eigenen Jungen, die letztlich von ihm auch noch aus dem Nest gedrängt werden.

Reizselektion: Auf alle Lebewesen wirkt ständig eine Vielzahl von unterschiedlichsten Außenreizen ein. Würden diese Reize alle in gleichem Maße auf- und wahrgenommen, wäre das Sinnes- und Nervensystem total überfordert. Es muss also Mechanismen geben, die aus der verwirrend großen Anzahl von Außenreizen diejenigen auszuwählen imstande sind, die für eine bestimmte Situation am „wichtigsten" scheinen. Anhand eines klassischen Experimentes wollen wir diese **Reizselektion** veranschaulichen:

Mithilfe einer Messelektrode, die einer Katze in den Kopf eingeführt wurde, lassen sich die Gehirnströme des Tieres an einem Potentiometer verdeutlichen. Auf das gleichmäßige Ticken eines Metronoms zeigt sich eine ebenfalls gleichmäßige Gehirnreaktion (*vgl. Abb. 27a*). Taucht im Gesichtsfeld der Katze plötzlich eine Maus auf, spiegelt sich das Ticken des Metronoms augenblicklich nicht mehr in einer entsprechenden Gehirnreaktion wider (*vgl. Abb. 27b*).

Abb. 27
Reizselektion bei der Katze

Auslösemechanismus: Wenn Tiere auf bestimmte Reizkonstellationen reagieren, auf andere nicht, dann muss das Nervensystem die Meldungen der Sinneszellen analysieren und dann ausschließlich das betreffende Reizmuster zur Wirkung kommen lassen.

Definition

Ein solches analysierendes Teilsystem des Zentralnervensystems, das die auslösende Reizkombination von den übrigen unterscheidet, bezeichnet man als **Auslösemechanismus** (AM).

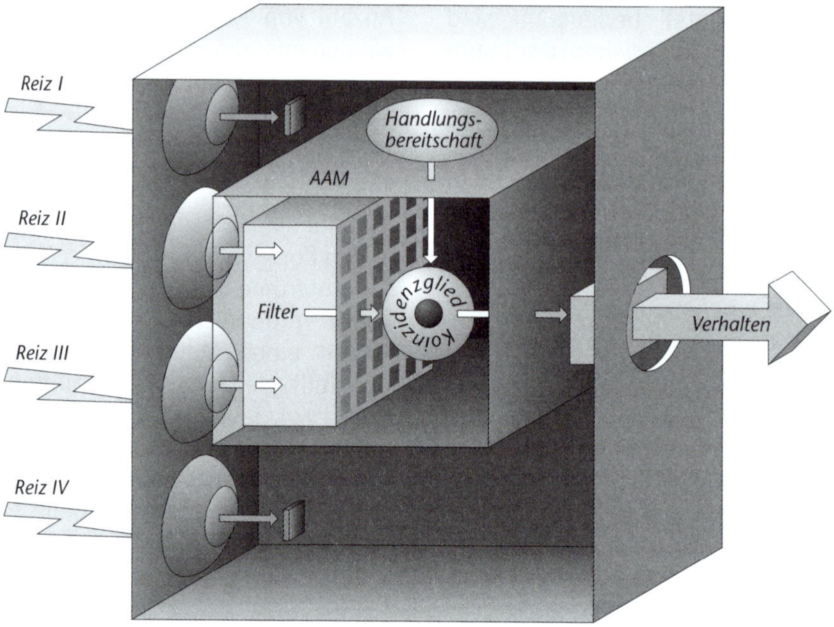

Abb. 28
Vereinfachtes Funktionsschaltbild für den Wirkmechanismus des AAM; von vielen Außenreizen werden zwei als reaktionsauslösende Reizkombinationen erkannt und mit einem Signal an das so genannte Koinzidenzelement beantwortet (selektiver Reizfilter und gleichzeitig „gewichtende, verrechnende Instanz"); trifft dort zugleich ein Signal aus dem Element Handlungsbereitschaft ein, wird ein entsprechendes Verhalten ausgelöst.

Reagiert ein Organismus dabei in richtiger Weise auf ein Reizmuster, ohne dass er diesem vorher jemals begegnet ist, spricht man von einem **genetisch bedingten Auslösemechanismus.** Eine andere Ausdrucksweise lautet: Ein Tier besitzt für die betreffende Reaktion ein angeborenes Schema *(vgl. dazu* HASSENSTEIN *1987, S. 248).*

Es handelt sich dabei um einen **neurosensorischen Mechanismus,** der quasi als Filter die eintreffenden Reize analysiert und bewertet und gegebenenfalls an eine bestimmte Reaktion ankoppelt.

Wir haben im angeborenen auslösenden Mechanismus (**AAM**) jenes hypothetische Strukturelement vorliegen, das das Schloss für den Schlüssel(-reiz) bildet. Ihm kommen dabei zwei Funktionen zu:

- das **Erkennen** der für die Auslösung einer Instinkthandlung relevanten Reize (Schlüsselreize) als selektiver Reizfilterapparat (afferente Seite);
- das **Ankoppeln** der erkannten Reize über ein Koinzidenzelement an eine bestimmte Verhaltensweise (Reaktion, Instinkthandlung; efferente Seite).

Um diesen beiden Funktionen gerecht zu werden, muss der AAM auf der physiologischen Seite aus sensorischen und neuronalen Strukturen bestehen. Er erstreckt sich damit über die afferenten, zentralen und efferenten Teile des ZNS.

Neben den genetisch bedingten Auslösemechanismen gibt es auch solche, die durch Erfahrung verändert werden (**EAAM** = durch Erfahrung veränderter angeborener Auslösemechanismus) und erworbene Auslösemechanismen (**EAM** = erworbener, erfahrungsbedingter Auslösemechanismus). Auf beide werden wir im Kapitel D näher eingehen.

Aufgabe

C10 T. J. WALKER untersuchte sehr intensiv die Lockgesänge von Amerikanischen Baumgrillenmännchen. Je nach Spezies benutzten sie verschiedene Zirpgesänge, um Weibchen anzulocken. Die Gesänge unterschieden sich voneinander in der Zirprate und der Anordnung der Laute zu Gruppen.
WALKER spielte den Weibchen unterschiedliche Lockgesänge vor. Die Weibchen reagierten angeborenermaßen allerdings nur auf die arteigenen Gesänge.
Da Insekten zu den poikilothermen Tieren gehören, d.h. nicht in der Lage sind, ihre Körpertemperatur konstant zu halten (wechselwarm), sinkt die Zirprate bei abnehmender Temperatur.
Hat das Weibchen die gleiche Temperatur wie das artgleiche Männchen, reagiert es trotz veränderter Zirprate auf den Lockgesang. Sind die Körpertemperaturen von Männchen und Weibchen unterschiedlich, reagieren die Weibchen nicht mehr auf die arteigenen Männchen. Sie ziehen vielmehr diejenigen artfremden Männchen vor, die so zirpen, wie es die arteigenen Männchen täten, wenn diese die Körpertemperatur der Weibchen hätten (*nach* JÜRGENS/PLOOG *1974, S. 13*).

Erklären Sie das beschriebene Verhalten der Baumgrillen.

3.6 Schlüsselreize, Auslöser und genetisch bedingte Auslösemechanismen beim Menschen

Schon in Kapitel C.1 sind wir auf erbbedingte Verhaltensweisen beim Menschen eingegangen und haben am Links-Tragen von Säuglingen und Mimikerkennen gezeigt, dass auch das menschliche Verhalten auf erbbedingten Strukturen beruht. An klassischen Beispielen gehen wir in diesem Abschnitt speziell auf Schlüsselreize und Erbkoordinationen ein.

Besonders an Neugeborenen und Kleinkindern lassen sich Verhaltensweisen beobachten, die dem Muster Schlüsselreiz – AAM – Instinkthandlung entsprechen.

So zeigen z.B. Neugeborene ein **Suchverhalten nach der Brustwarze** der Mutter. Es handelt sich dabei um ein seitliches Hin- und Herdrehen des Kopfes, das nach Berührungsreizen der Mundregion oder spontan in den ersten Tagen nach der Geburt zu beobachten ist. Das Hin- und Herdrehen endet, wenn die Brustwarze gefunden ist und die Lippen sich fest um den Saugzapfen geschlossen haben (*vgl. Aufgabe C.14*).

Attrappenversuche von AHRENS: Als Ausdrucksbewegungen treten beim Neugeborenen das Schreiweinen und das Lächeln auf. Während das Schreiweinen Verlassensein signalisiert, dient das Lächeln hauptsächlich als Beschwichtigungs- und Kontaktaufnahmeverhalten. Es tritt zunächst spontan selbst im Schlaf auf und reift im Laufe der Entwicklung zu einem „Antwort-Lächeln“ heran.

Bei 3 bis 6 Monate alten Kindern kann man ein Lächeln mit verzerrten Gesichtsattrappen ebenso auslösen wie mit einem menschlichen Gesicht. Diese Beobachtung veranlasste AHRENS, das Mimikerkennen bei Säuglingen und Kleinkindern genauer zu untersuchen (*vgl. Kap. C.1*).

EIBL-EIBESFELDT beschreibt, dass zweidimensionale kopfartige Pappattrappen mit augengroßen, deutlich abgegrenzten schwarzen Punkten bei Kleinkindern, die jünger als zwei Monate sind, das Lächeln besser auslösen als ein rechteckiger Balken oder ein gemaltes Gesicht auf gleichen Attrappen. Die Anordnung der Punktepaare war dabei gleichgültig, ein einzelner Punkt hingegen unwirksam (vgl. Abb. 29). Ab dem 2. Monat wird auf waagerecht angeordnete Punkte intensiver reagiert als auf senkrecht angeordnete, später reagieren Kinder auf die gesamte Augenpartie (*nach* EIBL-EIBESFELDT, *1987, S. 678*).

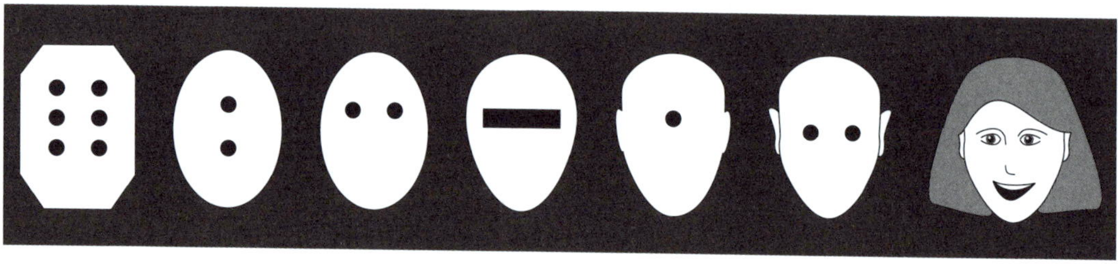

Abb. 29
Attrappen zur optischen Auslösung des Lächelns (Erklärungen im Text)

Ab dem 3. Monat darf die untere Hälfte des Gesichts nicht fehlen, der Mund wird allerdings noch nicht beachtet. Im Verlaufe des 4. Monats bekommt die Mundpartie mehr und mehr Bedeutung, Mundbewegungen (z.B. Mund breit) wirken zusätzlich anregend. Beim 6 Monate alten Kind nimmt die Wirksamkeit der Augenpartie ab. Eine Mundbewegung (bevorzugt breit gezogener Mund) wird notwendig, um das Lächeln auszulösen. Auch lässt die Wirkung von Attrappen insgesamt nach, das Kind unterscheidet deutlich zwischen Gesichtern und Attrappen.

Ab dem 7. bis 8. Monat beginnt das „Ausdrucksverständnis"; das Kind versteht die Lachmimik anderer und reagiert adäquat.
Dieses Beispiel zeigt, wie ein Schlüsselreiz-AAM-Instinkthandlungs-Mechanismus heranreift. In diesen Prozess werden zunehmend auch individuelle Erfahrungen einbezogen.

Kindchen-Schema: Wie wir schon mehrfach herausgestellt haben, sind Nachweise zu angeborenen Verhaltensstrukturen beim Menschen im naturwissenschaftlich strengen Sinn nur schwer zu erbringen, da es erfahrungslos aufgewachsene Menschen nicht gibt. Trotzdem scheinen bestimmte auslösende Reizmuster zu existieren, auf die wir fast automatisch mit vorhersagbaren Verhaltensweisen reagieren, was besonders von der Werbebranche intensiv genutzt wird (*vgl. unten*).

Beim Zusammensein mit Kleinkindern zeigen Erwachsene und ältere Kinder (ab 2 bis 3 Jahren) eine deutliche Tendenz zu einer Art Zuwendungsverhalten (beschützen, an sich drücken, herzen und kosen).

Gleichzeitig zeigen Kleinkinder eine Reihe von Merkmalen, die schon sehr früh analysiert und unter dem Begriff des **Kindchen-Schemas** zusammengefasst wurden:

Abb. 30
Kleinkind, ausgeprägte Merkmale des so genannten Kindchen-Schemas

Originaltext

1. Im Verhältnis zum Rumpf großer Kopf,
2. im Verhältnis zum Gesichtsschädel stark überwiegender Hirnschädel mit vorgewölbter Stirn,
3. tief bis unter die Mitte des Gesamtschädels liegende große Augen,
4. kurze, dicke Extremitäten,
5. rundliche Körperformen,
6. weich-elastische Oberflächenbeschaffenheit,
7. runde, vorspringende „Pausbacken", ...

(EIBL-EIBESFELDT *1987, S. 729*)

Schon einzelne dieser Merkmale lösen die typischen Verhaltensweisen aus, was z.B. in der Film-, Comic- und Puppenindustrie weidlich genutzt wird, um Zuwendung und positive Gesamteinstellungen – nicht zuletzt aber auch den Kauferfolg – zu verstärken. Die Wirkung bleibt dabei nicht auf die eigene Art beschränkt, sondern wird ebenso mit Tierkindern erreicht, ist artübergreifend.

Der entsprechende auslösende Mechanismus selektiert die Reizsituation aus anderen Umweltreizen heraus und „hebt" sie damit indirekt „hervor". Dies bedingt einerseits ein Mehr an Aufmerksamkeit und Zuwendung, andererseits werden positive, angenehme Empfindungen ausgelöst. Man erfreut sich also an der Betrachtung – was nicht bedeutet, dass man über die Ursachen dieser Befindlichkeit nachdenkt – aber genau das ist es, was die Werbung gezielt ausnutzt.

Beim erwachsenen Menschen führen solche Reizmuster allerdings oft nicht mehr zur Ausführung der Instinkthandlung, sondern nur noch zu entsprechenden Empfindungen, da die Instinkthandlung selbst durch andere Verhaltenstendenzen gehemmt wird (*vgl. Kap. C.4*).

In Wahlversuchen mit Kleinkindern konnte man allerdings zeigen, dass es für sie keine Bedeutung hatte, ob ihr Lieblingsteddy ein Kindchenschema besitzt oder nicht. Erst ab ca. sechs Jahren werden Teddybären bevorzugt, die nach dem Kindchenschema gestaltet wurden. Diese Tendenz nimmt mit dem Alter weiter zu, bei Mädchen deutlich stärker als bei Jungen. Dieses Phänomen lässt zwei Erklärungen zu: Entweder wird das beobachtete Zuwendungsverhalten erlernt, Mädchen werden dabei intensiver in „Richtung Brutpflege" erzogen als Jungen, oder es gibt Gene, die je nach Geschlecht den Reifungsprozess unterschiedlich beeinflussen.

Vergleichende Untersuchungen an indischen Hutaffen und anderen Primaten legen eine genetische Disposition nahe: Männliche Tiere „bemuttern" Jungtiere deutlich seltener als weibliche.

Wahrscheinlich spielen – wie für viele komplexe Verhaltensweisen typisch – genetisch bedingte und erworbene Anteile zusammen und führen so zu einem geschlechtsspezifischen Verhalten.

Mann-Frau-Schema: Wie die nachfolgende Abbildung verdeutlicht (*Abb. 31*), reagieren sowohl Frauen als auch Männer auf Fotos nackter Menschen des anderen Geschlechtes relativ stark; man misst zur Analyse ihre Pupillenreaktionen.

Das Messen der **Pupillenreaktion** hat sich bei der Analyse menschlichen Verhaltens als relativ objektive Methode herausgestellt, da die Pupillenreaktion unbewusst abläuft und damit auch Tendenzen „verrät", die auf Befragungen hin nicht zugegeben werden. Pupillenweitung und -verengung zeigen dabei grundsätzlich Stimmungsänderungen an.

Während Männer oft zugeben, den unbekleideten Körper von jungen Frauen erregend zu finden, geben dies Frauen im umgekehrten

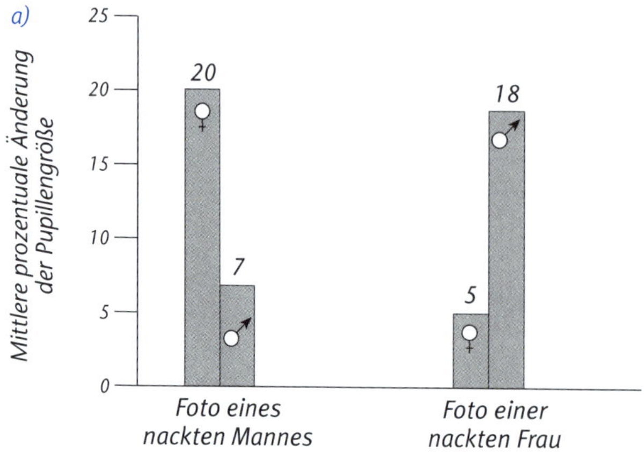

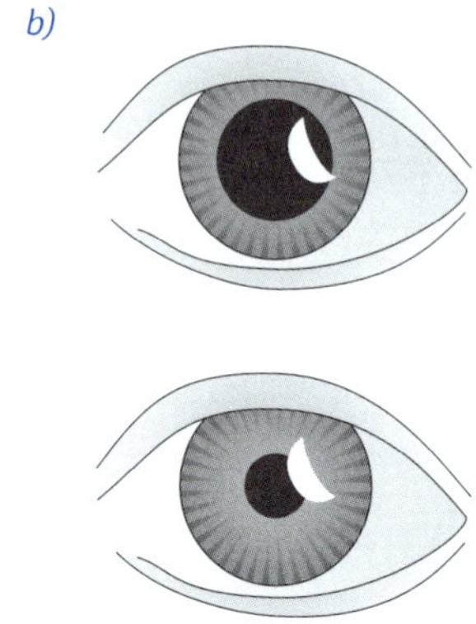

Abb. 31
a) Pupillenreaktion bei Frauen und Männern auf das Zeigen von nackten Menschen des gleichen und des anderen Geschlechts, b) Veränderungen der Pupillengröße, grafische Darstellung

Fall seltener zu (gesellschaftliche Gründe). Ihre Pupillenreaktionen geben allerdings eine andere Auskunft.

Da dem Fortpflanzungsverhalten eine ebenso große Bedeutung für das Überleben der Art zukommt wie z.B. dem oben schon angesprochenen Zuwendungs-/Brutpflegeverhalten, ist es durchaus nicht verwunderlich, dass wir auch in diesem Bereich menschlichen Verhaltens genetisch bedingte Verhaltensanteile finden können. So wirken speziell optische Reize des anderen Geschlechts auf verschiedene Verhaltenstendenzen von Männern und Frauen ein.

Ähnlich wie beim Kindchen-Schema sind es Merkmalskombinationen, also Kombinationen von Einzelreizen, denen auf der empfangenden Seite ein ererbtes Schema gegenübersteht (*vgl. Abb. 32 und 33*):

Die Elemente des Frau-Schemas bewirken beim Mann recht unterschiedliche Verhaltenstendenzen: Die Tendenz zum Beschützen und Betreuen kann noch verstärkt werden (Reizsummenregel), wenn die Frau zusätzlich Merkmale des Kindchen-Schemas mit einbezieht, z.B. große, bewusst geschminkte Augen oder „unbeholfenes" Verhalten. Ebenso ist die Tendenz zur Annäherung an die Frau aktiviert, Flirtverhalten findet statt (*vgl. Kap. E*).

Frau-Schema	Mann-Schema
– rote Wangen und Lippen – weibliche Brust – besondere Form der Schambehaarung – schmale Schultern, schlanke Taille, breites Becken – insgesamt gerundete Körper- und Gesichtsformen	– breite Schultern – schmale Hüften – ausgeprägte Muskulatur – insgesamt eher kantige Kopf- und Körperformen

Tabelle 4
Frau-Schema und Mann-Schema; Reizelemente

Abb. 32
Frau-Schema und Mann-Schema, oft durch Kleidung zusätzlich betont

Während das Frau-Schema zu positivem Sozialverhalten und zur Paarbildung auffordert, enthält das Mann-Schema deutlich „aggressive“ Elemente (*vgl. Kap. E*). Vor allem die breiten Schultern sind als Droh- und Imponiersignale gegenüber möglichen Rivalen zu werten (vgl. Militäruniformen).

Grundsätzlich dürfen aber beide Reizkombinationen nicht einfach mit Schlüsselreizen bei Tieren gleichgesetzt werden. Ähnlich wie beim Kindchen-Schema werden Verhaltenstendenzen und Empfindungen aktiviert, denen Mann und Frau folgen können, aber nicht müssen – eine rationale Kontrolle innerhalb bestimmter Grenzen ist möglich.

Trotzdem wird die Bereitschaft, auf sexuelle Auslöser anzusprechen, in nahezu allen Bereichen unseres täglichen Lebens genutzt, um unsere Aufmerksamkeit zu erhöhen (z.B. als „Aufmacher“ bei Zeitschriften und anderen Medien oder im Internet mit Bannern, Pop-ups usw.). Dabei wird auch ganz gezielt mit „Superattrappen“ gearbeitet: Frauen erhalten z.B.:

- überproportional lange Beine (bei Fotos durch entsprechende Aufnahmeperspektiven und -objektive erreicht bzw. elektronische Bildbearbeitung),
- und/oderSuperbusen (BH-Einlagen bzw. bei Aktmodellen operative Vergrößerung der Brüste; manipulierende elektronische Bildbearbeitung).

Abb. 33
Sexuelle Auslöser in der Werbung

Aufgabe

C11 Mimikerkennen bei Rhesusaffen

Unter natürlichen Bedingungen leben Rhesusaffen in größeren Gruppen mit enger Mutter-Kind-Bindung (*vgl. Kap. E*) und wenigen dominierenden Männchen. Junge Rhesusaffen unternehmen im normalen Gruppenverband im Alter von 3 bis 4 Monaten die ersten kürzeren „Ausflüge“ von ihrer Mutter weg. Ihre gesamte Motorik verbessert sich (reift) vom ersten bis sechsten Lebensmonat relativ kontinuierlich. Erwachsen sind sie mit etwa 5 Jahren.

Abb. 34
Rhesusaffe

Vier männliche und vier weibliche Rhesusaffen wurden in einem Kaspar-Hauser-Versuch von Geburt an einzeln in einem allseitig geschlossenen Käfig großgezogen. Außer ihrer Käfigeinrichtung konnten sie also nichts sehen.
Als weitere visuelle Erfahrung wurden ihnen von hinten gegen die Käfigwände Farbdiapositive mit Affen (sowohl von Artgenossen als auch von anderen Affen) sowie mit neutralen Motiven (Landschaften mit Bäumen, Sonnenuntergänge, geometrische Figuren, etc.) projiziert.

Wenn sie einen Hebel niederdrückten (*vgl. Kap. D*; Skinner-Box), konnten sie sich das gerade gezeigte Bild immer aufs Neue 15 Sekunden lang ansehen, und zwar jedes Bild insgesamt höchstens 5 Minuten lang.

Sie hatten den Zusammenhang zwischen Hebeldruck und Dia sehr schnell gelernt. Die beliebtesten Bilder (erkenntlich durch Lautäußerungen, visuelles und manipulatorisches Erkunden des Bildes) lösten die häufigsten Hebeldruckraten aus. Zwischen Männchen und Weibchen ergaben sich keine Reaktionsunterschiede.

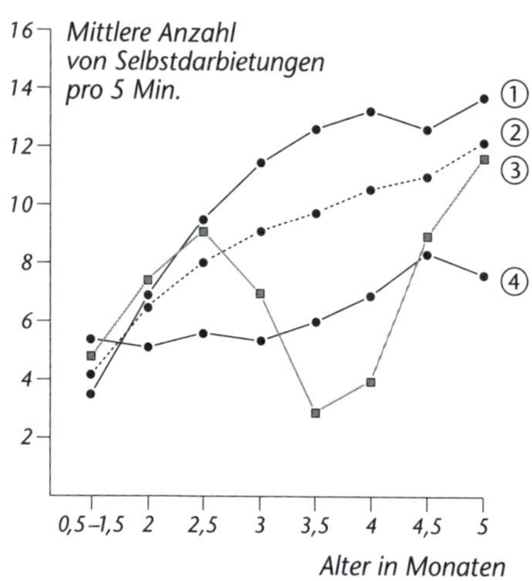

Abb. 35
Mittlere Anzahl der Selbstdarbietungen von Bildern bei isoliert aufgezogenen Rhesusaffen;
① Bild eines jungen Artgenossen,
② Bild eines anderen Affen,
③ Bild eines drohenden Artgenossen,
④ Bild von neutralen Objekten;
Erklärungen im Text zu Aufgabe C/11

Die Versuchsergebnisse, die auf eine Untersuchung von G. Sackett 1966 zurückgehen, sind in Abbildung 35 zusammengestellt (*nach* Eibl-Eibesfeldt *1987, S.161f.*).

a) Beschreiben und deuten Sie das unterschiedliche Interesse der jungen Affen an den verschiedenen Bildern.

b) Welchen Aussagewert messen Sie einem solchen bei Affen gewonnenen Versuchsergebnis für die Deutung menschlichen Verhaltens bei?

3.7 Motivierende Faktoren – die Handlungsbereitschaft

Die Ausführung einer Verhaltensweise ist grundsätzlich von zwei unabhängigen Variablen abhängig,

- der Qualität und/oder Intensität des auslösenden Reizes (Schlüsselreizes) und
- der Höhe der Handlungsbereitschaft (Bereitschaft, Antrieb etc.) unmittelbar vor der Reizrezeption (vgl. Prinzip der doppelten Quantifizierung, *Kap. C.3.1*).

Während wir uns in den vorangegangenen Abschnitten eingehend mit der Reizsituation und ihrer selektiven Verarbeitung beschäftigt haben, wenden wir uns in diesem Teil den inneren Bedingungen zu.

PLOOG und SPITZ fanden bei **Säuglingen** eine deutliche Abhängigkeit zwischen der **Anzahl der Saugbewegungen** und dem **Grad der „Zufriedenheit“**. Sie konnten beobachten, dass Säuglinge befriedigt einschliefen, wenn sie eine bestimmte Menge Flüssigkeit 20 Minuten saugend aufgenommen hatten. Vergrößerte man die Öffnung der Sauger so, dass sie die gleiche Menge schon in ca. 5 Minuten aufnehmen konnten, dann blieben sie „unbefriedigt“ und begannen zu schreien. Ließ man ihnen allerdings die leere Flasche, so sogen sie 10 bis 15 Minuten daran weiter und zeigten sich danach ähnlich „befriedigt“ wie vorher.

Ein ähnliches Phänomen konnte PRECHTL bei Untersuchungen zur **Nahrungsaufnahme von Grünfinken** beobachten: Will man junge Grünfinken durch leichtes Klopfen am Nest zum Sperren bringen, so gelingt dies nicht, wenn sie kurz vorher ausgiebig gefüttert wurden. Nach einigem Warten kann man dann das Sperren durch Klopfen wieder auslösen und es erfolgt auf jeden Erschütterungsreiz hin.

Die Bereitschaft zu sperren scheint also mit dem Abstand zur letzten Fütterung anzusteigen – oder umgekehrt formuliert: Die Ausführung der abgeschlossenen Instinkthandlung senkt die Bereitschaft zum neuerlichen Sperren.

LORENZ führte zur Beschreibung dieser Erscheinung die Begriffe **Habituation*** (Sättigung) und **Kumulierung*** ein: Habituation nennt man das Sinken der Handlungsbereitschaft durch entsprechende Abreaktion.

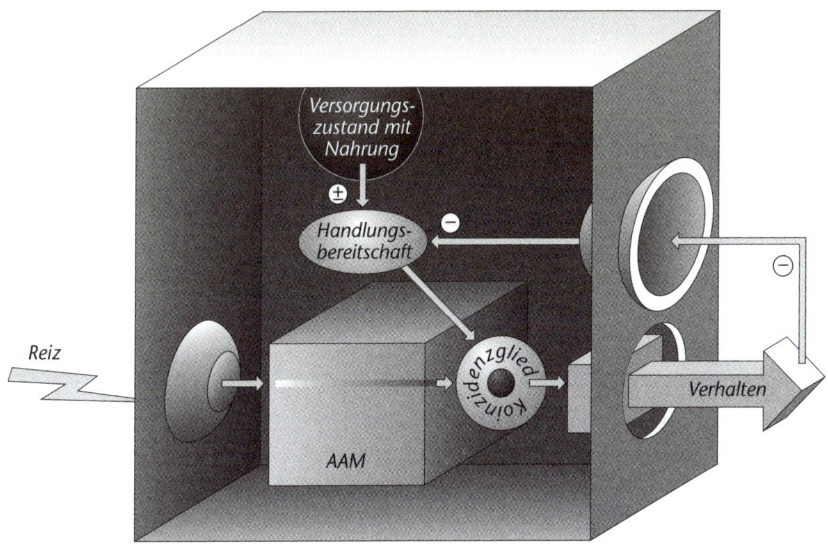

Abb. 36
Vereinfachtes Modell für das Zusammenwirken von auslösenden Reizen, Handlungsbereitschaft und Versorgungszustand mit Nahrung

Unter Kumulierung von reaktionsspezifischer Energie versteht man das Ansteigen der Handlungsbereitschaft mit dem zeitlichen Abstand zum letzten Reaktionsablauf.

Dass es sich dabei um ein verhaltensbiologisches Phänomen handelt, das auf den AAM wirkt, und nicht etwa um eine Ermüdung der am Verhalten beteiligten Muskeln oder Sinnesorgane, lässt sich an folgendem Experiment eindrucksvoll beweisen:

Das **Sperrverhalten** der **Grünfinken** lässt sich auch durch den Altvogellaut auslösen. Löst man bei den Nestlingen das Sperren durch Klopfen am Nestrand aus, so gelingt dies nur etwa zehnmal. Danach gelingt es nicht mehr; der entsprechende AAM ist, bezogen auf den Erschütterungsreiz, habituiert. Spielt man nun den Nestlingen den Altvogellaut vor, so zeigen die Tiere das Sperrverhalten sofort in alter Stärke und Intensität.

Nach mehreren Wiederholungen erlischt auch die Reaktion auf den Altvogellaut: Die Tiere sind nun auch auf den akustischen Reiz hin habituiert. Dabei ist die Zahl der Reizwiederholungen gleich, die man benötigt, um eine Reiz-Reaktions-Beziehung zu habituieren. Sie ist unabhängig davon, ob die gleiche Reaktion vorher durch einen anderen Reiz schon ausgelöst wurde oder nicht. Dies belegt eindeutig, dass nicht „Sperrmuskeln" ermüdet sind, sondern die Schlüsselreiz-AAM-Beziehung habituiert ist.

Wie eine **Rückmeldung** (über den Vollzug des Verhaltens) erfolgt, ist noch nicht eindeutig geklärt. Vorstellbar ist die Wahrnehmung körperlicher Konsequenzen oder die Meldung über Sinnesorgane, dass das Verhalten gezeigt wurde.

Die **Geschwindigkeit** für die **Kumulierung** der reaktionsspezifischen Energie und damit für die erneute Auslösbarkeit eines Verhaltens nach vorheriger Habituation ist für unterschiedliche Instinkthandlungen sehr verschieden und dem „biologischen Sinn" angepasst.

So kumulieren Fluchtreaktionen z.B. sehr schnell, Verhaltensweisen der Nahrungsaufnahme wesentlich langsamer.

Aufgabe

C12 Erklären Sie das oben zur Abhängigkeit zwischen der Anzahl der Saugbewegungen und dem Grad der „Zufriedenheit" beschriebene Säuglingsverhalten und denken Sie sich einen zusätzlichen Versuch aus, mit dem man belegen könnte, dass der Versorgungszustand mit Nahrung nicht maßgeblich an der Anzahl der Saugbewegungen beteiligt ist.

Reflexe sind nicht habituierbar, allerdings können die beteiligten Strukturen ermüden. Im Extremfall entspricht die Kumulierungsgeschwindigkeit der Refraktärzeit der beteiligten Neurone.

Die Höhe der Handlungsbereitschaft wird von **inneren Bedingungen** beeinflusst, die von sehr unterschiedlichen inneren und äußeren Faktoren abhängen können:

- vom Versorgungszustand des Organismus (Wasser, Nahrung, Luft),
- vom Hormonspiegel (besonders Sexualhormone),
- vom Entwicklungs- und Reifezustand,
- von vorausgegangenen Sinneseindrücken, motivierenden Reizen,
- vom vorausgegangenen Verhalten.

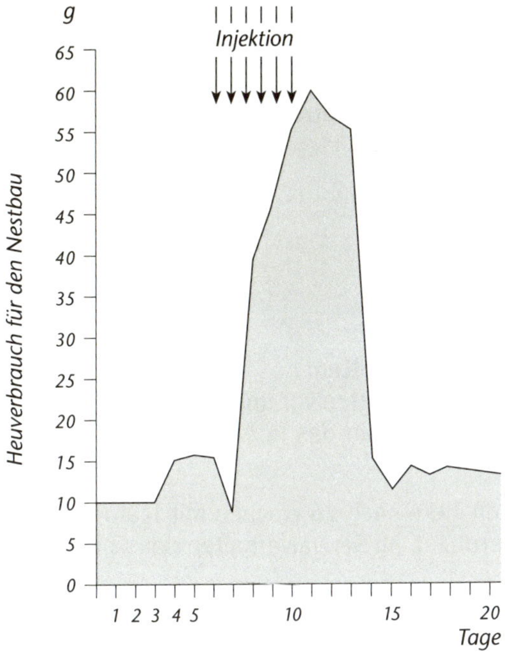

Abb. 37
Hormonwirkung auf den Nestbau bei Mäuseweibchen

Versorgungszustand: Seine Bedeutung haben wir schon in den obigen Beispielen kennen gelernt. Auch bei unserem eigenen Ernährungsverhalten hat das „Hungrigsein" einen wesentlichen Einfluss auf die Intensität, mit der wir nach dem adäquaten Reiz suchen (Appetenzverhalten zeigen).

Bei Säugetieren und Menschen spielen als innere Faktoren besonders die Glukosekonzentration im Blut (Blutzuckerspiegel) und der Füllungszustand des Magens eine Rolle. Die Trinkbereitschaft steigt durch hohe osmotische Blutwerte.

Hormonspiegel: Besonders für Verhaltensweisen aus dem Bereich des Fortpflanzungs- und Brutpflegeverhaltens spielen die Konzentrationen der Sexualhormone eine entscheidende Rolle. So dulden z.B. die Weibchen von Wildschafen die Annäherung der männlichen Tiere nur in den Tagen der Brunft, die durch einen hohen Östrogenspiegel bei den Weibchen gekennzeichnet sind.

Koller konnte an Hausmäusen beobachten, dass diese kurz vor dem Werfen Nester aus viermal so viel Nistmaterial bauen, wie sie für ihre normalen Schlafnester verbrauchen. Diese Form des „Brutnestbaues" ist sogar bei nichtschwangeren (kastrierten) Mäuseweibchen durch die Injektion von Progesteron* auslösbar (*vgl. Abb. 37*). Der Bautrieb erlischt unmittelbar nach dem Werfen.

Auch die Entwicklung „alltäglicher" Verhaltensweisen kann von Hormonen abhängig sein. Aus eigener Anschauung wissen wir: Hundeweibchen harnen in Hockstellung, Männchen im Stehen, ein Hinterbein anhebend.

Martins und Valle untersuchten dieses Verhalten bereits 1948 und stellten fest, dass junge Rüden noch harnen, ohne das Hinterbein anzuheben. Werden sie vor dem 4. Lebensmonat kastriert, dann bleiben sie auch später dabei. Erhalten sie danach aber Testosteron*-Injektionen, dann heben sie später beim Harnen ein Hinterbein.

Weibchen, die gleich nach der Geburt kastriert und mit Testosteron behandelt wurden, zeigen eben dieses (männliche) Verhalten.

Entwicklungs- und Reifezustand: Der von uns schon angesprochene Saugreflex ist nur bei Säuglingen nachweisbar und verschwindet während der späteren Entwicklung.

Damit entsprechende Sexualverhaltensweisen auslösbar sind, muss bei Säugetieren erst ein bestimmter Entwicklungszustand erreicht sein. Die Entwicklung von Hoden bzw. Eierstöcken muss abgeschlossen sein, um Sexualhormone bilden zu können.

Vorangegangene Sinneseindrücke: Wer kennt nicht die kindliche Angst (Beklemmung), in ein schlecht beleuchtetes Kellergewölbe oder eine Höhle hinabzusteigen. Ganz alltägliche Geräusche werden plötzlich „überbedeutsam".

Besonders Schreckreize lösen nicht nur eine sofortige Fluchtreaktion aus, sondern sie beeinflussen auch die Aufmerksamkeit und Bereitschaft stark, in der „nächstbesten" Situation erneut zu fliehen.

Wie oben beschrieben, erlischt die Nestbauaktivität von Mäuseweibchen direkt nach dem Werfen. Die Aktivität kann allerdings durch die Anwesenheit kleiner Jungtiere aufrechterhalten werden und erlischt erst dann, wenn man dem Weibchen die Jungtiere wegnimmt.

Alle Außenreize, die in der beschriebenen Art und Weise die Bereitschaft für bestimmte Verhaltensweisen beeinflussen, werden als **motivierende Reize** bezeichnet.

Aufgabe

C13 **Untersuchung zum Sexualverhalten männlicher Ratten:**
Vergleicht man das Sexualverhalten männlicher Ratten vor und nach einer Kastration mit nicht kastrierten Kontrolltieren, erhält man das in Abbildung 38 dargestellte Ergebnis.

Behandelt man einen Teil der kastrierten Tiere nach 26 Wochen mit Testosteron-Injektionen, zeigen sich erneut Veränderungen im Sexualverhalten der so behandelten Tiere.

Erklären Sie die Veränderungen im Sexualverhalten der Rattenmännchen.

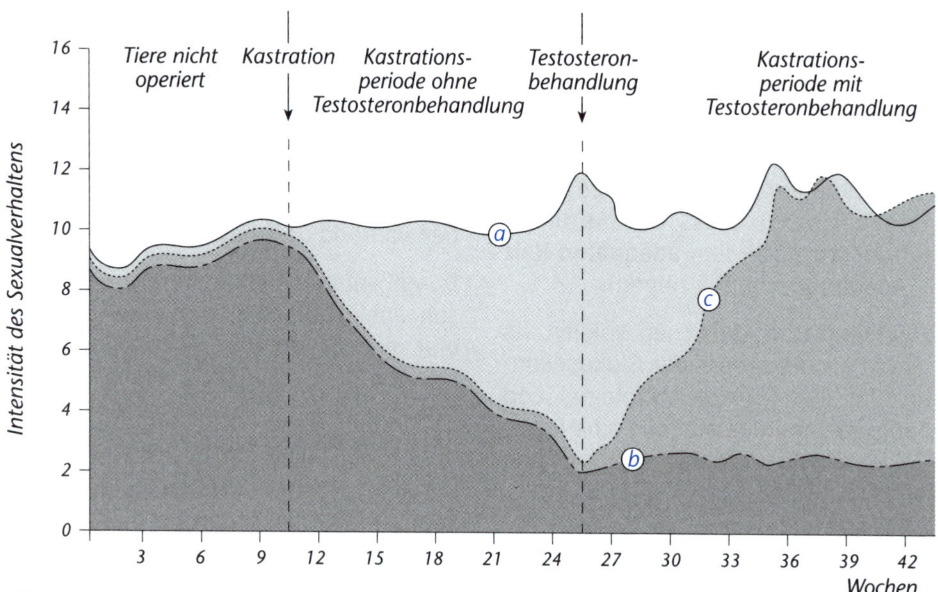

Abb. 38
Sexualverhalten männlicher Ratten, a) nicht kastrierte Kontrolltiere, b) kastrierte Tiere, c) kastrierte Tiere nach Testosteronbehandlung

Vorausgegangenes Verhalten: Wie schon mehrfach beschrieben, führt die Ausführung einer bestimmten Verhaltensweise zum Absinken der spezifischen Bereitschaft für eben dieses Verhalten. Allerdings trifft auch die umgekehrte Möglichkeit zu, dass ein vorausgegangenes **anderes** Verhalten die Handlungsbereitschaft für ein nachfolgendes Verhalten erhöhen kann:

„An jungen afrikanischen Buntbarschmännchen (*Pelmatochromis kribensis*) ist die Bereitschaft, mit anderen im Schwarm zu schwimmen und diejenige, einen Rivalen zu beißen, über eine halbe Stunde lang beobachtet worden. Es zeigt sich, daß die Bereitschaft zum Beißen um so geringer ist, je häufiger die Tiere zuvor im Schwarm geschwommen sind. Umgekehrt steigt die Beißbereitschaft bei diesen Tieren in dem Maße an, je weniger sie ‚geschwärmt' haben."
(Löwe/Hofmann/Thiel *1984, S. 113*)

Priming: Zum Abschluss sei auf eine Verhaltensweise hingewiesen, die sich mit dem bisher Ausgeführten nicht erklären lässt:

Bei Rattenweibchen kann man beobachten, dass sie Junge, die außerhalb des Nestes liegen, eintragen, unabhängig, ob es sich um eigene oder fremde Junge handelt. Dieses Verhalten zeigen sie jedoch erstmals, nachdem sie eigene Jungen geworfen haben.

Das erstmalige Auftreten eines bestimmten Reizes (hier der Geburt) führt zu einer Verhaltensweise, die vorher nicht auslösbar war. Der Reiz setzt die Kumulierung überhaupt erst in Gang. Dieses Phänomen wird als Priming bezeichnet.

Aufgabe

C14 Bei Neugeborenen kann man folgendes Verhalten beobachten:
Kurz nach dem Aufwachen beginnen sie zu schreien und intensiv den Kopf hin und her zu bewegen. Werden sie von der Mutter an die Brust gelegt, führen sie die Pendelbewegungen mit dem Kopf weiter aus. Berühren sie mit dem Mund die Brustwarze, öffnen sie den Mund und „schürzen" die Lippen. Sie versuchen nun, die Brustwarze fest zu umschließen. Gelingt dies, beginnen sie mit einer rhythmischen Pumpsaugbewegung und schlucken. Nach einer geraumen Zeit lassen sie die Brustwarze wieder los, oft sinkt danach ihr Kopf zur Seite (*nach* Daumer/Hainz *1991, S. 33*).

Erläutern Sie das beschriebene Säuglingsverhalten mit den eingeführten Grundbegriffen; kombinieren Sie hierzu Informationen aus den Kapiteln C.3.2 und C.3.7.

3.8 Das Antriebskonzept

Wie wir in den vorangegangenen Abschnitten ausgeführt haben, ist die Instinkthandlung gekennzeichnet durch das Zusammenwirken von **innerem Antrieb** (Handlungsbereitschaft) und **auslösendem Reiz** (Schlüsselreiz). Dabei haben wir unter der Handlungsbereitschaft die Gesamtheit der von „innen her wirkenden Faktoren" verstanden, die mit dem Schlüsselreiz zusammen das beobachtbare Verhalten bedingen.

Anhand eines **Funktionsschaltbildes** (*vgl. Abb. 36*) haben wir versucht, das Zusammenspiel der einzelnen, am Zustandekommen der Instinkthandlung beteiligten Elemente zu veranschaulichen. Diese Form der Darstellung, die wir bereits an anderen Stellen zur bildhaften Verdeutlichung genutzt haben, ist von Hassenstein in die Verhaltensbiologie eingeführt worden. Sie wird uns auch durch die weiteren Abschnitte begleiten.

Modelle dienen dabei grundsätzlich zur Veranschaulichung komplexer Zusammenhänge und stellen stets Vereinfachungen dar. Deshalb ist ihre Aussagekraft immer begrenzt. Sie können uns nur **helfen, bestimmte** theoretische **Inhalte verständlich** zu machen.

Historisch betrachtet war ein von LORENZ und TINBERGEN entwickeltes Modell zur Erklärung des Zusammenwirkens von Antrieb und Reiz für die Verhaltensforschung von großer Bedeutung: das **hydraulische Instinktmodell**. Wir können daran auch sehr schön zeigen, wie sich Wissenschaft „weiterentwickelt". Um der Authentizität Rechnung zu tragen, lassen wir LORENZ selbst zu Wort kommen:

Originaltext

Ich bin im allgemeinen kein großer Freund physikalischer Denkmodelle für biologische Vorgänge, weil man durch sie allzuleicht in dem Glauben gewiegt werden kann, man habe einen Vorgang kausal-analytisch erfasst, von dem man in Wirklichkeit nur ein sehr unvollkommen zutreffendes Modell verstanden hat. Trotzdem glaube ich, mit obigem Vorbehalt, ein physikalisches Gleichnis dafür gebrauchen zu dürfen, wie sich die Instinkthandlung und die sie auslösenden Reize bei und zwischen den Abläufen verhalten. Wir haben schon mehrmals gleichnismäßig von einem „Erregungsdruck" gesprochen, und tatsächlich verhält sich das Tier während der Zeit, in der ein bestimmter Ablauf ungebraucht bleibt, ganz genauso, als würde irgendeine reaktionsspezifische Energie **kumuliert**. Es ist, als würde ein Gas dauernd in einen Behälter gepumpt, in dem der Druck daher kontinuierlich im Wachsen ist, bis es unter ganz bestimmten Umständen zu einer Entladung kommt.
(LORENZ *1937, „Über die Bildung des Instinktbegriffes", zitiert nach* LORENZ *1970, S. 334 f.*)

Im weiteren Verlauf des Textes entwickelt er ein Modell, das zum zentralen Bestandteil der Verhaltensforschung wurde.

LORENZ ging bei seinen Modellen davon aus, dass sich in bestimmten Instinktzentren (Zentren im ZNS) eine für jede Verhaltensweise besondere aktionsspezifische Energie ansammelt und aufstaut (symbolisiert durch den Wasserstand in einem Behälter). Diese kann durch die Wirkung von auslösenden Reizen (Menge der Gewichte an der Schnur bzw. Wasserschwall von außen) über ein Ventil freigegeben werden und damit zu einer Verhaltensweise unterschiedlicher Stärke führen (*vgl. Abb. 39*).

Zunächst berücksichtigte LORENZ nur **einen** durch innere Reize endogen-automatisch (spontan) erzeugten Zustrom, der den Wasserstand langsam erhöht (Modell a). Dieser Zufluss wurde im „neueren" Modell b ergänzt durch die von außen wirkenden motivierenden, aufladenden Reize (AR), die neben der spontanen Aufladung beteiligt sind.

Sind die Stärke und Qualität der auslösenden Reize in der Summation mit der kumulierten Antriebsstärke (des Wasserdruckes im Gefäß) groß genug, um das Ventil zu öffnen, kann Wasser ausströmen. Die Stärke des Wasserstrahles symbolisiert dabei die Reaktionsstärke. Das ausgeflossene Wasser senkt den Wasserspiegel im Behälter, was einer negativen Rückkopplung entspricht. Das Prinzip der doppelten Quantifizierung wird deutlich.

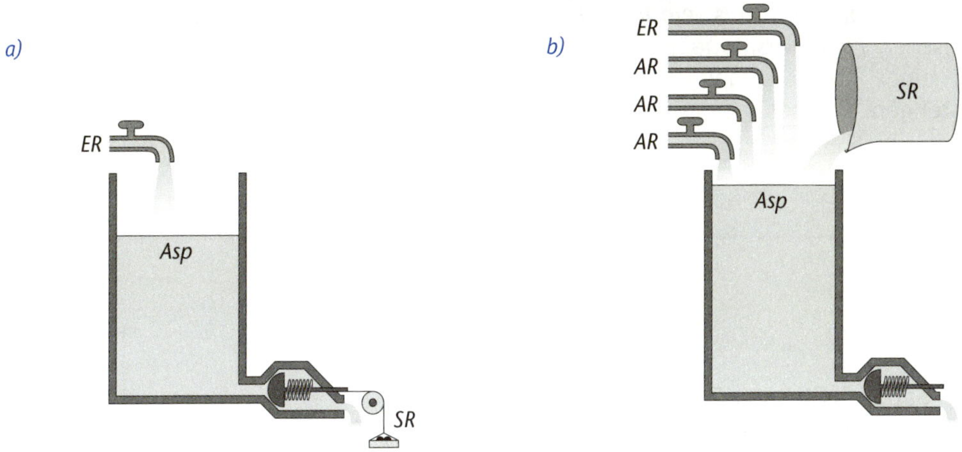

Abb. 39
Das hydraulische Instinktmodell, a) Der Hahn ER symbolisiert die endogen-automatische Reizerzeugung, die Linie Asp den Aktualspiegel aktionsspezifischen Potenzials. Die Spiralfeder im Ausfluss stellt die „Stabilität" des Systems dar, der von der Schnur ausgehende Zug die Wirkung der Schlüsselreize.
b) In b sind zusätzlich aufladende Reize AR dargestellt und es ist der Tatsache Rechnung getragen, dass der Schlüsselreiz SR sich nur in der Schnelligkeit seiner Wirkung von aufladenden Reizen unterscheidet. Die verschiedene Höhe der „Reservoire" für Asp soll andeuten, dass nach der neuen Hypothese das Aufgehen des Ventils ausschließlich durch den inneren Druck bewirkt wird (nach Lorenz 1978, S. 143).

Unseren bisherigen Ausführungen zu den vorwiegend erbbedingten Verhaltensweisen wird das hydraulische Modell durchaus noch gerecht. Besonders überzeugt es durch seine Anschaulichkeit und Einfachheit. Aber gerade hierin liegt auch die Hauptproblematik: Durch seine Plausibilität war eine Akzeptanz entstanden, die dazu führte, dass man das Modell nicht mehr kritisch hinterfragte; über Jahre hinweg suchte niemand nach experimentellen Belegen.

In den nachfolgenden Abschnitten werden wir allerdings zeigen, dass wir mit den gewählten Modelleigenschaften relativ schnell an Grenzen stoßen:

- Bei Fluchtreaktionen nimmt die Handlungsbereitschaft nach der Ausführung des Fluchtverhaltens eher zu. Ein Tier, das schon mehrmals erfolgreich geflohen ist, muss auch vor einem nächsten Feind wieder fliehen, um zu überleben. Die Verringerung der Handlungsbereitschaft würde der Fitness *(vgl. Kap. E)* eines Tieres schaden.
- Besonders bei Wirbeltieren variieren Häufigkeit und Intensität von Verhaltensweisen bei gleichen Versuchsbedingungen extrem stark.

Beide Ergebnisse sind mit dem hydraulischen Modell nicht erklärbar bzw. widersprechen sogar den Modelleigenschaften.

Auch für die Vorstellung einer automatisch und zwangsläufig ablaufenden Aufladung (AR) gibt es keine Belege; die „Form" des aktionsspezifischen Potenzials war und ist unklar.

Damit verliert das Modell seine Allgemeingültigkeit und bleibt nur noch begrenzt aussagefähig.

Erkenntnisse, die aus den Anfängen einer damals neuen Wissenschaftsdisziplin stammen und die heutigen Überprüfungen nicht mehr standhalten, müssen korrigiert und ergänzt werden. Gleiches gilt selbstverständlich auch für die daraus entwickelten Modellvorstellungen. Auch die neuen Modelle, die die neuen Erkenntnisse berücksichtigen (*vgl. die von uns eingeführten kybernetischen Funktionsmodelle*), müssen jederzeit einer Kritik zugänglich sein. In einem stetigen Prozess des Überprüfens bzw. Überwindens alter Vorstellungen und der Entwicklung und Formulierung neuer Modelle schreitet naturwissenschaftliche Erkenntnis fort.

Aufgabe

C15 **Balzverhalten von Zahnkärpflingen:**
BAERENDS untersuchte mit seinen Mitarbeitern sehr intensiv das Balzverhalten des Zahnkärpflings *Lebistes*.

Zunächst analysierten sie die Korrelation zwischen den sehr auffälligen Körperzeichnungen der Männchen und der damit verbundenen sexuellen Handlungsbereitschaft. Sie stellten fest, dass die spezifischen Muster einen direkten Indikator für die innere Stärke der Handlungsbereitschaft darstellten (*vgl. Abb. 40a*).

In einer Versuchsreihe wurden die Verhaltensreaktionen der unterschiedlich motivierten Tiere auf Weibchen-Attrappen getestet und diejenige Situation ermittelt, bei der die untersuchten Tiere zwei typische Reaktionen aus dem Bereich des Balzverhaltens zeigten: die Reaktion des Nachschwimmens und der S-Biegung des Körpers (NS- und SB-Kurve in Abb. 40b); (*nach* EIBL-EIBESFELDT *1987, S. 173/174*).

Beschreiben Sie die Versuchsergebnisse aus verhaltensbiologischer Sichtweise.

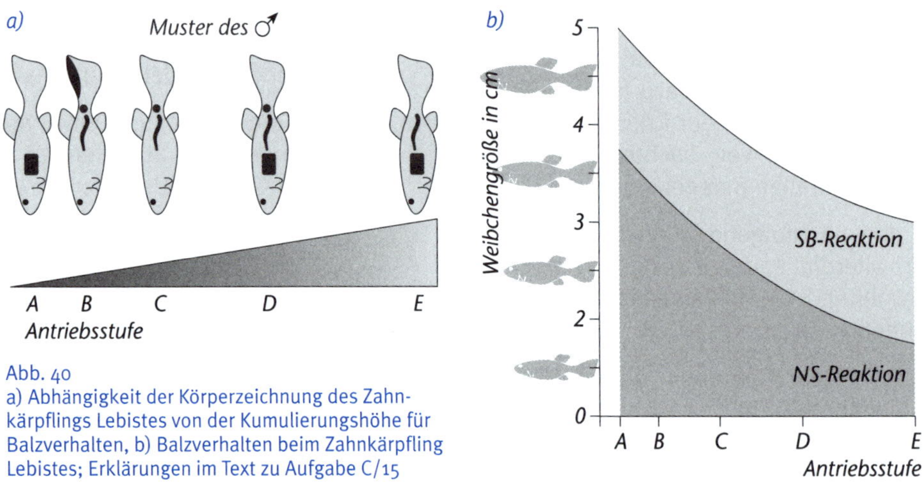

Abb. 40
a) Abhängigkeit der Körperzeichnung des Zahnkärpflings Lebistes von der Kumulierungshöhe für Balzverhalten, b) Balzverhalten beim Zahnkärpfling Lebistes; Erklärungen im Text zu Aufgabe C/15

4. Die Koordination von Instinkthandlungen

Erst durch eine zeitliche Ordnung des Ablaufes von instinktiven Verhaltensweisen können diese biologisch sinnvoll auf bestimmte Situationen der Umwelt hin ausgerichtet werden.

In dem nun folgenden Abschnitt werden wir uns sowohl der **zeitlichen Abfolge** individueller Verhaltenselemente instinktiven Verhaltens zuwenden als auch das **Zusammenspiel** von unterschiedlichen **Individuen einer Art** analysieren. Dabei lösen Verhaltensweisen des einen Partners häufig bestimmte Verhaltensweisen des anderen Partners aus und umgekehrt. Es kommt zu einer relativ festgelegten Abfolge von aufeinander bezogenen Verhaltensweisen, einer **Handlungskette** oder **Reaktionskette**.

Zum Abschluss des Kapitels untersuchen wir die **Wechselwirkungen** zwischen verschiedenen Verhaltensweisen und beschäftigen uns mit der **Umorientierung** und dem **Übersprung** von Instinkthandlungen in andere Verhaltensbereiche.

4.1 Die zeitliche Ordnung – Handlungsketten

Der **Bienenwolf** (*Philanthus triangulum*), der sich im erwachsenen (adulten) Stadium von Nektar ernährt, ist eine Grabwespe. Zur Arterhaltung betreibt er eine relativ komplexe **Brutfürsorge**:

Im Sandboden graben die Weibchen Gänge mit Brutzellen, in die erjagte und gelähmte Beuteinsekten (Bienen) „eingelagert" werden. Pro drei bis sechs Bienen legt das Weibchen ein Ei auf einer Biene ab und verschließt danach den Gang wieder mit Sand.

Aus den Eiern entwickeln sich Larven, die nach und nach die gelähmten Bienen auffressen, sich im Spätsommer verpuppen, als Puppen im Sandboden überwintern und im darauf folgenden Sommer schlüpfen.

„Der Bienenwolf fliegt auf der Suche nach Bienen von Blume zu Blume und reagiert zunächst nur optisch auf bewegte Objekte, selbst auf kleine Fliegen, die er nicht erbeutet. Nimmt er ein bewegtes Objekt wahr, dann stellt er sich leewärts von ihm in 10 bis 15 cm Entfernung in der Luft auf und prüft den Wind. Kommt die entsprechende Witterung – man kann ihm auch eine mit Bienengeruch versehene Attrappe reichen – stürzt er sich darauf. Allerdings sticht er nur, wenn er wirklich eine Biene vorfindet; mit Attrappen war diese Reaktion noch nicht auszulösen. In allen diesen Fällen bringt sich das Tier handelnd in neue auslösende Reizsituationen."
(Eibl-Eibesfeldt *1987, S. 285*)

Analysiert man das beschriebene Verhalten, so kann man eine ganz klare zeitliche Aufeinanderfolge feststellen, bei der die Ausführung einer Verhaltensweise geordnet eine nächste zur Folge hat oder zum Abbruch führt. Ziel des Jagdverhaltens ist das Finden eines geeigneten Beuteobjektes, hier einer Biene.

Das Absuchen von Blumen lässt sich als **Appetenzverhalten** bezeichnen. Es soll die Wahrscheinlichkeit erhöhen, einen auslösenden Reiz zu finden (*vgl. Kap. C.3*).

Die erste Phase ist dabei noch **ungerichtet**. Das Tier sucht jedoch bevorzugt an den Blumen, an denen es vorher schon Jagderfolge

erzielt hat. Wird ein bewegtes Objekt optisch erfasst, folgt eine **gerichtete Annäherung**, eine **Orientierungsreaktion** oder **Taxis**. Die Handlungsbereitschaft wird durch das Appetenzverhalten nicht abgesenkt.
Weist das angeflogene Objekt weitere Merkmale des gesuchten Beutetieres auf (Geruch), wird das Tier gepackt und gegebenenfalls durch einen Stich gelähmt (das Wespengift wirkt dabei ähnlich wie das Pfeilgift Curare). Auch diese **erbkoordinierte Endhandlung** besteht aus einer großen Anzahl einzelner Elemente: Zupacken, Drehen, Einstechen.
Appetenzverhalten und Taxis, aber auch die erbkoordinierte Endhandlung, können selbstverständlich durch Lernen ergänzt und verändert werden (vgl. Instinkt-Dressur-Verschränkung).

Mit dem Vollzug der Endhandlung sinkt die Bereitschaft zum Jagdverhalten ab. Das erbeutete Tier wird zu einem Nest geflogen und dort „eingelagert“, was erneut an eine Kette zeitlich koordinierter Verhaltensabläufe gekoppelt ist.

Aufgabe

C16 Der zu den Wasserwanzen gehörende Rückenschwimmer lebt hauptsächlich von kleinen Insekten, die auf die Wasseroberfläche fallen.

Erzeugt man in einem Attrappenversuch mit einem nicht sichtbaren Vibrator Wasserwellen, so schwimmt der Rückenschwimmer gezielt bis auf wenige Zentimeter an die erregte Wasserstelle heran. Bietet man dort z.B. ein kleines Objekt aus Kork, so ergreift er dieses, hält es aber nicht fest. Wird anstatt Kork ein kleiner Wattebausch verwendet, so wird dieser ergriffen und festgehalten, aber nicht mit dem Stechrüssel angestochen. Erst wenn man den Wattebausch vorher mit Fleischextrakt getränkt hat, sticht der Rückenschwimmer auch noch hinein.

Erklären Sie das beschriebene Verhalten des Rückenschwimmers unter verhaltensbiologischen Gesichtspunkten.

Originaltext

Verhalten des dreistachligen Stichlings:
Dort, wo zwei aufeinander abgestimmte Partner, etwa als Geschlechtspartner, als Spieler und Gegenspieler auftreten, lösen sie wechselseitig bestimmte Antworten des Partners aus, die ihrerseits auslösende Reize darstellen. ... Erscheint ein Stichlingsweibchen im Revier eines Männchens, beginnt er sofort mit dem Zickzacktanz. Dieser löst nun eine besondere Präsentierbewegung des Weibchens aus. Daraufhin führt er sie zum Nest, sie folgt, er zeigt den Nesteingang, und sie schlüpft ein. Nun stößt er in schneller Folge gegen ihren aus dem Nesteingang schauenden Schwanzstiel, worauf sie ablaicht. Sie schwimmt dann weg, und er besamt. Jeden einzelnen dieser Reize kann man im Attrappenversuch nachmachen. ...
(EIBL-EIBESFELDT *1987, S. 287*)

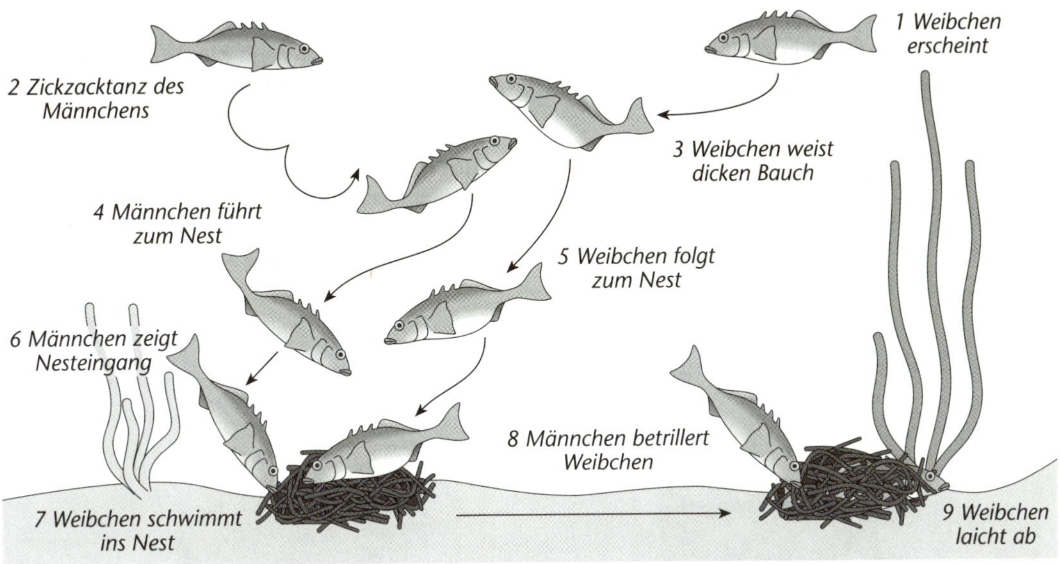

Abb. 41
Balz- und Paarungsverhalten des dreistachligen Stichlings mit Beschreibung der auslösenden Handlungen; Erklärungen im Text

Die Abbildung 41 zeigt die beiden Ketten sich wechselseitig auslösender Handlungen. Die Handlungsfolge ist dabei idealisiert und im natürlichen Ablauf durchaus nicht so exakt festgelegt, Elemente der Kette können auch übersprungen werden.
Es handelt sich bei dem beschriebenen Verhalten um eine **Handlungskette**: Jede Verhaltensweise des Männchens wirkt als Auslöser für die entsprechende Verhaltensweise des Weibchens und umgekehrt. Jede Instinkthandlung, die ausgeführt wird, fördert die folgende; kommt es nicht zur Ausführung, wird die folgende Verhaltensweise blockiert. Durch diese Abfolge wird sichergestellt, dass letztlich die Eier durch ein arteigenes Männchen befruchtet werden.

Aufgaben

C17 Überlegen Sie sich einen Attrappenversuch, mit dem man nachweisen könnte, wodurch das Ablaichen beim dreistachligen Stichlingsweibchen ausgelöst wird.

C18 **Balz- und Paarungsverhalten bei der Erdkröte** (*Bufo bufo*).
Die Wanderungen der Erdkröten im Frühjahr zu ihren Laichplätzen sind ein allgemein vertrautes Phänomen.

„Schon während der Wanderung reagieren die Männchen auf alles Bewegte; sie springen es an und versuchen es zu umklammern. Ist es ein Krötenmännchen, so protestiert es gegen die Umklammerung mit einer schnellen Folge von Rufen, worauf der Umklammernde losläßt. Weibchen dagegen verhalten sich ruhig und werden umklammert gehalten.

Das Männchen hält das Weibchen hinter den Vorderbeinen umklammert. Die Hinterbeine nehmen eine abschirmende Haltung ein, und die Tiere stoßen mit ihnen gegen jeden Nebenbuhler.

Das Paar bleibt so lange vereinigt, bis das Weibchen eine Signalstellung einnimmt, indem es seinen Rücken stark durchkrümmt. Daraufhin rutscht das Männchen nach rückwärts und bildet mit seinen Hinterbeinen über der Kloakenöffnung des Weibchens einen Korb, in dem es den nun austretenden Laich auffängt und befruchtet"
(*vgl. Abb.42; nach* EIBL-EIBESFELDT *1987, S. 289/290*).

Erklären Sie das beschriebene Erdkrötenverhalten mit ethologischen Begriffen.

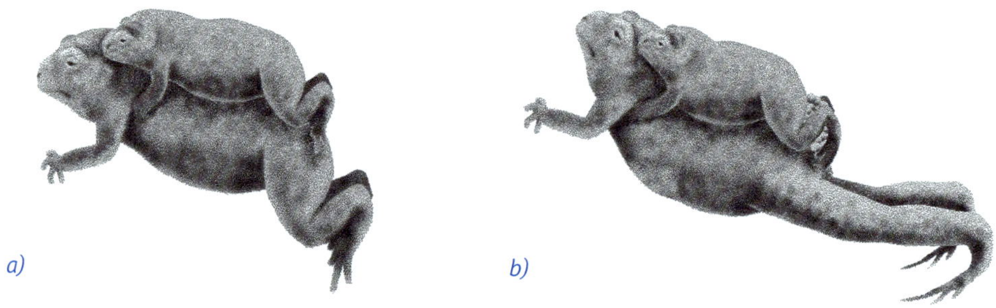

a) b)

Abb. 42
Erdkrötenpaar a) Klammerverhalten des Männchens, b) Signalstellung des Weibchens, Korbhaltung des Männchens (Erklärungen im Text)

Jede einzelne Verhaltensweise hat eine feste Position im Gesamtablauf und setzt sich aus einer hochkomplexen, wohlkoordinierten Abfolge unterschiedlichster Muskelkontraktionen zusammen. Um die Merkmale der Instinkthandlung besser erklären zu können, haben wir sie bisher als isolierte Einheit betrachtet. Von unserem eigenen Verhalten wissen wir hingegen, dass diese Isolierung den tatsächlichen Lebensbedingungen wenig gerecht wird. Vielmehr sind unterschiedliche Verhaltensweisen intensiv miteinander verzahnt, können sich gegenseitig fördern oder hemmen oder einfach „nebeneinander herlaufen" (*vgl. Kap. C.4.2*).

Auffällig ist, dass z.B. in einer „aggressiv-geladenen" Situation unterschiedliche aggressive Verhaltensweisen – Drohen, Schlagen, Beschimpfen etc. – leichter auslösbar sind als zu anderen Zeiten, wenn wir uns etwa in einer „gelöst-gemütlichen" Stimmung befinden. Gleichzeitig haben wir in aggressiver Stimmung kaum Lust, genussvoll zu essen; Verhaltensweisen aus anderen Bereichen (Funktionskreisen) scheinen gehemmt zu sein.

Was wir hier in sehr allgemeiner, nicht naturwissenschaftlich-biologischer Form über unser eigenes Verhalten formuliert haben, gilt ebenso für tierliches Verhalten. So sind z.B. zur Fortpflanzungszeit Tiere nicht nur gesteigert balzbereit, sondern auch eindeutig aggressiver. Welche Verhaltensweisen in einer konkreten Situation letztlich gezeigt werden, hängt wiederum von den auslösenden Reizen ab.

Das Fortpflanzungsverhalten von Stichlingen wurde von TINBERGEN sehr genau untersucht:

Im Frühling, bei zunehmender Tageslänge, geraten die Stichlingsmännchen in Fortpflanzungsstimmung. Die Fische wandern im

Schwarm von den tieferen Wasserschichten ihrer Winterquartiere in warmes und seichtes Wasser. Dort sucht sich jedes Männchen eine mit Pflanzen bewachsene Stelle als Revier. Nun kommt es zu einer intensiven Farbänderung, die Männchen bekommen ihre „Prachtkleider“ und sind plötzlich einer ganzen Reihe von neuen Reizen gegenüber empfänglich. Sie beginnen mit dem Nestbau, drohen und kämpfen, falls ein anderes Männchen erscheint, oder balzen, wenn ein Weibchen in ihr Revier schwimmt, je nachdem, welche auslösenden Reize auftreten. Für all diese Verhaltensweisen existiert jetzt eine Handlungsbereitschaft.

Kampfverhalten wird durch das Erscheinen eines rotbäuchigen Männchens ausgelöst. Welche Verhaltensweise genau gezeigt wird, ist von weiteren spezifischen Reizen abhängig. Der rote Bauch des fremden Männchens steigert die Kampfbereitschaft, löst aber nicht den tatsächlichen Kampf aus. Flieht das fremde Männchen, wird es verfolgt; schlägt es mit dem Schwanz, schlägt der Revierbesitzer zurück.

Es lassen sich also unterschiedliche „Antriebsniveaus“ erkennen, die von „allgemeinen“ zu immer „spezielleren“ Verhaltensweisen führen.
TINBERGEN nimmt an, dass Hormone dabei eine besondere Rolle spielen und das Appetenzverhalten der Wanderung auslösen. Der „hormonelle Impuls“ könnte auf die Änderung der Tageslänge zurückzuführen sein.

Mit dem Beginn der Wanderung werden weitere Handlungsbereitschaften enthemmt, die bisher blockiert waren. Erhält der AAM das Schlüsselreizmuster für ein adäquates Revier, endet die Wanderung und die Handlungsbereitschaft für Revierbildung wird freigegeben.

Entsprechend der konkreten Situationen, die sich in der Folgezeit für das Tier ergeben, werden durch die jeweiligen Schlüsselreize weitere Handlungsbereitschaften enthemmt (z.B. Balzen, Nisten, Kämpfen, Brutpflege).

Kommt es z.B. zu einem Kampf, führen die Schlüsselreize und Reaktionen des Gegners zur Enthemmung der spezifischen „Kampfverhaltensweisen“.

Wandern, Reviergründung und Fortpflanzung folgen zeitlich aufeinander, während z.B. Brutpflege, Balz, Nisten und Kampf zeitlich nebeneinander liegen und in Abhängigkeit von der konkreten Umweltsituation ausgeführt werden. TINBERGEN betont, dass es sich bei den Modellen, die er entwickelt hat, immer nur um Arbeitshypothesen handelt, die uns helfen sollen, unsere Vorstellungen zu ordnen.

Aufgabe

C19 Fängt man mehrere Stichlingsmännchen auf ihrer Wanderung von den Winterquartieren in seichteres Wasser aus dem Schwarm heraus und setzt sie in ein Becken ohne Einrichtung, dann bleiben sie im Schwarm und färben sich nicht um.

Bepflanzt man eine Ecke, so wird sie von einem Männchen „in Besitz genommen“, dieses Tier färbt sich nun auch um (*nach* EIBL-EIBESFELDT *1987, S. 295*).

Erklären Sie diese Verhaltensweisen. Wie würden sich die Männchen verhalten, wenn man ein fortpflanzungsbereites Weibchen in das Becken setzen würde?

4.2 Konfliktverhalten – Wechselbeziehungen zwischen verschiedenen Verhaltenstendenzen

Bisher haben wir die Instinkthandlungen als isolierte Einheiten betrachtet. Was geschieht aber, wenn unterschiedliche Instinkthandlungen durch das Auftreten von adäquaten auslösenden Reizen **gleichzeitig aktiviert** werden? Für welche Verhaltensweise „entscheidet" sich das Lebewesen?

Grundsätzlich können sich zwei gleichzeitig aktivierte Handlungsbereitschaften **hemmen, bahnen** oder mehr oder weniger **unbeeinflusst lassen**:

Sitzt ein Vogel in seinem Nest und brütet, kann er auch gleichzeitig sein Gefieder ordnen. Die Instinkthandlungen des Brütens und der Körperpflege können gleichzeitig nebeneinander ablaufen, es kommt weder zu einem Konflikt noch zu einer gegenseitigen Erhöhung der Handlungsbereitschaften.

Hemmung: Anders sieht es in folgender Situation aus: Ein Gazellenbock, der auf einer freien Grasfläche weidet, sieht plötzlich einen Löwen auftauchen. Augenblicklich hört der Bock mit dem Grasen auf und ergreift die Flucht.

Hier wird also die Instinkthandlung der Nahrungsaufnahme durch die Instinkthandlung der Flucht gehemmt (blockiert). Das aktionsspezifische Potenzial für Fluchtverhalten dominiert eindeutig und das Tier ergreift die Flucht.

Aufgabe

C20 Springspinnen bauen keine Netze; sie erjagen ihre Beutetiere, z.B. Fliegen, im Sprung. Da die Weibchen etwa die Größe von Fliegen haben, sind sie für die männlichen Springspinnen nur schwer unterscheidbar. Dies ist ganz besonders dann der Fall, wenn man gezielt Attrappen so konstruiert, dass sie eine Mischform zwischen Fliege und Springspinnenweibchen darstellen.

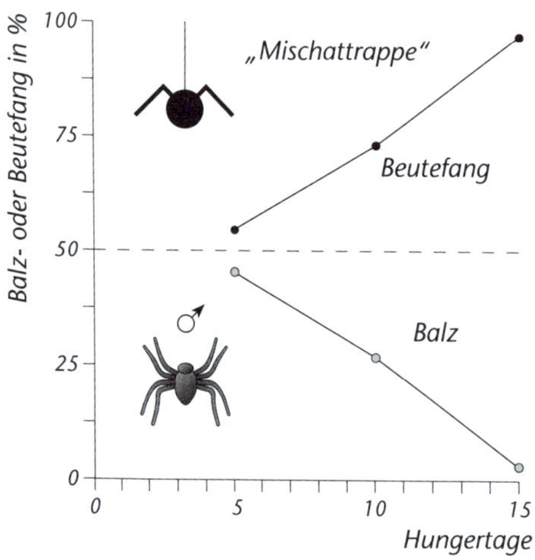

Bietet man Männchen, die unterschiedlich lange gehungert haben, so konstruierte Attrappen, zeigen sie das in Abbbildung 43 dargestellte Verhalten.

Beschreiben Sie die Ergebnisse.

Abb. 43
Balz- und Beutefangverhalten von männlichen Springspinnen; auslösender Reiz: Mischattrappe

Analysiert man die Kurven in Abbildung 43 (*vgl. auch Lösung zu Aufgabe C/20*), so stellt man fest, dass die jeweils dominierende Verhaltenstendenz als Produkt aus Handlungsbereitschaft und Reizstärke (Prinzip der doppelten Quantifizierung) sich durchsetzt und gleichzeitig die konkurrierende Verhaltenstendenz unterdrückt (hemmt, blockiert).

Für unsere Modellvorstellung besagt dies, dass eine Struktur im ZNS zu fordern ist, die nach dem **Prinzip des Extremwertdurchlasses** bei inkompatiblen* Verhaltensweisen nur die am stärksten aktivierte Handlungsbereitschaft durchlässt. Erst wenn diese durch das Ausführen der Endhandlung habituiert ist, kann sie nun von der nächsthöheren kumulierten Handlungsbereitschaft selbst gehemmt werden und es kann ein anderes Verhalten auftreten.

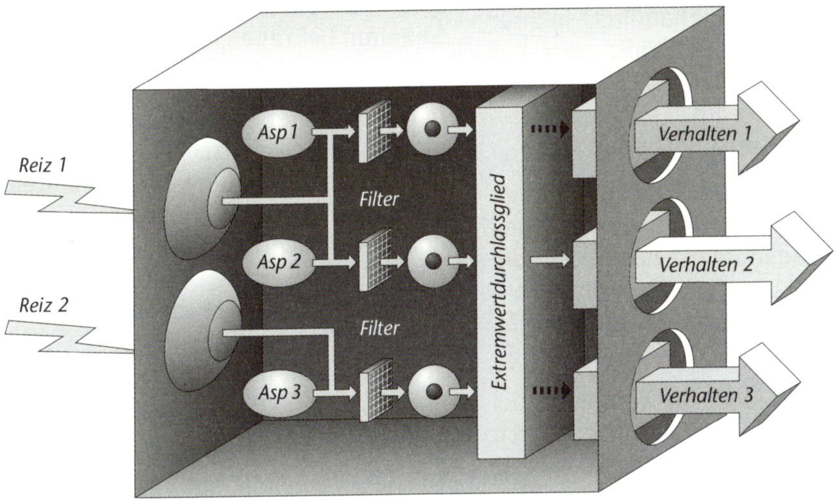

Abb. 44
Prinzip des Extremwertdurchlasses; ein „Extremwertdurchlassglied“ bewirkt, dass von gleichzeitig aktivierten Verhaltenstendenzen nur die stärkste zur Ausführung kommt. (Erklärungen im Text)

Bahnung: „Setzt man zu einem Kolkrabenpaar ein fremdes Kolkrabenmännchen mit in den Käfig, so erhöht sich bei dem Paar mit der Zahl der aggressiven Handlungen gegenüber dem fremden Männchen gleichzeitig die Häufigkeit des Balzens und gegenseitigen Fütterns zwischen den Partnern; dabei reagiert das Paar bevorzugt während und nach Balzkontakten besonders aggressiv gegen den Käfiggenossen“ (GWINNER *1964; zitiert nach* JÜRGENS/PLOOG *1974, S. 29*).

Mit anderen Worten bedeutet dies, dass die Anwesenheit eines Weibchens die Aggressivität zwischen den Männchen erhöht und gleichzeitig die Anwesenheit eines Rivalen das Balzen des Paares fördert. Damit haben wir ein klassisches Beispiel für die Bahnung kennen gelernt.
Bahnung von Handlungsbereitschaften liegt dann vor, wenn sich bei **gleichzeitiger Aktivierung** mindestens eine **Handlungsbereitschaft erhöht.**

Als Spezialfälle der Bahnung zwischen zwei Handlungsbereitschaften lassen sich umorientiertes Verhalten und Übersprungverhalten verstehen. Sie treten als so genannte **Ersatzhandlungen** dann auf, wenn auf einen auslösenden Reiz hin das Tier schon eine

Verhaltenstendenz zeigt, dann aber in einen Konflikt gerät und daraufhin ein anderes Verhalten ausführt.

Umorientiertes Verhalten: „Läuft ein Nashorn auf einen Gegner zu, der sich beim Näherkommen als zu gefährlich erweist, so kann es im Angriff innehalten und stehenbleiben; oft bearbeitet es dann mit seinem Horn anstelle des Gegners einen Termitenbau oder einen Strauch: Sein Angriff ist ‚umorientiert'" (HASSENSTEIN *1987, S. 270/271*).

Charakteristisch für das umorientierte Verhalten ist, dass die Instinkthandlung in ihrer Bewegungsfolge normal abläuft, aber auf ein anderes Ziel ausgerichtet ist, auf ein Ersatzziel umgelenkt wird. Damit stellt es eine Reaktion auf Ersatzobjekte dar.

Der Unterschied zur **„Ersatzbefriedigung"** (*vgl. Kap. C.3.1 und Abb. 12*) aufgrund des Fehlens eines adäquaten Auslösers bei gleichzeitig stark kumulierter Handlungsbereitschaft besteht in den auslösenden Reizen:

Während das umorientierte Verhalten bei „normaler" Handlungsbereitschaft durch einen adäquaten „normalen" Schlüsselreiz ausgelöst und auf ein Ersatzobjekt umgelenkt wird, findet die Ersatzbefriedigung (Abreaktion am Ersatzobjekt) aufgrund stark kumulierter Handlungsbereitschaft quasi als Suche nach einem Reizmuster am nicht adäquaten Objekt statt.

Übersprungverhalten, Übersprungbewegungen: „Wenn es z.B. zwischen zwei einigermaßen gleich starken Grantgazellenböcken zu einer ernsthaften Auseinandersetzung kommt, so kann man unmittelbar vor dem Kampf und in den Kampfpausen wiederholtes Kratzen am Kopf und am Hals mittels der Hinterläufe, Belecken der Schultergegend und ähnliche Verhaltensweisen aus dem Funktionskreis der Körperpflege beobachten, die insofern „beziehungslos" sind, als sie in keiner Weise zur Lösung der Situation beitragen." (JÜRGENS/PLOOG *1974, S. 30*).

In der beschriebenen Situation kommt es zu einem Konflikt zwischen zwei gleich stark kumulierten Handlungsbereitschaften: zwischen dem Angriffs-, Aggressionsverhalten und dem Fluchtverhalten. Im Gegensatz zu allen anderen bisher besprochenen Verhaltensweisen lässt sich beim Übersprungverhalten kein unmittelbarer Bezug zur beobachtbaren Reizsituation erkennen (*aber: vgl. Kap. E*).

Wir müssen uns deshalb fragen, wie sich ein solches Verhalten mit unseren bisherigen Modellvorstellungen verträgt.

Enthemmungs-Hypothese: Ein Erklärungsmodell für das Übersprungverhalten geht

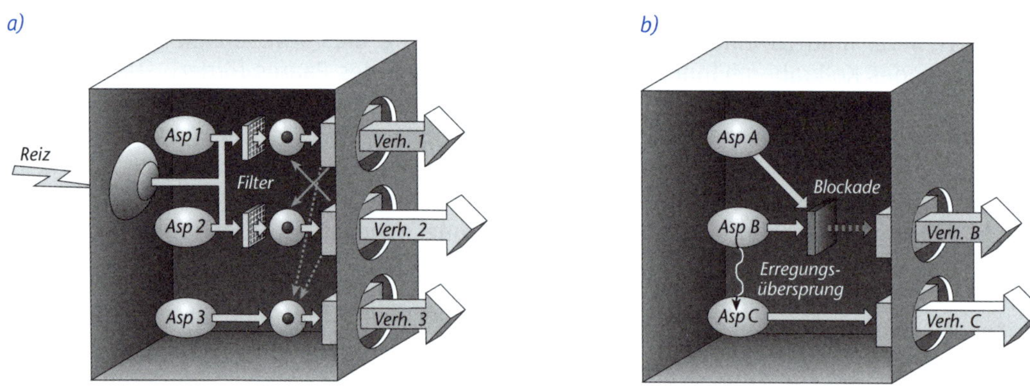

Abb. 45
Schematische Darstellung a) der Enthemmungs-Hypothese, b) der Übersprung-Hypothese

auf VAN IERSEL und BOL zurück. Sie gehen davon aus, dass sich die beiden gleich stark aktivierten Verhaltenstendenzen hemmen und dadurch die bisherige Hemmung einer dritten Verhaltenstendenz so abgeschwächt wird, dass auch ohne auslösenden Reiz diese Verhaltensweise zur Ausführung kommt (*vgl. Abb. 45a*).

Übersprung-Hypothese: Dieses Erklärungsmodell stammt bereits aus den Anfängen der vergleichenden Verhaltensforschung. Es hat der Verhaltensweise ihren Namen gegeben und geht auf TINBERGEN zurück.

Da die aktionsspezifischen Potenziale (Asp A und Asp B) für die Verhaltensweisen A und B in Konflikt stehen, blockiert die eine Handlungsbereitschaft die Entleerung der anderen. Weder Verhalten A noch Verhalten B kommt zur Ausführung, vielmehr springt die kumulierte Bereitschaft auf einen bisher nicht kumulierten Bereich über und löst dort ein Verhalten C aus (*vgl. Abb. 45b*).

Der wesentliche Unterschied der beiden Hypothesen liegt darin, dass bei der Enthemmungs-Hypothese das Übersprungverhalten von seiner „ihm eigenen" Handlungsbereitschaft „gespeist" wird, während bei der Übersprung-Hypothese die „Energie" für die Ausführung des Übersprungverhaltens von einer „fremden" Handlungsbereitschaft stammt. Damit müsste nach der Übersprung-Hypothese auch die Bereitschaft für die weitere Ausführung der in Konflikt geratenen Verhaltensweisen absinken. Diese werden nach einer „Kampfpause" jedoch oft mit unverminderter Intensität wieder aufgenommen.

Besonders in den Anfängen der vergleichenden Verhaltensforschung wurde der Übersprung-Begriff oft vorschnell benutzt; so wurde z.B. jedes in Konfliktsituationen auftretende Putzen als „Übersprung-Putzen" gedeutet. Aber natürlich können gerade in Kampfsituationen Gefieder oder Haare in Unordnung geraten und damit wären die adäquaten Auslöser vorhanden.

Aufgabe

C21 Erklären Sie unter Anwendung Ihres bisherigen ethologischen Wissens kurz die nachfolgend beschriebenen Verhaltensweisen (*nach* BILS/DÜRR *1989, S. 282*):

a) Eine Putenhenne pflegt und beschützt einen ausgestopften Iltis, in dem ein kleiner Lautsprecher versteckt ist und der nach Putenkükenart piept.

b) Die Schnäbel von jungen Zebrafinken sind schwarz, diejenigen von erwachsenen Tieren rot; im Laufe der Ontogenese erfolgt eine Umfärbung. Werden im Experiment die Schnäbel von Jungtieren rot angemalt, füttern die Elterntiere daraufhin die Jungen nicht mehr.

c) In Attrappenversuchen mit Fröschen stellte man fest, dass die Tiere auf farbige Papierschnipsel, die vor ihnen bewegt wurden, mit intensiverem Fangverhalten reagierten als auf natürliche Fliegen, Würmer oder andere Beutetiere.

d) Plötzlich unterbrechen zwei kämpfende Kormorane ihren Konflikt und zeigen Brutpflegeverhalten, obwohl in der Umgebung keine Eier vorhanden sind, die bebrütet werden könnten.

4.3 Intentionsbewegungen und Ritualisierungen

Intentionsbewegungen und Ritualisierungen spielen im Sozialverhalten, bei der Verständigung zwischen Artgenossen (Kommunikation) und als soziale Signale und Auslöser von Instinkthandlungen eine zentrale Rolle. Da das Sozialverhalten in Kapitel E intensiv behandelt wird, wollen wir an dieser Stelle an wenigen Beispielen den Zusammenhang zum erbbedingten Verhalten verdeutlichen.

Wie wir schon mehrfach festgestellt haben, können erbkoordinierte Endhandlungen in sehr unterschiedlicher „Stärke" ablaufen. Deutet dabei ein Tier nur an, was es zu tun im Begriff ist, ohne die entsprechende Endhandlung auch auszuführen, liegt eine so genannte **Intentionsbewegung*** vor.

Intentionsbewegungen (Andeutungsbewegungen, Stimmungsbewegungen) sind als Ausdruck der jeweiligen Stimmungslage zu interpretieren und geben damit Auskunft über die augenblicklich vorliegende Handlungsbereitschaft: Viele Säugetiere zeigen in Konfliktsituationen deutlich ihre Zähne (drohen, vgl. Abb. 46) und signalisieren damit ihre Bereitschaft zuzubeißen; Singvögel zeigen beim Näherkommen eine Abflughaltung (Flucht), gehen wir zurück, „entspannen" sich die Tiere wieder.

Vielfach sind Intentionsbewegungen im Laufe der Stammesgeschichte einer Tierart zu **Signalen** geworden, die zur **Verständigung** zwischen Artgenossen dienen: Bei manchen Eidechsenarten kann man in Konfliktsituationen ein hastiges Trampeln mit den Vorderfüßen am selben Ort beobachten. Dieses Verhalten lässt sich als intendierte Fluchtbewegung analysieren, die von im Kampf unterlegenen Männchen als **Demutsgeste** (Beschwichtigungsgeste) gezeigt wird; ähnlich zu bewerten ist das der Beschwichtigung dienende „Hinterkopf-Zudrehen" bei Lachmöwen.

Die zuletzt beschriebenen Intentionsbewegungen wurden **ritualisiert***. Unter Ritualisierung versteht man einen stammesgeschichtlichen Vorgang, bei dem das Ausführen einer Verhaltensweise für die gegenseitige Verständigung immer wirksamer wird; hierzu gehören auch viele als Übersprungverhalten zu interpretierende Verhaltensweisen. Dies gilt ganz besonders für Verhaltensweisen, die im Zusammenhang mit dem Balz- und Aggressionsverhalten stehen.

Abb. 46
Drohgähnen beim Mantelpavian

Auch im **Balzverhalten** treten beschwichtigende Gesten auf, um die Barriere zwischen den Geschlechtspartnern zu überbrücken: So überreichen balzende Seeschwalbenmännchen einen Fisch (ritualisiert aus Brutpflege), balzende Diamanttäubchen ihren Weibchen einen Halm (ritualisiert aus Nestbau). In beiden Fällen dient das Verhalten als Kontaktaufnahme- und Beschwichtigungsgeste und hat mit der normalen Gebrauchshandlung nur noch das Objekt gemeinsam. Als Grußzeremonie ist das Überreichen von Nistmaterial bei der Brutablösung des Kormorans zu bewerten.

Originaltext

Junge Grantgazellenböcke unterwerfen sich älteren Männchen, indem sie sich letzteren mit vorgestrecktem Hals und aufwärtsgerichteter Schnauze nähern, wie ein zum Säugen kommendes Jungtier. Die durch soziales Kontaktbedürfnis gehemmte Flucht gibt hier den Anstoß zu einer infantilen Verhaltensweise aus dem Funktionskreis der Nahrungsaufnahme. Der Signalcharakter der Handlung geht daraus hervor, dass letztere in der Lage ist, aggressives Verhalten von seiten des überlegenen Männchens zu hemmen. Sie unterscheidet sich von ... der normalen Gebrauchshandlung,

1. dadurch, dass sie auch von Böcken gezeigt wird, die längst nicht mehr gesäugt werden, und
2. dass sie Tieren gegenüber ausgeführt wird, die als „Milchspender" gar nicht in Betracht kommen.

Das gleiche gilt für die Demutsgeste eines unterlegenen Wolfes: er stößt mit seiner Schnauze gegen den Mundwinkel des Überlegenen bzw. leckt daran, wie es futterbettelnde Welpen tun. Unterlegene Pavianmännchen schließlich bedienen sich in der gleichen Konfliktsituation einer Handlung aus dem Bereich des weiblichen Sexualverhaltens: Sie „präsentieren" dem Partner ihr Hinterteil.
(Jürgens/Ploog 1974, S. 32/33)

Allen ritualisierten Handlungen ist dabei eigen, dass sie sich aus bestehenden Gebrauchshandlungen oder Intentionsbewegungen entwickelt haben. Um ihrer Aufgabe als **Signal** im Dienste der sozialen Kommunikation gerecht zu werden, haben sie oft eine relativ stereotype, einfache, prägnante, auffällige und zugleich unwahrscheinliche Form angenommen – immer in Richtung auf größere Deutlichkeit und Unzweideutigkeit des Signals für den Empfänger.

Aufgabe

C22 Ähnlich anderen Vogelarten auch, verfügen Spechte im Frühling über eine hohe Fortpflanzungsbereitschaft. Häufig lässt sich gerade zu dieser Jahreszeit beobachten, dass sie gegen Dachrinnen und hohle Bäume (laut tönende Gegenstände) hämmern.

Normalerweise gehört dieses Verhalten einerseits zum Funktionskreis Nestbau (Zimmern einer Nisthöhle), andererseits zu dem der Nahrungssuche (Abklopfen der Rinde nach Insektenlarven etc.).

Erörtern Sie die Bedeutung dieser ursprünglichen „Gebrauchshandlung".

In diesem Zusammenhang lässt sich auch die Entwicklung einer Vielzahl von Gesten beim Menschen einordnen: Begrüßungsgesten, Demutsgebärden, Beschwichtigungsgebärden, Warngesten, sexuelle Gesten.

Anhand der Aufgaben C23 und C24 wollen wir zumindest andeuten, in welche Richtung eine Interpretation zielen könnte – nochmals sei jedoch ausdrücklich vor unkritischen Übertragungen gewarnt!

Aufgaben

C23 Erklären Sie die folgenden Verhaltensweisen beim Menschen aus ethologischer Sicht!
In schwierigen Situationen (z.B. Prüfungssituationen) kann man oft beobachten, wie sich Personen in den Haaren oder am Kinn kratzen, am Ohrläppchen zupfen oder an die Nase fassen.

C24 Bei der Beobachtung eines Redners fiel Folgendes auf:

- Zu Beginn seiner Rede zeigte er ein freundliches Lächeln,
- während der Rede trat er unruhig von einem Fuß auf den anderen und wendete den Kopf zur Seite,
- mehrmals strich er sich durch die Haare,
- an einer Stelle schlug er mit der Faust auf das Pult.

Erklären Sie diese Verhaltensweisen.

5. Genetische und phylogenetische Aspekte angeborenen Verhaltens

Über den Mechanismus der Fortpflanzung werden Erbanlagen von Generation zu Generation weitergegeben (*vgl. mentor Abiturhilfe Genetik*). Dabei wird allerdings immer nur eine **Reaktionsnorm**, gleichsam als „Angebot" an die Umwelt, vererbt. Innerhalb der so vorgegebenen Modifikationsbreite bewirken dann die verschiedenen Umwelteinflüsse, in welcher Weise die Erbinformationen individuell verwirklicht werden.

Zur Feststellung der Erblichkeit bestimmter Merkmale dienen den Genetikern u.a. Erbganganalysen und Kreuzungsexperimente. Untersucht man Verhaltensmerkmale in dieser Weise, stellt man fest, dass die meisten Verhaltensweisen auf **polygenen*** Erbmechanismen beruhen. Verhaltensweisen basieren normalerweise auf komplexen neuronalen Strukturen und sind mit Ein-Gen-Ein-Phän-Beziehungen nur selten erklärbar. Bis zu einem gewissen Grade können dabei Verhaltenseffekte auf genetisch verursachte Veränderungen an den Sinnes- und Erfolgsorganen zurückgeführt werden.

Indem angeborene Verhaltensweisen ebenso unveränderliche und wiedererkennbare Merkmale von Arten sind wie Körpermerkmale, unterliegen sie einerseits im Verlaufe der Phylogenese* einer Entwicklung und Anpassung, andererseits lassen sie sich auch zur Analyse und Beschreibung von Verwandtschaftsbeziehungen zwischen den Arten nutzen.

LORENZ erstellte für die Entenvögel allein aufgrund intensiver Verhaltensbeobachtungen einen **Stammbaum**, der die Verwandtschaftsbeziehungen ebenso widerspiegelte wie Stammbäume, die man durch vergleichend morphologisch-anatomische Studien gewonnen hatte. Umso „näher" Arten miteinander verwandt waren, umso größer war die Zahl der übereinstimmenden Verhaltensweisen (*vgl. Abb. 47*).

Viele Erpel putzen bei der Balz scheinbar ihre Flügel: Der Branderpel bearbeitet beim „Scheinputzen" noch sein gesamtes Gefieder; der Knäckerpel putzt mit dem Schnabel die Flügelaußenseite, wobei die blauen Schulterfedern sichtbar werden; der Mandarinerpel berührt nur noch seine segelartig hochragende rostrote Armschwinge; der Stockerpel hebt die dem Weibchen zugewandte Seite des Flügels deutlich an, während er sie innen putzt. Aus der ursprünglichen Säuberungsfunktion hat sich im Verlaufe der Evolution eine reine Balzbewegung entwickelt.

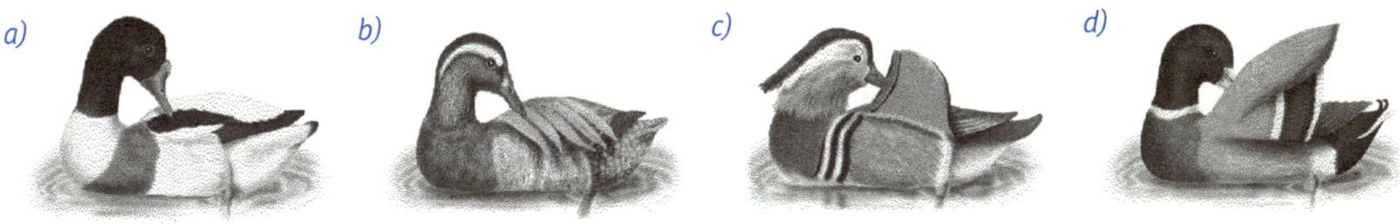

Abb. 47
Übereinstimmungen bei der Verhaltensweise „Scheinputzen" in der Balz verschiedener Entenvögel, a) Branderpel, b) Knäckerpel, c) Mandarinerpel, d) Stockerpel

Vergleiche des Balzverhaltens bei Fasanen und Haushähnen zeigen ähnliche Ergebnisse: Dabei locken die Haushähne in ähnlicher Weise Hennen an wie diese ihre Küken. Sie scharren, treten zurück, picken unter Lockrufen auf den Boden, heben etwas auf und lassen es wieder fallen. Es handelt sich um ein symbolisches Futterlocken (*vgl. Kap. C.4.3*). Die Hennen kommen herbei und suchen vor den Hähnen. Balzende Glanzfasane locken ganz ähnlich, spreizen aber zusätzlich ihre Schwanzfedern und neigen sich langsam vor und zurück.

Der Pfauhahn spreizt die Schwanzfedern, schüttelt sie, tritt zurück, biegt den Schwanz nach vorne und zeigt mit dem Schnabel nach unten. Junge Pfauhähne locken beim Radschlagen sogar noch durch Scharren und richtiges Picken die Hennen an.

Auch hierbei haben wir es vermutlich mit homologen Verhaltensweisen zu tun, die auf Verwandtschaft beruhen.

Abb. 48
Balzverhalten des Pfauhahns

Aufgabe

C25 Der Pfaufasan kratzt auf dem Boden und verbeugt sich mit aufgestelltem und gespreiztem Schwanz. Der Jagdfasan lockt seine Hennen wie ein Haushahn, er spreizt die Schwanzfedern nicht. Der Glanzfasan fächert den Schwanz leicht, verbeugt sich vor der Henne und hackt mit dem Schnabel in den Boden.

Ordnen Sie die Fasanarten begründet in die oben beschriebene Entwicklungsreihe ein.

Wahrscheinlich kommt den Verhaltensweisen bei der Entwicklung erster Unterschiede und der Entstehung der Arten eine **Schlüsselfunktion** zu. Das sieht man z.B. daran, dass nah verwandte Arten in vielen Fällen sich im Körperbau kaum unterscheiden, aber auffällige Verhaltensunterschiede zeigen.
Sind etwa die Verhaltensweisen bei der Balz nicht exakt aufeinander abgestimmt, kommt es zu keiner Fortpflanzung, obwohl eine Paarung und fertile Nachkommen möglich wären (*vgl. Kap. E*).
Durch gezielte Auslese bei Stämmen der Taufliege (*Drosophila melanogaster*) änderte MANNING die Zeit, die zwischen der ersten Begegnung und der Kopulation zwischen männlichen und weiblichen Tieren verstrich. Er erzielte so Tierstämme mit Balzzeiten von 80 Minuten und solche mit 3 Minuten. Obwohl keine weiteren genetischen Unterschiede zwischen den Stämmen bestanden, konnte er dadurch eine **Kreuzungsbarriere** erzeugen. Die „Stammesmitglieder“ bevorzugten eindeutig stammgleiche Tiere.

Das beschriebene Experiment macht verständlich, weshalb die Veränderung von Verhaltensweisen häufig geradezu als **Schrittmacher der Evolution** angesehen wird. Hierzu noch zwei weitere Beispiele: Zwei Gallmückenarten sind morphologisch kaum voneinander zu unterscheiden, leben aber an ganz verschiedenen Futterpflanzen; bei zwei Schmetterlingsarten unterscheiden sich die adulten Tiere in ihren körperlichen Merkmalen kaum, zeigen jedoch deutliche Unterschiede in Nahrungswahl und Paarungszeit.

„Verhaltensspezialitäten“, einhergehend mit Kreuzungsbarrieren, könnten so den Beginn einer Änderung ganzer Merkmalskomplexe darstellen und wären somit ein ganz wichtiger „Motor“ der Evolution.

6. Zusammenfassung

- Untersuchungen am Menschen verdeutlichen, dass auch beim Menschen erbbedingte Verhaltensweisen nachweisbar sind:
  - Eine überzufällig hohe Anzahl von Müttern trägt ihre Säuglinge auf der linken Seite (Herzseite); Säuglinge reagieren eindeutig positiv auf den Herzschlag von Erwachsenen.
  - Eindeutig scheint es ein kulturunabhängiges Erkennen mimischer Ausdrucksbewegungen zu geben; selbst Neugeborene und taubblind geborene Kinder verfügen über eine ausgesprochen differenzierte Mimik.

- Auch Schimpansen zeigen eine dem Menschen vergleichbare Gesichtsmimik, was auf sehr alte stammesgeschichtliche Ursprünge schließen lässt.

- Reflexe sind relativ einfache, starr ablaufende, erbbedingte Reaktionen, die jederzeit ausgelöst werden können und die durch festliegende nervöse Bahnen charakterisiert sind. Die meisten Reflexe stellen Schutzreaktionen dar. Man unterscheidet Eigen- und Fremdreflexe sowie mono- und polysynaptische Reflexe je nach unterschiedlicher Lage von Rezeptor und Effektor sowie beteiligten nervösen Strukturen.

- Die Intensität der äußeren Reize und die „Höhe" der inneren Bereitschaft bestimmen gemeinsam die Reaktionsstärke einer Verhaltensweise. Dieses Grundprinzip wird als doppelte Quantifizierung bezeichnet.
  Fehlt bei gleichzeitig hoher innerer Bereitschaft der adäquate auslösende Reiz, kann es zur Abreaktion am Ersatzobjekt/zur Ersatzbefriedigung (Reiz ist unspezifisch) kommen.

- Eine typische Instinkthandlung setzt sich normalerweise aus folgenden Phasen zusammen: ungerichtetes Suchen, gerichtete Annäherung (Orientierungsreaktion, Taxis) und erbkoordinierte Endhandlung (Erbkoordination, Instinktbewegung). Ungerichtetes Suchen und gerichtete Annäherung werden oft als Appetenzverhalten zusammengefasst. Die innere Bereitschaft wird durch das Appetenzverhalten allein nicht abgesenkt.

- Verhaltensweisen benötigen oft eine postnatale Reifephase (Reifung), um ausgeführt werden zu können. Es handelt sich dabei um eine Vervollkommnung ohne Einübungsphase.

- Die meisten Verhaltensweisen bei höheren Tieren lassen sich nicht ausschließlich auf ererbte Anteile zurückführen; vielmehr sind angeborene, genetisch bedingte und erworbene Anteile intensiv miteinander verschränkt (Instinkt-Dressur-Verschränkungen).
  Durch Lernvorgänge nehmen die genetisch bedingten Verhaltensdispositionen oft erst ihre funktionale Gestalt an.

- Bei vorhandener innerer Bereitschaft werden Instinkthandlungen durch auslösende Reize (Schlüsselreize) in Gang gesetzt. Mit Attrappenversuchen lassen sich die für eine bestimmte Instinkthandlung wirksamen auslösenden Reizmuster ermitteln.

- In vielen Fällen lassen sich Attrappen so konstruieren, dass sie stärker wirken (höhere Reizqualität besitzen) als die „natürlichen" auslösenden Reize; man nennt diese Reizkombinationen übernormale Auslöser, die entsprechenden Attrappen bezeichnet man als Superattrappen.

- Diejenigen sinnes- und nervenphysiologischen Strukturen, die aus der Vielzahl der eintreffenden Reize die adäquaten auslösenden Reize (Schlüsselreize) selektiv herausfiltern und dadurch eine bestimmte Verhaltensweise in Gang setzen, bezeichnet man in ihrer Gesamtheit als auslösende Mechanismen (AM).
  Reagiert ein Organismus auf ein Reizmuster, ohne dass er diesem jemals vorher begegnet ist, spricht man von einem angeborenen Auslösemechanismus (AAM).

- Auch im menschlichen Verhalten lassen sich genetisch bedingte Auslösemechanismen und Schlüsselreize nachweisen: Bekannte Beispiele sind Gesichtsattrappen, die das Lächeln beim Säugling auslösen, das Kindchen-Schema und das Mann-Frau-Schema.

- Die für eine Instinkthandlung spezifische innere Bereitschaft (Handlungsbereitschaft, Antrieb, Motivation, Trieb, aktionsspezifisches Potenzial) hängt von einer Vielzahl von Faktoren ab: vom Versorgungszustand, vom Hormonspiegel, von den vorangegangenen Sinneseindrücken (motivierenden Reizen) und vom vorausgegangenen Verhalten. Die Ausführung einer Endhandlung senkt dabei die innere Bereitschaft zur Ausführung der gleichen Verhaltensweise; wir sprechen von Habituation. Der langsame Anstieg einer Bereitschaft wird als Kumulierung bezeichnet.
- Mit dem von LORENZ entwickelten hydraulischen Instinktmodell lässt sich das Zusammenwirken von Außen- und Innenfaktoren bei einer Instinkthandlung modellhaft darstellen; es hat heute nur noch historische Bedeutung.
  Funktionsschaltbilder können helfen, die Wirkzusammenhänge bei der Auslösung und Verschaltung zu Verhaltensweisen zu verdeutlichen.
- Folgen mehrere Instinkthandlungen in zeitlicher Reihung geordnet aufeinander, spricht man von so genannten Handlungsketten. Eine besondere Rolle kommt diesen Ketten aufeinander folgender Instinkthandlungen z.B. bei der Balz zu: Hierbei führt die Ausführung einer Handlung durch den einen Geschlechtspartner häufig zur Auslösung einer Folgehandlung beim anderen Partner und umgekehrt.
- Grundsätzlich können gleichzeitig aktivierte unterschiedliche Instinkthandlungen sich gegenseitig hemmen, bahnen oder unbeeinflusst lassen. Besondere Strukturen im ZNS sorgen dafür, dass sich die am stärksten aktivierte Verhaltensweise durchsetzt und die anderen unterdrückt werden (Extremwertdurchlass).
- Schließen sich gleichzeitig und gleich stark aktivierte Instinkthandlungen in ihrer Ausführung gegenseitig aus, sind sie also inkompatibel, kommt es zum Konflikt: Häufig zeigen die Lebewesen nun umorientiertes Verhalten oder Übersprungverhalten.
  - Im Falle der Umorientierung läuft die Instinkthandlung bei „normaler Bereitschaft“ und adäquatem Reiz „normal“ ab, wird aber während der Durchführung auf ein Ersatzobjekt umgelenkt.
  - Beim Übersprungverhalten treten in einer Konfliktsituation plötzlich Verhaltensweisen aus einem ganz anderen Verhaltensbereich ohne erkennbaren adäquaten Reiz auf.
- Unter Intentionsbewegungen (Ausdrucksbewegungen) versteht man Verhaltensweisen, deren Ausführung nur angedeutet wird. Durch Ritualisierung haben sie häufig eine besondere Bedeutung im Rahmen der innerartlichen Kommunikation erlangt.
- Von Ritualisierung spricht man, wenn Verhaltensweisen im Dienste der sozialen Kommunikation stehen und zu einem eindeutigen Signal geworden sind, indem sie eine stereotype, einfache, auffällige und unwahrscheinliche Form angenommen haben.
- Durch veränderte Verhaltensweisen können sehr schnell Kreuzungsbarrieren entstehen. Veränderungen im Verhalten werden deshalb als Schrittmacher der Evolution angesehen.

D Lernen – erfahrungsbedingte Änderung von Verhaltensweisen

Lernen fürs Leben – ein Leben lang: Wir lernen

- als Kinder das Essen mit Messer und Gabel,
- in der Schule Lesen, Schreiben und Rechnen,
- mit achtzehn das Autofahren,
- für ein bestimmtes Berufsziel,
- als Eltern von unseren Kindern und die wiederum von uns.

Lernen beherrscht unser tägliches Leben wie kaum etwas anderes. Trotzdem fällt es schwer, all die unterschiedlichen Verhaltensweisen, die wir mit Lernen assoziieren, so zu charakterisieren, dass sie eine kurze und prägnante **Definition** ergeben. Definitionsversuche bleiben vielmehr beschreibend und müssen durch Ausschlussverfahren ergänzt werden.

Definition

Treten bei lernfähigen Organismen Verhaltensänderungen auf, nachdem sie einmalig oder wiederholt mit einer neuen Reizsituation (Lebenssituation) konfrontiert wurden, und bleiben diese Verhaltensänderungen über längere Zeit beständig, können sie als **Lernen** bezeichnet werden.

Sind die Verhaltensänderungen unbeständig oder beruhen auf:

- Reifungsprozessen (*vgl. Kap. C*),
- Ermüdungen, Sinnesadaptionen (vgl. mentor Abiturhilfe Nerven, Sinne, Hormone),
- Alterungsprozessen,
- biorhythmischen Veränderungen
- oder krankhaften (pathologischen) Erscheinungen,

werden sie dagegen nicht als Lernprozesse verstanden.

Mithilfe von Lernprozessen kommt es zu einer individuellen Verhaltensanpassung von Lebewesen an spezifische Umweltbedingungen.
Vom Subjekt aus betrachtet stellt das Lernen eine Umwelterweiterung dar; es ist deshalb verständlich, dass die Lernfähigkeit eines Lebewesens als Maß für die Organisationshöhe angesehen wird.

1. Angeborene Grundlagen des Lernens

1.1 Auslösemechanismen: EAAM und EAM

EAAM: Silbermöwen füttern, wie andere Vogelarten auch, angeborenermaßen ihre Jungen. TINBERGEN konnte zeigen, dass die Vogeleltern in den ersten Tagen nach dem Schlüpfen der Jungen noch nicht in der Lage sind, diese individuell zu unterscheiden. In dieser Phase kann man ihnen auch fremde Küken „unterschieben", wenn diese das typische Bettelverhalten zeigen. Etwa ab dem 5. Tag nach dem Schlüpfen werden fremde Junge jedoch von den Altvögeln vertrieben, die Eltern kennen ihre Jungen jetzt individuell.

Wie ist diese Verhaltensweise zu erklären? Silbermöwen besitzen einen **AAM** (angeborener Auslösemechanismus) für das Füttern von Jungen; zunächst wird das Fütterverhalten durch einen relativ **unspezifischen Schlüsselreiz** ausgelöst (bettelnder Jungvogel). In den ersten fünf Tagen lernen die Altvögel, ihre eigenen Jungen zu erkennen. Individuelle Merkmale der eigenen Jungen werden in den vorhandenen AAM einbezogen; dieser ist dabei angeborenermaßen so angelegt, dass er den „Einbau" von Erfahrungen „vorsieht".

Der ursprünglich unspezifische Reiz erfährt eine zusätzliche Einschränkung, er wird durch Erfahrungen ergänzt. Die Ethologen sprechen im vorliegenden Fall von einem durch **Erfahrung ergänzten angeborenen Auslösemechanismus**, kurz **EAAM**. Die erlernten zusätzlichen Reizelemente verändern die angeborene Reaktion im Sinne größerer Selektivität.

EAM: Erdkröten zeigen auf die Darbietung von sich bewegenden Mehlwürmern angeborenermaßen eine Beutefangreaktion. Der auslösende Schlüsselreiz ist der sich bewegende Wurm (optischer Reiz). Mehlwürmergeruch, mit einem Wattebausch dargeboten, führt nicht zu einer entsprechenden Reaktion.

Hat die Erdkröte mehrfach Erfahrungen mit Mehlwürmern als adäquatem Nahrungsmittel gemacht, reagiert sie auch auf die Darbietung des Mehlwurmgeruches mit einer Beutefangreaktion.

Im Gegensatz zu dem als EAAM bezeichneten Verhalten der Silbermöwen findet bei den Erdkröten eine Übertragung der angeborenen Beutefangreaktion auf eine neue auslösende Reizsituation statt.

Durch Erfahrung wird ein Reiz, der ursprünglich nicht reaktionsauslösend war, also ein **neutraler Reiz**, zu einem auslösenden Reiz (*vgl. Kap. D.2*). Die Ethologen sprechen von einem **erworbenen Auslösemechanismus** oder kurz **EAM**.

Die klassische Ethologie geht davon aus, dass sämtliche Lernvorgänge letztlich auf die Form eines EAAMs oder EAMs zurückzuführen sind (vgl. Konzept der Instinkt-Dressur-Verschränkung). Grundlage für jegliches Verhalten ist nach diesen Vorstellungen eine **angeborenermaßen** vorhandene **Disposition**, die je nach dem Grad ihrer Offenheit als AAM, EAAM oder EAM verhaltenswirksam wird (*vgl. Kap. C.3.5*).

Durch den Lernvorgang wird ein vorher **neutraler Reiz** (engl. **Stimulus**) zu einem auslösenden Reiz für den mit ihm konfrontierten Organismus und kann in zukünftigen Situationen gleiche oder ähnliche Reaktionen auslösen. Es entsteht also eine **Reiz-Reaktions-Beziehung**, die als Gedächtnisinhalt (**Engramm**) zur individuellen Wiederverwertung gespeichert wird.

1.2 Lerndisposition

Lernen ist sowohl von genetischen Programmen als auch von Umwelteinflüssen abhängig. Die genetisch bedingten Anteile, die Lerndisposition, zu untersuchen und zu benennen ist ausgesprochen schwierig.

LAUER und LINDAUER führten einen Versuch mit zwei unterschiedlichen Bienenrassen durch (*Apis mellifica carnica* und *Apis mellifica lingustica*), um zu zeigen, dass rassenspezifische Lerndispositionen beim Lernverhalten eine Rolle spielen:

Abb. 49
Biene am Futterplatz

Bei der Futtersuche orientieren sich Bienen nach der Sonne, nach auffälligen Landmarken und nach optischen Merkmalen am Futterplatz selbst.

Werden Bienen beider Rassen auf ein ganz spezielles Merkmal am Futterplatz dressiert (z.B. auf die Farbe Blau) und gibt es in unmittelbarer Umgebung zum Futterplatz keine besonderen optischen Merkmale, sind die Lernleistungen der beiden Rassen nahezu gleich (*vgl. Abb. 50*).

Führt man den gleichen Versuch mit Tieren der beiden Rassen durch, stellt dieses Mal aber in unmittelbarer Nähe zum Futterplatz einen kleinen Turm auf, lernen die *Carnica*-Bienen eindeutig schneller und besser als die *Lingustica*-Bienen (*vgl. Abb. 50*). Die *Carnica*-Bienen können also Merkmale der Umgebung besser verwerten, sie verfügen über eine genetisch fixierte Lerndisposition, die den *Lingustica*-Bienen offensichtlich fehlt.

Damit haben LAUER und LINDAUER nachgewiesen, dass es unterschiedliche genetisch bedingte Lerndispositionen gibt.

Inwieweit diese Untersuchungsergebnisse auf das menschliche Lernen übertragbar sind, muss dahingestellt bleiben. Untersuchungen der menschlichen Intelligenzleistungen scheinen jedoch in eine ähnliche Richtung zu zeigen, d. h., individuelle, genetisch fixierte Unterschiede in Bezug auf Lerndispositionen sind auch für die Menschen anzunehmen.

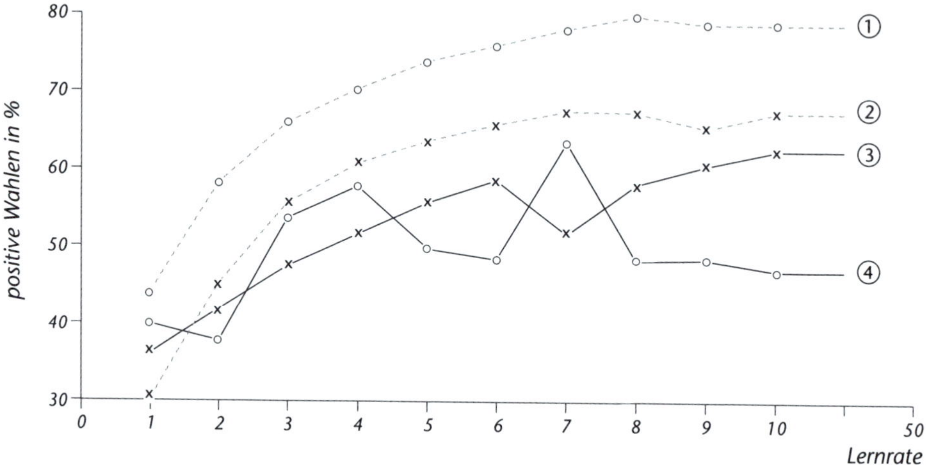

Abb. 50
Lernkurven von Apis m. lingustica (X) und Apis m. carnica (O) bei unterschiedlicher Futterplatzmarkierung;
a, b: mit optischer Orientierungsmarke; c, d: ohne auffallende optische Orientierungsmarke (Erklärungen im Text)

1.3 Gewöhnung

Süßwasserpolypen, die zu den Hohltieren zählen, sind sehr einfach gebaut. Auf unterschiedliche Reize reagieren sie in immer gleicher Weise mit einer Art Schreckreaktion; sie ziehen Körper und Fangarme zusammen.

Polypen, die in einem fließenden Gewässer leben und durch die Strömung ständig hin und her bewegt werden, bleiben trotzdem ausgestreckt. Erst wenn eine plötzliche Reizänderung auftritt, reagieren sie mit Zusammenziehen wie oben beschrieben.

Die Tiere haben sich an die gleich bleibende Strömung **gewöhnt**; ihre Antwortbereitschaft auf den wiederholten Reiz ist habituiert (*vgl. Kap. C.3*).

Diesen Lernvorgang nennt man **Gewöhnung**; er ist eine häufige Lernform für Tiere und Menschen. Unnötige Reaktionen werden dadurch vermieden. Die Lebewesen lernen, für sie bedeutungsvolle von bedeutungslosen Reizen zu unterscheiden.

Ein berühmt gewordenes, klassisches Beispiel soll das Grundprinzip nochmals verdeutlichen:
Die Küken vieler Geflügelarten zeigen ein Alarmverhalten (ducken sich in die Nestmulde), wenn **Flugbildsilhouetten** von Raubvögeln über sie hinwegziehen. Konturen (Flugbilder) von „harmlosen" Vögeln (z.B. Enten) werden hingegen nicht beachtet, die Küken zeigen darauf keine besondere Reaktion.

Es lag nun nahe anzunehmen, dass ein angeborenes Erkennen (Kenntnis) der kurzhalsigen Raubvogelsilhouetten gegenüber den langhalsigen Silhouetten harmloser Vögel bei den Küken vorliegt.

Tinbergen konnte in einem Versuch mit Flugbildattrappen zeigen, dass Truthühner dann Fluchtverhalten zeigten, wenn er kurzhalsige Attrappen über sie hinwegbewegte. Bei langhalsigen Attrappen zeigten die Vögel kein Fluchtverhalten.

Dabei führte die gleiche kreuzförmige Attrappe (*vgl. Abb. 51*), je nach Bewegungsrichtung, zum Fluchtverhalten bzw. zur Nichtbeachtung. Er schloss aus diesem Versuch auf eine **angeborene Kenntnis** der Flugbilder gefährlicher Greifvögel bei den Küken.

Diese Erklärung wurde 1961 von Schleidt widerlegt: Er führte Truthühner vor, die auf langhalsige Attrappen Fluchtverhalten zeigten und kurzhalsige ignorierten.

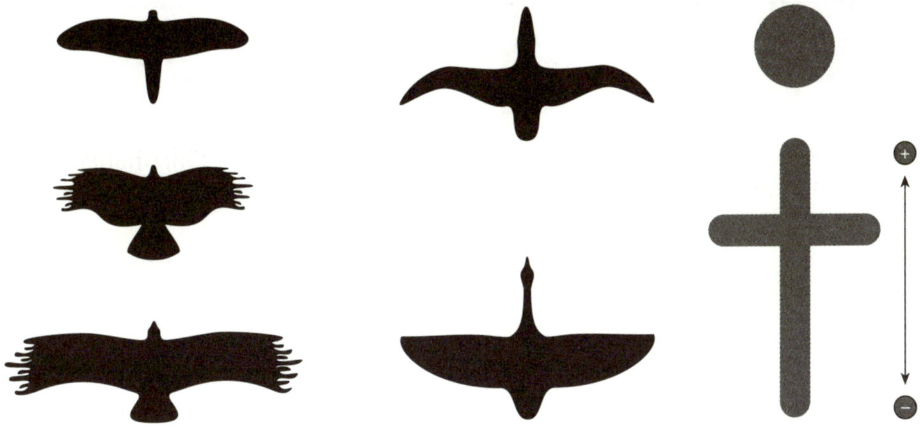

Abb. 51
Flugbildsilhouetten von Raubvögeln und harmlosen Vögeln sowie getesteten Attrappen (Erklärungen im Text)

Wie war dieses Verhalten zu erklären? Schleidt hatte an Kaspar-Hauser-Truthühnern entdeckt, dass die frisch geschlüpften Küken zunächst bei jeder Attrappenform sich ängstlich ins Nest duckten, unabhängig davon, ob die Attrappe langhalsig oder kurzhalsig war oder ob es sich einfach um ein fallendes Blatt handelte (*vgl. Abb. 52a*).

Wurden die Tiere älter, ließen allmählich ihre Fluchtreaktionen auf diejenigen Attrappen nach, die häufiger als andere gezeigt wurden. Sie wurden also mit den häufiger auftretenden Objekten mehr und mehr vertraut (*vgl. Abb. 52b; Gewöhnung*).

Selten auftretende Attrappen beantworteten sie jedoch weiterhin mit Fluchtverhalten. Da die Raubvogelsilhouetten in ihrem natürlichen Lebensraum nur relativ selten erschienen, gewöhnten sie sich an diese nicht (*vgl. Abb. 52c*).

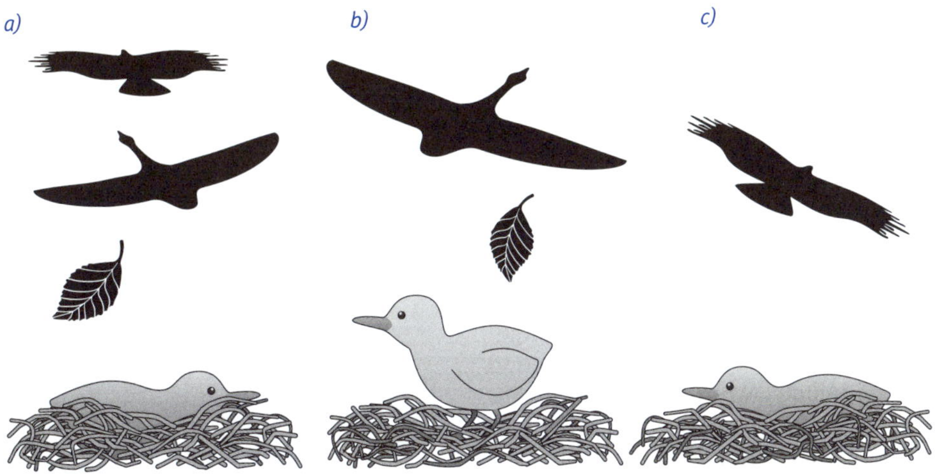

Abb. 52
Untersuchungen zum Fluchtverhalten (Sich-ins-Nest-Ducken) bei Küken

Aufgabe

D01 Beschreiben Sie kurz den Versuch, den SCHLEIDT durchgeführt haben muss, um Truthühner heranzuziehen, die bei langhalsigen Attrappen Fluchtverhalten zeigten.

Unter der oben beschriebenen ethologischen Sichtweise könnte man das gezeigte Verhalten **auch als EAAM** interpretieren:

Die Küken verfügen angeborenermaßen über einen AAM, sich zu ducken, wenn etwas über sie hinwegfliegt. Dieser AAM ist zunächst unspezifisch, enthält aber gleichzeitig offene Stellen, in die Erfahrungen eingebaut werden können.

Das häufige Auftreten harmloser Vogelsilhouetten, die für die Küken keine Folgen haben, führt zur Spezifizierung. Die Fluchtreaktion wird nur noch bei Raubvogelsilhouetten gezeigt.

An diesem Erklärungsmodell wird deutlich, wie eng miteinander verzahnt die Begriffe Lerndisposition, EAAM, EAM und Gewöhnung sind.

1.4 Vorgeburtliches Lernen

Wann beginnen Lebewesen zu lernen? Es ist ganz offensichtlich, dass die Lernfähigkeit nach der Geburt vorhanden ist. Gibt es auch schon ein Lernen vor der Geburt? Kommen Tiere und Menschen also schon mit bestimmten Lerninformationen auf die Welt?

Bei **Tierexperimenten** mit Ratten konnte man nachweisen, dass sich Ratten, die bereits in der Gebärmutter mit dem angenehmen Geruch einer Pfefferminzlösung und den unangenehmen Wirkungen von z.B. Lithiumchlorid konfrontiert wurden, nach der Geburt signifikant anders verhielten als Testgruppen, die vorgeburtlich nicht den entsprechenden Substanzen ausgesetzt gewesen waren.

Der amerikanische Psychologe A. DE CASPER untersuchte, ob und in welcher Form es ein **vorgeburtliches Lernen** auch **beim menschlichen Embryo** gibt; er benutzte für seine Untersuchungen folgende Methoden:

Er hatte ein Tonbandgerät so mit einem Sauger verbunden, dass die Babys, wenn sie in einer ganz bestimmten Art und Weise daran saugten, die Stimme ihrer Mutter vom Tonband hören konnten.

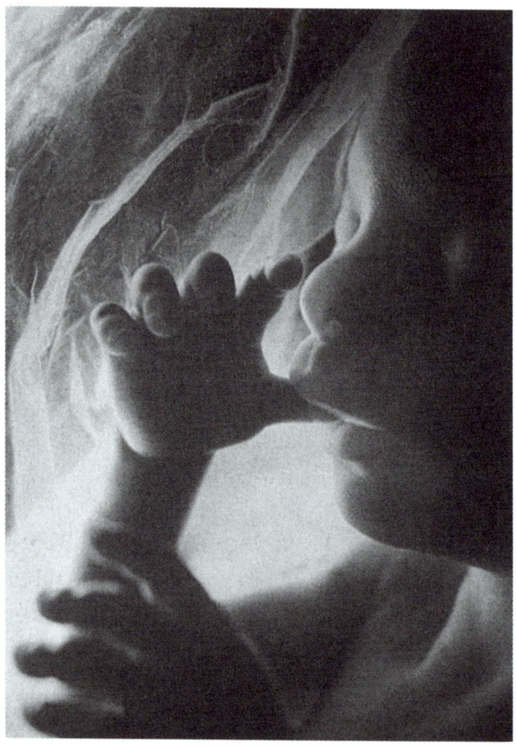

Abb. 53
Menschlicher Embryo, mit einer Spezialkamera in der Gebärmutter fotografiert, ca. 5 Monate alt

Saugten sie in anderer Weise, bekamen sie die Stimme einer anderen Frau zu hören.

Alle darauf untersuchten Babys saugten so, dass sie die mütterliche Stimme vorgespielt bekamen.

Konnten die Babys sich hingegen für unterschiedliche männliche Stimmen entscheiden, fand De Casper keine Vorlieben heraus; die Stimme des Vaters wurde nicht signifikant häufiger gewählt.

Hatten sie die Wahl zwischen der väterlichen Stimme und dem Herzschlaggeräusch der Mutter, entschieden sich alle Säuglinge für den Herzschlag.

Um nun zu beweisen, dass diese Vorlieben von den Säuglingen bereits in der Gebärmutter entwickelt wurden, führte er folgende Untersuchungen durch:

Eine Gruppe schwangerer Frauen las ihren Feten in den letzten sechs Wochen vor der Geburt zweimal am Tag das Kinderbuch „The Cat in the Hat“ vor. Nach der Geburt hatten die Säuglinge nach oben beschriebenem Muster die Möglichkeit, ihre Mutter beim Vorlesen von „The Cat in the Hat“ oder einem anderen Kinderbuch („The King, the Mice and the Cheese“) zu hören. Beide Geschichten sind in Versen, aber mit unterschiedlichem Versmaß geschrieben.

Während eine Kontrollgruppe keinerlei Vorlieben zum Ausdruck brachte, wählten die „trainierten“ Säuglinge gezielt das erstgenannte Buch.

Lernen beginnt also nicht erst mit der Geburt!

Schon in der Gebärmutter nehmen Feten Reize wahr und speichern bestimmte Erfahrungen ab.

2. Theorien des Lernens

In diesem Kapitel wollen wir die Theorien zweier unterschiedlicher Forschungsrichtungen vorstellen: die **behavioristischen*** und die **kognitiven* Lerntheorien**.

Grundsätzliche Unterschiede der beiden Theorien bestehen schon im Forschungsansatz:

Die **Behavioristen** betrachten den zu untersuchenden Organismus – ob Tier oder Mensch – grundsätzlich als „Blackbox“ und analysieren ausschließlich die beobachtbaren Reiz-Reaktions-Beziehungen. Da die wesentlichen Vertreter dieser Forschungsrichtung aus dem angelsächsischen Sprachraum stammen, hat sich der Name **„Stimulus(= Reiz)-Response(= Reaktion)-Theorie“** für diesen Ansatz eingebürgert. In den **S-R-Theorien** wird Lernen auf die beobachtbaren Verhaltensänderungen eingeschränkt; hauptsächlich arbeiten die Forscher mit Tieren (Hunden, Tauben, Katzen, Ratten ...). Klassische Vertreter dieses Ansatzes sind I. P. Pawlow (1849–1936), E. L. Thorndike (1874–1949), J. B. Watson (1878–1958) und B. F. Skinner (1904–1990).

Ihnen gegenüber stehen die so genannten **Kognitivisten**; als Vertreter seien E. C. Tolman (1886–1959), W. Köhler (1887–1967) und J. Piaget (1896–1989) genannt. Die Kognitivisten beschäftigten sich mit dem Lernen bei Primaten, besonders mit dem menschlichen Lernen. Dabei weiteten sie ihre Untersuchungen gezielt über die Beobachtung von Reiz-Reaktions-Beziehungen aus und versuchten, auch die geistigen Prozesse während der Lernvorgänge zu erfassen.

2.1 Reiz-Reaktions-Theorien des Lernens

2.1.1 *Bedingte Reflexe, klassische Konditionierung**

Bringt man seitlich vom geöffneten Auge einer Versuchsperson oder eines Säugetieres eine feine Düse an, aus der Luftstöße austreten, die auf die Hornhaut auftreffen, so erfolgt ca. 0,25 bis 0,4 Sekunden später ein **unbedingter reflektorischer** Lidschluss. Es handelt sich bei diesem Verhalten um eine angeborene (**unbedingte**) Reaktion.

Der Lidschlussreflex als **unbedingte Reaktion** (unkonditionierte Reaktion; **UCR**) erfolgte auf den **unbedingten Reiz** (Stimulus; **UCS**) „Luftstrom" (*vgl. Abb. 54*).

Auf schwache Lichtblitze oder Töne erfolgt der Lidschluss nicht. Für die Reaktion „Lidschluss" stellen sie keine adäquaten Reize dar. Diese nicht adäquaten Reize werden in der Lerntheorie als **neutrale Reize** bezeichnet.

Bietet man in einem Versuch einen solchen neutralen Reiz (z.B. Summton) immer **kurz vor** dem unbedingten Reiz (in unserem Beispiel Luftstrom), so löst dieser neutrale Reiz nach einer entsprechenden Anzahl von Darbietungswiederholungen (Dressurakten) auch allein den Lidschluss aus.
Die so entstandene Reaktion wird als **bedingte Reaktion** (konditionierte Reaktion; **CR**) bezeichnet, der sie auslösende, ursprünglich neutrale Reiz nach dem Lernakt als **bedingter Reiz** (konditionierter Stimulus; **CS**).
Für den beschriebenen Lernprozess ist eine zeitlich (und räumlich) enge Beziehung zwischen unbedingtem Reiz und dem zunächst neutralen Reiz notwendig; diese enge Beziehung wird als **Kontiguität*** bezeichnet.

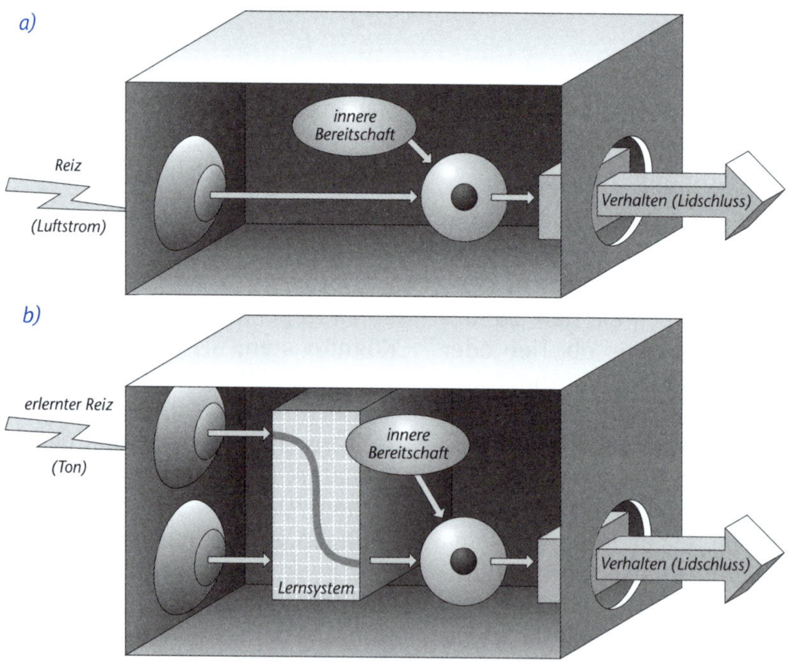

Abb. 54
Funktionsschaltbild für die klassische Konditionierung, a) UCS R UCR-Beziehung, b) CS R CR-Beziehung (Erklärungen im Text)

In einer Vielzahl von Versuchen hat sich immer wieder gezeigt, dass eine Dressur dann optimal gelingt, wenn der neutrale Reiz kurz vor dem unbedingten Reiz erfolgt.
Untersuchungen an den unterschiedlichsten Tieren und dem Menschen haben eine erstaunliche Übereinstimmung bezüglich der notwendigen Dressurakte ergeben:
Nach ca. 15 bis 30 Darbietungen der Reizkombination (UCS plus CS) ist die **Kannphase** erreicht, d.h., das konditionierte Verhalten wird stabil gezeigt.
Dies deutet darauf hin, dass es physiologische Systeme im ZNS gibt, die durch den Konditionierungsvorgang aktiviert werden. Vorstellbar wäre, dass neue, beständige signalleitende Verbindungen entstehen.

Die neu entstandene Reiz-Reaktions-Beziehung wird als **bedingter Reflex** bezeichnet, der gesamte Konditionierungsvorgang als **klassische Konditionierung**.

Lernen emotionaler Reaktionen: Besonders seit einem berüchtigten Experiment von J. B. WATSON (1930), der deswegen aus der Amerikanischen Psychologischen Gesellschaft ausgeschlossen wurde, wird die klassische Konditionierung hauptsächlich als Modell zur Erklärung des Lernens emotionaler Reaktionen angewendet:

Mit einem psychisch und körperlich gesunden, 9 Monate alten Kind wurde folgendes Experiment durchgeführt:

Immer wenn ihm eine weiße Ratte gezeigt wurde, die es gut kannte und zu der es Zutrauen hatte, ertönte gleichzeitig ein schrilles Geräusch. Das Kind erschrak fürchterlich und begann zu weinen.

Nach einer bestimmten Zeit erschrak es schon dann sehr heftig, wenn es die Ratte sah, und es versuchte, vor der Ratte wegzulaufen.

Es übertrug mit der Zeit diese Erfahrung auch auf andere weiße und pelzähnliche Objekte (Transfer); die konditionierte Furcht blieb über viele Jahre erhalten.

Aufgabe

D02 Der russische Mediziner I. P. PAWLOW arbeitete ursprünglich über Verdauungsvorgänge und erhielt hierfür 1904 den Nobelpreis für Medizin. Bei seinen Untersuchungen an Hunden stieß er auf die konditionierten Reflexe.
Für seine mittlerweile als klassisch zu bezeichnenden Versuche („Pawlowscher Hund") benutzte er als exakt messbare, angeborene Reaktion die Speichelbildung: Er verband durch einen kleinen chirurgischen Eingriff einen Speichelkanal über eine kleine Glaskanüle an der Wange der Hunde mit einem Tröpfchenzähler und konnte auf diese Weise die ausgeschiedene Speichelmenge genau bestimmen.
Normalerweise wird das Speicheln durch den angeborenen Reiz (Schlüsselreiz) „Futter" ausgelöst. Neutrale Reize, z.B. das Ertönen einer Glocke, lösen zunächst keinen Speichelfluss aus. Werden sie den Hunden wiederholt kurz vor dem Futter dargeboten, reagieren die Tiere immer verlässlicher auch auf den Glockenton allein mit der Speichelabsonderung (*vgl. Abb. 55a*).

Erklären Sie den beschriebenen Versuch und interpretieren Sie die Lernkurve des Pawlowschen Versuchshundes (*vgl. Abb. 55b*).

a)

b)

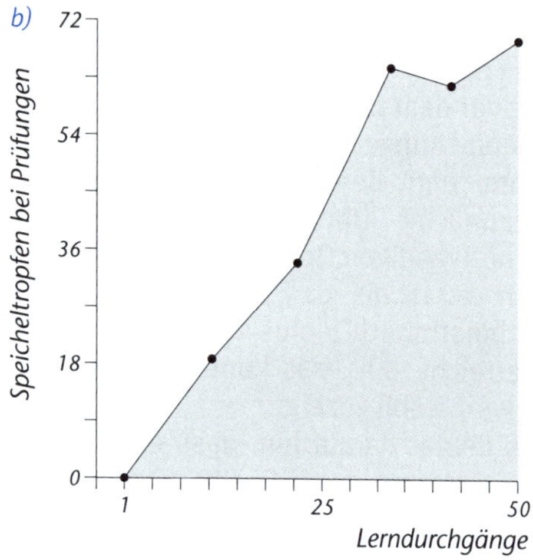

Abb. 55
a) Versuchsanordnung nach Pawlow, b) Lernkurve eines Hundes

2.1.2 *Bedingte Appetenz, bedingte Aversion*

Bedingte Appetenz: „Nachdem eine Biene auf einer blauen Blüte keinen Nektar gefunden hatte, danach aber auf einer gelben Blüte Erfolg hat, fliegt sie in der Folgezeit bevorzugt gelbe Blüten an. Mit anderen Worten: Eine auf Nektarsammeln eingestellte Biene sucht diejenige Situation in der Zukunft bevorzugt auf, die ihr zuvor die Befriedigung ihres Bedürfnisses ankündigte“ (Hassenstein *1987, S. 283*).

Bei der Biene hat eine Verknüpfung zwischen der Blütenfarbe (Reiz) und der Aufnahme von Nektar stattgefunden. Die **gute Erfahrung** (Aufnahme von Nektar) wirkt als **Belohnung**. Immer dann, wenn der Sammeltrieb bei der Biene aktiviert ist, strebt die Biene die belohnende Reizsituation an.

Lernprozesse, die auf diesem Prinzip beruhen, werden als **bedingtes Appetenzverhalten** oder **bedingte Appetenz** bezeichnet.
Hassenstein formulierte die Zusammenhänge in seinem Bildungsgesetz der bedingten Appetenz folgendermaßen:

„Nimmt ein Lebewesen vor oder während einer Antriebsbefriedigung ein- oder mehrmals eine bestimmte andere Reizsituation wahr, so kann das einen Lernprozeß mit dem Ergebnis hervorrufen, daß diese andere Reizsituation künftig zum Anlaß oder auch zum Ziel für das Appetenzverhalten des Antriebs wird, der befriedigt wurde“ (Hassenstein *1987, S. 282/283*).

In dem als klassisch bezeichneten Versuch Pawlows (*vgl. Aufgabe D02*) sieht Hassenstein ebenfalls ein bedingtes Appetenzverhalten und keinen bedingten Reflex. Als Erklärung führt er zwei Gründe an:

- Der Lernvorgang setzt beim Versuchstier einen aktivierten Antrieb voraus (Antrieb zur Nahrungsaufnahme; Hunger).
- Durch den Lernprozess wird nicht nur die Speichelabsonderung, sondern auch das gesamte Appetenzverhalten zur Nahrungsaufnahme aktiviert:
  „Befreit man den Hund aus seiner Fixierung, so läuft er zur Quelle des Reizes, ..., und bettelt sie schwanzwedelnd und bellend um Futter an“ (Hassenstein *1987, S.290*).

Bedingte Aversion: Kröten, die mit einem wehrhaften Beutetier (z.B. einer Wespe) **unangenehme Erfahrungen** gemacht haben, werden in der Folge diese Objekte meiden. Es läuft bei ihnen ein Konditionierungsprozess ab, der als **bedingte Aversion** bezeichnet wird: Die Reizsituation (z.B. Aussehen des Beutetieres) wird mit der unangenehmen Erfahrung (z.B. Stich) verknüpft. Oft reagieren Tiere zukünftig auf die entsprechende Reizsituation mit Vermeidungs- oder Fluchtverhalten.

Bei den drei oben vorgestellten Konditionierungsprozessen fand die Konditionierung jeweils **in Bezug auf die Reizsituation** hin statt:

- Ein ursprünglich neutraler Reiz löst einen Reflex aus = bedingter Reflex (klassische Konditionierung).
- Auf eine Wahrnehmung (Reizsituation) folgt eine gute Erfahrung = bedingte Appetenz.
- Auf eine Wahrnehmung (Reizsituation) folgt eine schlechte Erfahrung = bedingte Aversion.

In den beiden nächsten Abschnitten lernen wir Konditionierungen **in Bezug auf neue Verhaltenselemente** kennen:

- Auf ein Verhaltenselement folgt eine gute Erfahrung = bedingte Aktion (operante Konditionierung).
- Auf ein Verhaltenselement folgt eine schlechte Erfahrung = bedingte Hemmung.

In der Praxis ist es oft schwierig, zwischen den einzelnen Formen sauber zu trennen!

2.1.3 Bedingte Aktion, operante Konditionierung

E. L. Thorndike schloss hungrige Katzen in „Vexierkäfige“ (Trickkäfige) ein und beobachtete ihre Bemühungen zu entkommen. Normalerweise probierten die Versuchstiere zunächst planlos alle möglichen Verhaltensweisen durch. Da die Käfigtür aufging, wenn an einer bestimmten Schnur gezogen oder ein Hebel niedergedrückt wurde, hatten die Tiere zufällig irgendwann Erfolg.

Wiederholte man nun mit den erfolgreichen Tieren den Versuch, traten die Erfolg versprechenden Verhaltensweisen immer schneller und sicherer auf. Schließlich reagierten die Tiere ganz zielgerichtet, sobald sie in den Käfig gesetzt wurden. Sie hatten über **Versuch und Irrtum am Erfolg** gelernt. Ihre motorischen Aktivitäten führten sie zu einer spezifischen Reizsituation.

Thorndike schloss aus seinen Versuchen, dass Handlungen (Aktionen), die kurz vor einem angenehmen Zustand auftreten, mit großer Wahrscheinlichkeit wiederholt werden. Mit einem Problem konfrontiert, zeigen Organismen also so lange verschiedene Aktionen, bis eine von ihnen belohnend (verstärkend) wirkt. Diese wird nun häufiger gezeigt.

Bei dieser Form der Konditionierung spricht man von **operanter Konditionierung** oder **bedingter Aktion** (*vgl. Abb. 56*).

	auslösende Reizsituation	neues Verhaltenselement
Erfahrung positiv	bedingte Appetenz	bedingte Aktion
Erfahrung negativ	bedingte Aversion	bedingte Hemmung

Tabelle 5
Lernen aufgrund von positiven oder negativen Erfahrungen

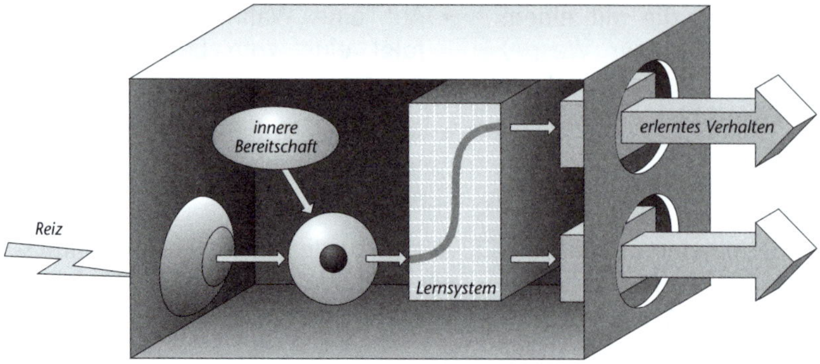

Abb. 56
Funktionsschaltbild zur bedingten Aktion (Erklärungen im Text)

Aufgabe

D03 Worin besteht der wesentliche Unterschied zwischen dem Erlernen einer bedingten Aktion und der klassischen Konditionierung?

Grundsätzlich setzt das Auftreten motorischer Aktivitäten bestimmte Handlungsbereitschaften voraus. In den klassischen Versuchen wird oft als Belohnung Futter eingesetzt. Eine motorische Aktivität hängt dann verständlicherweise auch vom Sättigungszustand des Versuchstieres ab. Auch das Fehlen sozialer und sexueller Kontakte wird von Tieren als Mangel empfunden. Verhaltensweisen, die Mangelzustände beseitigen, wirken positiv verstärkend und werden als bedingte Aktionen gelernt.

Skinnerbox: Der amerikanische Psychologe B.F. Skinner konstruierte spezielle „Lernapparaturen", um operante Konditionierungen genauer zu analysieren (*vgl. Abb. 57*). Die nach ihm benannten Skinnerboxen sind so gebaut, dass die Versuchstiere in ihnen einen Hebel niederdrücken, einen Stab auslenken oder gegen eine Scheibe picken müssen, um mit einem Futterkügelchen belohnt zu werden.

Neben einer Lampe zur Beleuchtung stehen u.a. verschiedenfarbige Lämpchen zur Verfügung, die in den Lernprozess einbezogen werden können. Die Tiere können so mit unterschiedlich schwierigen Aufgabenstellungen konfrontiert werden, z.B.:
Eine Futterbelohnung mittels Hebeldruck erfolgt nur, wenn das Tier den Hebel gleichzeitig mit dem Aufleuchten einer roten und grünen Lampe niederdrückt.
Aufgabenstellung und Registratur erfolgen bei der Skinnerbox meist automatisch über eine Digitalsteuerung und einen angeschlossenen Schreiber.

Verstärkungspläne: Besonderes Interesse galt unterschiedlichen Verstärkungsplänen. So wurde untersucht, welchen Einfluss auf den Lernerfolg die Verstärkungsmethode hat. Dabei wurde festgestellt, dass der Lernerfolg bei einer unregelmäßig erfolgenden Verstärkung größer ist als bei Immerverstärkung (Futterkugel nach jeder richtigen Lösung).

Allerdings hängt das optimale operante Konditionieren immer auch davon ab, dass die Verstärkung direkt der gewünschten Handlung folgt. Verzögerte Belohnungen sind deutlich weniger wirksam und können gege-

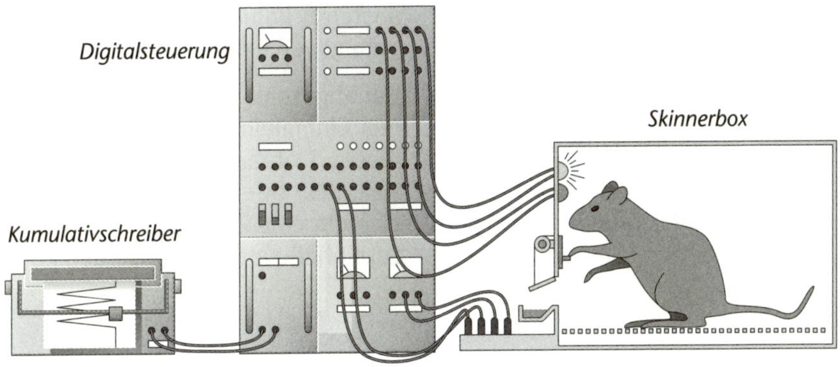

Abb. 57
Ratte in einer Skinnerbox; die Reizvorgaben (Lichtwechsel) sind digital gesteuert, die Hebeldruckraten werden automatisch registriert

benenfalls sogar zur Verstärkung von Verhaltensweisen führen, die zwischen Lösung und Belohnung lagen und gar nicht verstärkt werden sollten (stellt auch ein Problem im Rahmen des Schüler-Lehrer-Verhaltens dar!). Die von SKINNER und seinen Nachfolgern hauptsächlich an Tieren gewonnenen Gesetzmäßigkeiten gelten weitgehend auch für den Menschen. Die Form des **programmierten Lernens** geht direkt auf die Methode SKINNERS zurück (Lernprogramme).

Musterwahlversuche: Auch Musterwahlversuche (Diskriminationslernen) lassen sich sehr gut mit der Skinnerbox durchführen (*vgl. Abb. 58*). In der Regel handelt es sich um das Erlernen bestimmter Musterpaare, die aus einem so genannten positiven und negativen Muster bestehen (in unserem Beispiel symmetrische gegenüber unsymmetrischen Formen). Nur die Wahl von positiven Mustern führt zur Belohnung (meist Futterkügelchen).

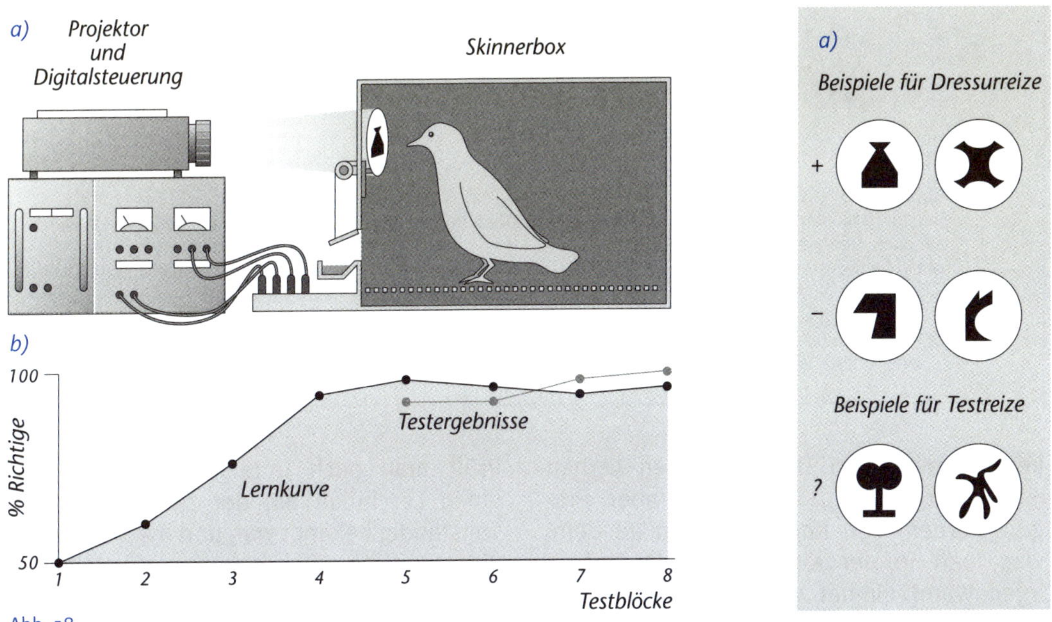

Abb. 58
Musterwahlversuch mit Tauben: a) die Muster werden auf eine Pickscheibe projiziert, Verstärkung erfolgt nur auf die symmetrischen Reizmuster ⊕, b) in der Testphase picken die Tauben bei neuen Reizen fast fehlerfrei die symmetrischen Muster an

Lernkurven: Trägt man den Lernerfolg in Prozent der richtigen Reaktionen grafisch gegenüber der Lernzeit, der Lernakte oder der Zahl der Wiederholungen auf, erhält man charakteristische Kurvenverläufe (*vgl. Abb. 58*).

Nach einer Phase des „Vertrautwerdens“ mit der Lernaufgabe, in der die Kurve nur leicht ansteigt, kommt ein relativ steiler Anstieg, gefolgt von einer Plateauphase.

Bei abgeschlossenen Lerninhalten (z.B. kleines Einmaleins beim Menschen) entspricht dieses Plateau einem 100-prozentigen Können; bei offenen Lerninhalten handelt es sich um eine Zwischenstufe, auf der weitere Lerninhalte aufgebaut werden können.

Aufgabe

D04 Vergleichen Sie die nachfolgenden Kurven (Abb. 59) und interpretieren Sie die Ergebnisse bezüglich des Lernerfolges.

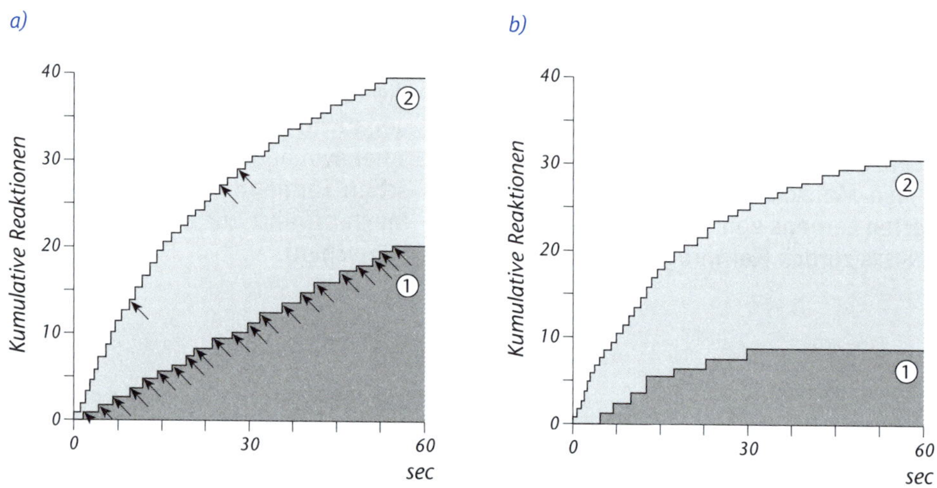

Abb. 59
Verstärkungspläne; aufgetragen ist die kumulierte Reaktionshäufigkeit (die vorausgehende Reaktion wurde zur nachfolgenden jeweils addiert),
a) bei Immerverstärkung (continuous reinforcement) ① nach jedem Auftreten, ② bei Variabler-Intervall-Verstärkung, im Mittel wird alle 20 Sek. zufällig verstärkt; Pfeile → zeigen an, wann eine Verstärkung (Belohnung) erfolgte,
b) entsprechender Kurvenverlauf für ① und ② unter Extinktionsbedingungen*; Reaktionsverlauf, ohne dass eine weitere Verstärkung erfolgt

Vergessenskurven: Dem normalen Lernen ist der Vergessensprozess eigen (aber: Prägungslernen, *vgl. Kap. D.3*). Von all dem, was man in der Kinder- und Jugendzeit irgendwann einmal gelernt hat, hat man als erwachsener Mensch oft nur noch erschreckend geringe Kenntnisse, man hat es vergessen.

Prüft man nach unterschiedlichen Zeiten einen Lerninhalt ab, der zum Zeitpunkt 0 vollständig bekannt war, und trägt die Ergebnisse grafisch auf, erhält man ebenfalls charakteristische Kurvenverläufe (*vgl. Abb. 60*). Nach einem sehr raschen Abfall direkt nach der Kannphase kommt es zur Abflachung der Kurve.

Auch diesmal entsteht ein Plateau; es drückt diejenigen Teile des Lerninhaltes aus, die auch nach längerer Zeit noch zum Wissen gehören.

Beim schulischen Lernen müsste es erklärtes Ziel sein, durch mehrfaches Wiederholen (Üben) die „Wissensbasis" langsam und gezielt zu erhöhen. Der Kurvenabfall wird mit jeder Wiederholung insgesamt flacher, zu jedem beliebigen Zeitpunkt ist deutlich mehr „Wissen" abrufbar. Also: **Ran ans Wiederholen!**

Wichtig ist auch die zeitliche Verteilung der einzelnen Lernakte. So sind sowohl biorhythmische Aktivitätsschwankungen von Bedeutung als auch Pausen zwischen den einzelnen Lernakten unbedingt notwendig.

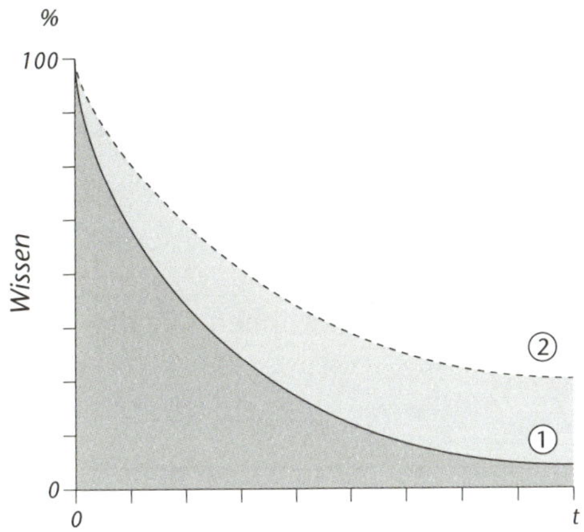

Abb. 60
Vergessenskurven; a nach erstmaligem Lernen, b nach wiederholtem Lernen

Abb. 61
Hund beim „Abliegen"

2.1.4 *Bedingte Hemmung*

Hassenstein beschreibt das „Abliegen" bei der Hundedressur als Paradebeispiel für die Lernart der bedingten Hemmung:

Originaltext

Der Hund lernt zunächst, sich auf das Kommando „Platz" sofort hinzulegen. Er soll dann an der angewiesenen Stelle unter allen Umständen (bis zu einer Viertelstunde lang) liegen bleiben, gleich, welche Sinnesreize ihn zum Aufstehen oder Weglaufen veranlassen könnten – sein aus der Sichtweite verschwindender Herr, ein vorbeilaufendes Kaninchen oder eine läufige Hündin. Er darf seinen Platz nur verlassen, wenn er von seinem Herrn den Befehl zum Aufstehen erhält. Die Dressur, um diese Verhaltensdisposition entstehen zu lassen, besteht darin, dass der Hund bei jedem Aufstehen das scharfe Kommando „Platz" zu hören bekommt, gleich aus welchem Grund er sich erhebt, ausgenommen, wenn er auf Befehl aufsteht. Durch die Erfahrung, daß er bei jedem eigenmächtigen Aufstehen zurechtgewiesen wird, verknüpft sich das Verhalten des Aufstehens mit einer inneren Hemmung. Dies hemmt in der Folge bereits den inneren Impuls des Verhaltens; das Verhalten beginnt gar nicht erst.
(Hassenstein *1987, S. 300*)

Grundsätzlich hat im obigen Beispiel eine Verknüpfung zwischen einer Verhaltensweise (einer Bewegungsabfolge) und einer **unangenehmen Erfahrung** (auch als **negative Verstärkung** bezeichnet) stattgefunden. Es ist eine **bedingte Hemmung** entstanden.

Bestrafung: Bestrafung darf nicht automatisch mit negativer Verstärkung gleichgesetzt werden:

Die Bestrafung zeigt oft nicht, was getan werden soll, sondern nur, was zu lassen ist. Meist löst die Bestrafung zusätzlich emotionale Reaktionen aus, die das Lernen stark beeinflussen.

Im Extremfall kann eine vom Versuchsleiter falsch eingeschätzte Bestrafung zur positiven Verstärkung umschlagen; das Versuchstier würde dann das unerwünschte Verhalten sogar häufiger zeigen.

Aufgabe

D05 Warum soll man einen Hund, dem man das Wildern abgewöhnen möchte, nicht nach der Rückkehr bestrafen?

Was müsste man stattdessen tun?

2.2 Kognitive Lerntheorien

2.2.1 *Nachahmung, Traditionsbildung*

Das Nachahmungslernen, auch als **Imitationslernen** oder **Lernen am Modell** bezeichnet, spielt u.a. beim Erwerb sozialer Verhaltensweisen (z.B. Aggression, Rangordnung; *vgl. Kap. E*) eine wichtige Rolle.

Papageien und Wellensittiche können ausgezeichnet bestimmte Laute der menschlichen Sprache nachahmen. Die so genannten „Spötter-Vogelarten" sind in der Lage, fremdartige Gesangselemente zu imitieren (z.B. Papageien und Raben).

Nachahmungslernen (Beobachtungslernen) hat für die Individuen große Vorteile: Einerseits kann von positiven Erfahrungen profitiert werden, andererseits können eigene risikoreiche Erfahrungen vermieden werden.

Das Nachahmungslernen beruht im Wesentlichen auf dem Erwerb motorischer Fähigkeiten und wird beim menschlichen Lernen oft im Sport- und Tanzunterricht eingesetzt:

Dabei gelingt das Lernen besser, wenn nicht nur „statische" Informationen vorgegeben werden – der Sportlehrer erklärt eine Übung verbal und/oder mithilfe von Abbildungen –, sondern die Bewegungsabläufe direkt vom Vorbild vollzogen und vom Lernenden nachgeahmt werden können – der Sportlehrer macht die Übung vor.

Da diese Lernform hauptsächlich für sozial lebende Tiere beschrieben ist (Vögel und Säugetiere), kommt es durch Übernahme und Übertragung von erlernten Verhaltensmustern von einer Generation auf die nächste häufig zur Ausbildung von **Verhaltenstraditionen***.

Traditionsbildung: Unter englischen **Meisen** konnte bereits 1940 ein seltsames Verhalten beobachtet werden:

Die Tiere pickten ein Loch in den Verschluss von Milchflaschen, um an den begehrten

Inhalt zu gelangen. Durch Nachahmungslernen breitete sich dieses Verhalten über ganz England aus; die Tradition brach erst ab, als man festere Verschlüsse einführte.

Dabei stellt die **Situationsgebundenheit** ein wesentliches Kennzeichen des Nachahmungslernens dar; Informationen können ausschließlich in der konkreten Situation weitergegeben werden. Der Lernvorgang ist abhängig vom Zuschauen, Abgucken und Nachahmen. Beim Menschen kann die Nachahmung auch auf der verbalen Weitergabe von Informationen beruhen, dadurch wird der Lernvorgang von der Situation und dem Objekt unabhängig.

Seit 1948 wurden von japanischen Forschern die **Rotgesichtsmakaken** sehr intensiv untersucht. Die Tiere leben normalerweise in kleinen Gruppen mit ausgeprägter Rangordnung (*vgl. Kap. E*). Um die Tiere am Beobachtungsort zu halten, fütterte man sie mit Süßkartoffeln (Bataten).
1953 wurde beobachtet, wie das $1^1/_2$-jährige Weibchen IMO eine Süßkartoffel in einem Bach wusch und danach verzehrte. Die anhaftende Erde wurde dabei von ihr sorgfältig abgespült. Der Vorgang wurde von IMO wiederholt und später sogar ausgeweitet, indem IMO selbst saubere Bataten bevorzugt im salzigen Meerwasser wusch und jeden Bissen mit Meerwasser „würzte".

Es dauerte aber fast 4 Monate, bis das Verhalten von IMOS Mutter und einem Spielgefährten übernommen wurde. Danach erfolgte eine allmähliche Weiterverbreitung; 1957 wuschen bereits 15 Affen und 1962 wuschen 42 von den 59 Tieren der Beobachtungsgruppe ihre Süßkartoffeln vor dem Verzehr.

Nur die ranghöheren, erwachsenen Männchen mit Wächterfunktionen am Rande der Gruppe übernahmen das Verhalten nicht. Allerdings taten es die folgenden Generationen. Im Laufe der Jahre hatte sich das Waschen der Süßkartoffeln vor dem Fressen über die gesamte Affengruppe verbreitet, es war eine **„Kartoffelwaschkultur"** entstanden. Die Kinder lernen mittlerweile das Verhalten als selbstverständlichen Bestandteil des Verzehrens.
Ähnliche Traditionsbildungen konnten auch in Makakengruppen, die in den kalten Gebieten der nördlichen japanischen Inselgruppe lebten, beobachtet werden:

Einzelne Tiere erfanden das Baden in den warmen Quellen, um sich auf diese Weise zu wärmen. Auch hier fand die Nachahmung hauptsächlich durch rangniedere Tiere statt, während die ranghohen Tiere frierend am Rand der Tümpel zuschauten.

Traditionsbildung – Kulturbildung. Betrachtet man die oben beschriebenen Verhaltensweisen, könnte man zu der Einschätzung kommen, dass sich bei den Kartoffel waschenden Makaken eine Kultur herausgebildet hätte. Nicht-Biologen wären da allerdings skeptisch, denn im lexikalischen Sinne wird der Kulturbegriff ausschließlich auf den Menschen beschränkt, man findet deshalb häufig folgende Definition: **Kultur** ist einerseits der Inbegriff aller menschlichen Bemühungen um die Bewältigung der Natur und um die Regelung der zwischenmenschlichen Beziehungen, andererseits bildet sie die leibliche und geistig-seelische Entfaltung des Menschen in Sprache, Kunst, Wissenschaft, Philosophie und Religion selbst ab. Die Fähigkeit zu kulturellem Verhalten gleicht dabei seine Instinktarmut aus und lässt den Menschen Leistungen vollbringen, die ihn vom Tier grundsätzlich unterscheiden. Nach dieser Vorstellung sind Tiere per Definition kulturunfähig.
Der amerikanische Biologe JOHN BONNER hat 1980 deshalb eine andere Kulturdefinition vorgeschlagen: Er versteht unter **Kultur** ganz allgemein die Weitergabe von Information durch Verhalten, insbesondere durch den Vorgang von Lernen und Lehren.
Nach dieser Definition wäre das oben beschriebene Makakenverhalten also eine erste Form von Kultur: Die neuen Verhaltensweisen wurden von den Affen gelernt. Bei Untersuchungen an Schimpansen konnte beobachtet werden, wie Mütter ihre Kinder in bestimmten Techniken regelrecht unterrichtet haben (vgl. auch Werkzeuggebrauch).

Legt man wie Bonner den Schwerpunkt der Betrachtung nicht auf den Inhalt sondern auf die Mechanismen der Informationsweitergabe, findet man gleichzeitig einen Erklärungsansatz für die evolutionäre Entwicklung von Kultur.
Informationen lassen sich mittels genetischer Vererbung oder durch Lernen weitergeben. Setzt man die Lernfähigkeit von Lebewesen selbst voraus, ist kulturelles Lernen von zwei Kriterien abhängig: es muss Individuen geben, die etwas Neues erfinden, innovativ sind, und die Individuen einer Art müssen in Sozialverbänden leben, denn wer allein lebt, hat kaum die Möglichkeit von anderen etwas zu lernen. Beides trifft in hohem Maße für Menschen zu, aber auch für andere Primaten. Die Mechanismen der Informationsübertragung sind bei Affen und Menschen ähnlich, homolog.

2.2.2 *Kognitives Lernen*

Während die bisher beschriebenen Lernvorgänge sehr situationsgebunden waren, gibt es Lernprozesse, die dadurch gekennzeichnet sind, dass das Gelernte von der Lernsituation abgelöst sein kann, die Lösung einer Aufgabe also „in der Vorstellung“ geschieht. Dies setzt u.a. geistige Fähigkeiten voraus, die an physiologisch-anatomische Strukturen gebunden sind (Gehirn, Gedächtnis). Es wird eine **„Einsicht“** in das Problem erwartet.

Einer der wichtigsten Vertreter der kognitiven Lerntheorien war E.C. Tolman (1886–-1959), der davon ausging, dass seine Versuchstiere keine reinen „Reiz-Reaktions-Maschinen“ seien, sondern dass in ihren Gehirnen **kognitive Zwischenprozesse** stattfinden. Lernprozesse und Lernleistungen werden von Erwartungen, Wertungen und Konflikten beeinflusst. Zwischen Reiz und Reaktion finden Denkprozesse statt.

Tolman behauptete, dass Organismen nicht einfach mechanisch Reaktionen erlernen, sondern Hypothesen entwickeln, die die Verhältnisse zwischen Reiz und Reaktion beleuchten. Es entstehen Erwartungen zum Resultat, die durch entsprechende Ereignisse der Umwelt bekräftigt oder entkräftet werden.

Verhalten ist demnach zweckgebunden; die Versuchstiere kennen nach Tolman das **Verhältnis von Mittel und Zweck** und setzen ihr Verhalten als Mittel ein, um ein bestimmtes Ziel (Zweck) zu erreichen.

Aufgabe

D06 Gegeben ist ein Feld mit 3 x 3 Punkten. Verbinden Sie die neun Punkte in einem Zuge so, dass alle Punkte auf nur vier Geraden liegen.

Dabei werden die wahrgenommenen Reize nicht über einfache Schalter mit einer Reaktion gekoppelt, sondern in einer entsprechenden zentralnervösen Struktur (Gehirn) zu einer vorläufigen **kognitiven Landkarte** ausgearbeitet.

Besonders bei Primaten ist ein solches Verhalten, das zur Lösung ein gedankliches Erfassen des Problems und eine Vorplanung des Lösungsweges voraussetzt, als **einsichtiges Verhalten** vielfach beschrieben worden. Wurde dabei die Problemlösung korrekt „vorausvollzogen“, gelingt die Lösung bereits bei der ersten Durchführung der Handlung.

Ein Beispiel für diese Art der Problemlösung ist die Aufgabe D06.

Schimpansen-Versuche von W. Köhler: Schon 1920 machte W. Köhler in der Schimpansenstation Teneriffa folgende Beobachtung:

Eine Banane wurde von ihm so hoch an der Decke eines Schimpansenkäfigs aufgehängt, dass das Versuchstier sie nicht erreichen konnte. Der Schimpanse saß da und betrachtete die Situation. Im Käfig lagen u.a. auch mehrere Holzkisten herum. Plötzlich sprang das Tier auf und schob drei Kisten an die Stelle, über der die Banane hing. Vorsichtig stapelte es die Kisten übereinander und kletterte hoch, um sich die Banane zu holen.

Köhler konnte weiter beobachten, dass Schimpansen auch Stöcke ineinander steckten oder unterschiedliche Methoden kombinierten, um an die begehrte Nahrung zu gelangen. Dieses Verhalten, das zielgerichtet und neu kombiniert auftrat, nannte er **einsichtiges Handeln**.

Einsichtiges Handeln (Verhalten) lässt sich nicht nur an Versuchstieren beobachten, sondern kommt auch unter natürlichen Bedingungen vor:

So verwenden Schimpansen z.B. Halme oder kleine Stöcke, die sie in Termitenbauten einführen, um anschließend die daran festgebissenen Termiten abzulecken. Dabei werden die entsprechenden Gegenstände oft erst speziell hergerichtet oder gezielt gesucht, mitunter sogar aufbewahrt und wiederverwendet.

Den Werkzeuggebrauch findet man nicht nur bei Affen, sondern bei den unterschiedlichsten Tierarten. Besonders verblüffende Beispiele sind bei einigen Vogelarten bekannt geworden:

- In Australien wurden Schwarzmilane beobachtet, die glimmende Holzstückchen von Feuerstellen stibitzten und diese dann nach kurzem Flug auf trockene Grasflächen fallen ließen. Durch den Brand aufgescheuchte Hasen werden dann problemlos erbeutet.
- In Schweden bedienen sich Kolkraben an den Angelschnüren, die von Eisanglern ausgelegt werden; sie nehmen die Schnur in den Schnabel und laufen so weit zurück, bis der Köderfisch oder der gefangene Fisch aus dem Eisloch rutscht; so kommen sie leicht an ihre Beute.
- Von Grün- und Mangrovenreihern in Afrika wird beschrieben, dass sie Insekten und Würmer ins Wasser werfen und sich dann die Fische fangen, die nach den Ködern schnappen. Der Erfolg verstärkt ihr Verhalten positiv; wurden doch Vögel beobachtet, die in einer halben Stunde auf diese Weise 20 Fische erbeuteten. Ein Jungreiher benötigt zum Vergleich für das Ergreifen eines einzigen Fisches bis zu 60 Stunden.

Bei den obigen Beispielen ist es schwierig, mit Sicherheit von einsichtigem Handeln zu sprechen. Oft mag das Nachahmen und die Traditionsbildung im Vordergrund gestanden haben (*vgl. Kap. D.2.2.1*); bei dem abschließenden Beispiel sind die Bedingungen für einsichtiges Handeln allerdings eindeutig.

Versuche von Döhl und Rensch: Döhl und Rensch arbeiteten mit der Schimpansin Julia und stellten ihr derart komplexe Aufgaben, dass jegliche konkrete Vorerfahrung ausgeschlossen werden konnte. Folgendes Aufgabenprinzip kam zur Anwendung:

Originaltext

Eine Kiste enthielt etwas Futter, und zwar in unregelmäßigem Wechsel irgendeine der 10 Kisten. Nehmen wir nun an, die Futterkiste war durch eine Schraube verschlossen. Das Instrument, um diese Kiste zu öffnen – nämlich der Schraubenzieher –, lag in einer anderen, zum Beispiel der mit Draht verplombten Kiste; die Drahtschere wiederum in einer Kiste mit Vorhängeschloss, deren Schlüssel sich in der vierten verschlossenen Kiste befand. Das Werkzeug, um diese Kiste zu öffnen, war in eine fünfte Kiste eingeschlossen, und das Werkzeug für die fünfte Kiste lag in einem Abteil der Wahlkiste. Im anderen Abteil lag ein Öffner, mit dem sich ebenfalls eine Kiste entriegeln ließ, in der wieder ein Werkzeug lag, und so konnte Julia auch hier fünf Kisten nacheinander öffnen – aber die letzte war leer. ...
Julia durfte in jedem Versuch ein Abteil der Wahlkiste aufmachen, das andere wurde dadurch aber versperrt. So war sie gezwungen, die Situation erst gründlich zu studieren, ehe sie sich entschied. Bei 260 Versuchen wählte sie 202mal richtig. ...
Für die Planungsphase brauchte sie im Durchschnitt eine halbe Minute. Dabei wirkte sie völlig konzentriert und musterte abwechselnd die Kisten am Boden und die Öffner in der Wahlkiste, so dass ich den Eindruck gewann, dass sie ihren Weg von der Zielkiste mit Futter rückwärts bis zum Start, der Wahlkiste, verfolgte.
(J. Döhl *1971, S. 82*)

Die beschriebene Aufgabenlösung setzt das Erfassen kausaler und logischer Zusammenhänge voraus. Inwieweit diese Fähigkeiten noch von den kognitiven Leistungen des Menschen unterschieden werden können, sei dahingestellt. Als kritischer Biologe stößt man oft an die Grenze, bei der der Übergang zwischen Tier- und Menschsein nur mehr fließend (quantitativ) und nicht mehr deutlich (qualitativ) ist.
Oder wie Darwin schon sinngemäß formulierte: Die Unterschiede zu anderen Arten, besonders den Menschenaffen, sind nur Unterschiede im Grad und nicht in der Art.

2.2.3 Unbenanntes Denken

Abstraktion* und **Generalisation***: Bei den beschriebenen Musterwahlversuchen mit Tauben haben wir eine besondere Fähigkeit von Versuchstieren kennen gelernt (*vgl. D.2.1.3*):

Im Musterwahlversuch werden die Versuchstiere zunächst alle möglichen Elemente der Muster zur Kenntnis nehmen, sich aber nach und nach (während der Lernakte, der Dressur) auf immer weniger Merkmale beschränken müssen, die als „gleich“ oder „ungleich“ zu interpretieren sind und in den neuen Situationen auftreten oder fehlen.

Die wiederholt auftretenden Elemente nennt man **Invarianten***. Die während der Dressur stattfindende Beschränkung auf diese wenigen Merkmale, die Invarianten, nennt man **Abstraktion**. Bei der Abstraktion werden also die „unnötigen“ Merkmalselemente weggelassen, weggezogen.
Als Folge von Abstraktionsvorgängen können Tiere das Gelernte auch auf neue Situationen übertragen: Sie **generalisieren**.

Erfassen von Anzahlen: O. Koehler (1889 bis 1974) führte Musterwahlversuche mit Tauben und anderen Vögeln durch, um festzustellen, ob die Versuchstiere in der Lage sind, bestimmte Anzahlen zu erfassen.
Die unterscheidbaren Anzahlen lagen immer zwischen 5 und 7 Elementen. Der Mensch kann im Durchschnitt 6 Elemente erfassen,

ohne zu zählen. Tiere sind in der Lage, von unterschiedlichen Mustern gleicher Anzahl auf die Anzahl selbst zu abstrahieren.

Tiere bilden hierfür nach Koehler einen **unbenannten Anzahlbegriff**, der auch in anderen Situationen angewandt werden kann, also generalisierbar ist.

Auch das **unbenannte Zählen** konnte von Koehler nachgewiesen werden:

Er konditionierte z.B. Versuchstiere darauf, eine bestimmte Folge von Tönen „abzuzählen" und eine entsprechende Anzahl von Futterkörnern zu fressen. Auch hier ergaben sich wieder Werte zwischen 5 und 7 Elementen.

Koehler führte für diese Leistungen den Begriff **unbenanntes Denken** ein, da Tiere in all diesen Untersuchungen Fähigkeiten zeigen, mit Begriffen und Vorstellungen zu operieren, für die sie allerdings keine Namen haben, da ihnen eine Wortsprache fehlt.

Sprache: Besonders die Primatenforschung legte in den letzten 30 Jahren Ergebnisse vor, die verdeutlichen, dass auch die Sprachfähigkeit keine Domäne der Menschen allein ist:

- Die Schimpansin Sarah konnte mithilfe von ca. 120 unterschiedlichen Plastikblättchen einfache Sätze bilden. Ein Chip bedeutete dabei „Sarah". Auch einfache Fragen konnte sie beantworten.

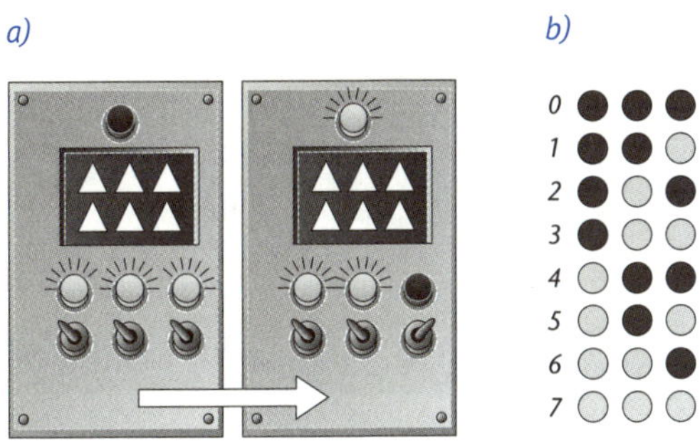

Abb. 62
a) Zählender Schimpanse; der Schimpanse sieht 6 Dreiecke und „schreibt" die binäre Zahl 6, indem er die rechte der 3 Lampen löscht (schwarz). Das Aufleuchten der Lampe (weiß) zeigt ihm die „richtige Wahl" an.
b) Zahlen von 1 bis 7 in binärer Darstellung

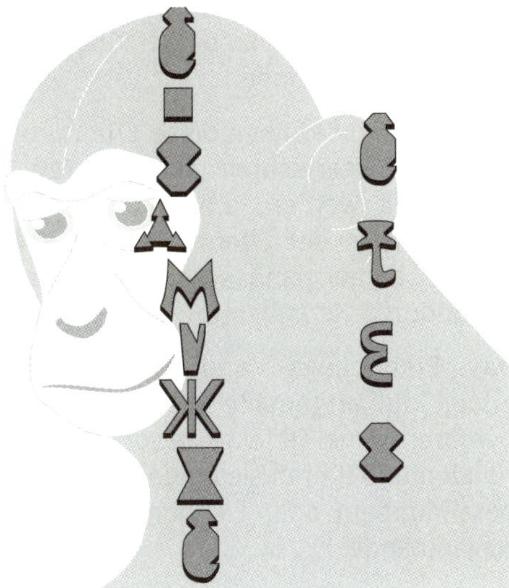

Abb. 63
Zwei Sätze, die Sarah legte: Sarah Banane nimmt wenn/dann Mary nicht Schokolade gibt Sarah (links); Sarah Jam Brot nimmt (rechts)

- Der weibliche Gorilla Koko beherrschte rund 300 Zeichen der amerikanischen Taubstummensprache.
- Der Schimpanse Nim beherrschte ca. 125 Handzeichen und blieb in den ersten Monaten nach Aussagen amerikanischer Wissenschaftler gleichauf mit der intellektuellen Entwicklung von Kleinkindern.
- Der Zwergschimpanse Kanzi erlernte eine Kunstsprache („Yerkish") und konnte damit Gegenstände beim richtigen Namen benennen, mit einfachen Symbolkombinationen seine Wünsche ausdrücken und mit seinen Betreuern im wahrsten Sinn des Wortes kommunizieren.

Die begonnene Aufzählung könnte man noch weiter fortsetzen. Deutlich wird jedoch auch schon durch die wenigen Beispiele, dass Primaten Begriffe abstrakt verwenden können und wohl zweifellos ein Bewusstsein besitzen.

3. Neugierverhalten und Spiel

Die bisher dargestellten höheren Lernvorgänge lassen sich hauptsächlich für Säugetiere und Vögel nachweisen. Offensichtlich besteht ein enger Zusammenhang zwischen dieser Art der Lernfähigkeit, einem komplexen Sinnes- und Nervensystem sowie einem ausgeprägten **Neugier- und Spielverhalten** während der Jugendentwicklung.

Durch Erkunden, Neugierde und Spielen sammeln lernfähige Lebewesen Erfahrungen, die sie im späteren Erwachsenenleben zur gezielten Auseinandersetzung mit ihrer Umwelt nutzen können.

Besonders gut können diese Erfahrungen in einem so genannten **entspannten Feld** gesammelt werden, d.h. unter der Obhut und Fürsorge der Eltern oder der sozialen Gruppe, immer dann, wenn keine besonderen Bedürfnisse anderer Art vorliegen.

Das Erkundungs- und Neugierverhalten erfolgt auf artgemäße Weise: Junge Affen berühren neue Objekte bevorzugt mit den Händen und führen sie an den Mund, Hunde beschnuppern oder Eichhörnchen benagen Gegenstände.

Das Neugierverhalten ermöglicht es den Tieren, ihre Umwelt genauer kennen zu lernen und damit letztlich auch ihre späteren Überlebenschancen zu vergrößern.

Neugierverhalten und Spielverhalten können nahezu fließend ineinander übergehen; oft enthält das Spiel Elemente des Erkundens und der Neugier.

Spielformen finden sich nahezu für alle Verhaltensbereiche als individuelle oder soziale Spiele: Bewegungsspiele, Kampfspiele, Fluchtspiele, Beute- und Nahrungserwerbsspiele, Fortpflanzungs- und Brutpflegespiele. Übergänge und Mischformen sind bei den

Abb. 64
Spielende junge Braunbären

Tieren ebenso vielgestaltig wie beim kindlichen Spiel.

Indem das Spiel kreativen und experimentellen Charakter hat, werden in ihm die Muskeln trainiert, die Sinne geschärft, Sozialverhalten eingeübt, Kraft und Reaktionsgeschwindigkeit gesteigert und erste Lernschritte vorbereitet.

Verhindert man bei Jungtieren das Spielen, kommt es zu starken Verhaltensabnormitäten besonders im Bereich des Sozialverhaltens.

4. Prägungen

Eines der größten Probleme beim Lernen stellt das Vergessen dar – wer könnte davon nicht ein Lied singen?!

Es handelt sich dabei um eine Grundeigenschaft des Lernens selbst, die für eine ganz spezielle Lernform allerdings nur bedingt zuzutreffen scheint, für die **Prägungserscheinungen**.

> ! Lorenz (1935) führte den Ausdruck **Prägung** für Lernvorgänge ein, die im Allgemeinen durch einen ausgesprochen raschen und früh auftretenden Lernprozess mit hoher Stabilität charakterisiert sind.

In der klassischen Ethologie wurde der Begriff nur auf zwei Bereiche angewandt: die **Nachlaufprägung** im Rahmen der Kind-Eltern-Bindung und die **sexuelle Prägung** im Rahmen der Partnerfindung.

Beide Vorgänge sind so genannte **Objektprägungen**, da der motorische Ablauf der Verhaltensweisen angeboren scheint, die Kenntnis der Objekte, auf die die Verhaltensweisen ausgerichtet sind, jedoch erst erworben werden muss. Es handelt sich also um **objektlos-angeborenes** Verhalten.

4.1 Die Objektprägung

Nachfolgeprägung: Die Jungtiere von Enten, Gänsen und Hühnervögeln sind direkt nach dem Schlupf mit relativ vollständig entwickelten Sinnesorganen ausgestattet und in der Lage, den Eltern – der Mutter – schon nach kurzer Zeit aktiv zu folgen; sie werden deshalb als **Nestflüchter** bezeichnet. Im Gegensatz zu den **Nesthockern** – die, nach dem Schlupf zunächst nackt und blind, lange Zeit im Nest bleiben – ist es für sie wichtig, ihre Eltern möglichst rasch und genau erkennen zu können.

Sicher hat Jede(r) schon einmal die „herrliche Ordnung" einer Enten- oder Gänsefamilie bewundert, wenn die Küken in langer Reihe der Mutter hinterherschwammen.

Abb. 65
Nestflüchter: Gänseküken

K. LORENZ beschrieb den Vorgang erstmals an der Graugans MARTINA:

> **Originaltext** Er hatte beobachtet, wie der kleine Vogel aus dem (künstlich bebrüteten) Ei schlüpfte. Als er danach zufällig eine Bewegung machte, schaute ihn das Graugans-Gössel an ... Als Lorenz später das Gössel zur weiteren Betreuung einer Hausgans übergeben wollte und es in deren Bauchgefieder gesteckt hatte, arbeitete sich das Junge dort sofort wieder heraus und folgte dem Menschen, wenn dieser sich entfernte, mit flehentlich klingenden Verlassenheitslauten. Das Tierchen wurde erst wieder ruhiger, als Lorenz es zu sich nahm und aufzog. ... das Gössel (hatte) unwiderruflich eine Bindung zu seinem menschlichen Pfleger geknüpft.
> (HASSENSTEIN 1987, S. 314/315)

Die nestflüchtenden Jungtiere wissen angeborenermaßen nicht, wie die erwachsenen Artgenossen aussehen. Sie folgen deshalb jedem beliebigen Objekt, dem sie in einer bestimmten Phase begegnen, das sich bewegt und Laute von sich gibt, prägen sich dessen spezifische Merkmale rasch und intensiv ein und richten ihre Nachfolgereaktion ausschließlich auf dieses Objekt aus.

E.H.HESS entwickelte eine spezielle Prägungsapparatur, um diese Prozesse genauer zu untersuchen:

In einer meist kreisförmigen Arena bewegt sich das Prägungsobjekt, die Attrappe eines Muttertieres oder ein beliebiges anderes Objekt, das zusätzlich über einen eingebauten Lautsprecher rhythmische Laute von sich gibt. Die frisch geschlüpften Küken folgen diesem Objekt nach (*vgl. Abb. 66a*).

Untersuchungen zur Abhängigkeit des Prägungsvorganges vom Alter der Küken machten deutlich, dass die Prägung auf eine relativ enge zeitliche Spanne, die so genannte **sensible Periode** oder **sensible Phase** beschränkt ist (*vgl. Abb. 66b*).

Die entscheidende Phase der Prägbarkeit begann bei den Entenküken ca. 10 Stunden nach dem Schlüpfen, hatte bei 15 Stunden ihren Höhepunkt erreicht und war bereits nach ca. 20 Stunden abgeschlossen.

Ist die Phase der Prägbarkeit erloschen, bevor eine Prägung stattfinden konnte, lösen diejenigen Objekte, die normalerweise prägungsrelevant gewesen wären, bei den Tieren meist keine oder eine ganz andere Reaktion aus. Häufig zeigen die Tiere ein übermäßig gesteigertes Fluchtverhalten.

Ein **wesentliches Kennzeichen** des Prägungslernens haben wir damit relativ genau kennen gelernt: die sensible Periode. Ein weiteres wurde bereits angedeutet: die **Irreversibilität**.

Die beschriebenen Vorgänge führen normalerweise zu sehr dauerhaften Ergebnissen. Die während der sensiblen Periode geprägten Bevorzugungen sind durch nachfolgende, andersartige Erfahrungen kaum mehr veränderbar.

Unter natürlichen Verhältnissen ist der Prägungsvorgang biologisch sinnvoll, da normalerweise bei frisch geschlüpften Jungvögeln die ersten wahrnehmbaren, sich bewegenden Objekte die Muttertiere bzw. Elterntiere sind.

Unter künstlichen, experimentellen Bedingungen kann diese relativ starre Festlegung zu Fehlverhaltensweisen, so genannten **Fehlprägungen**, führen.

a)

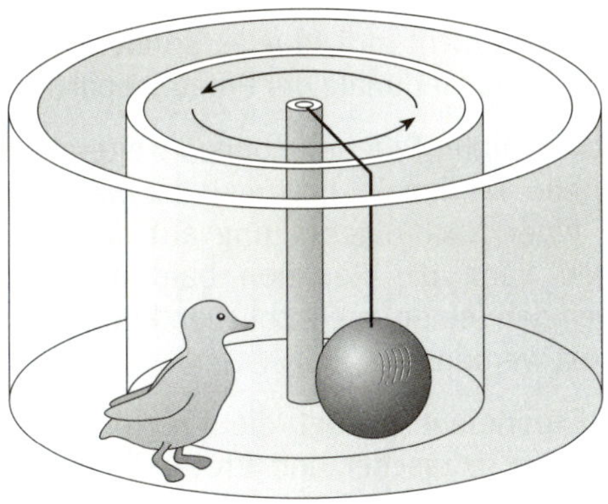

b)

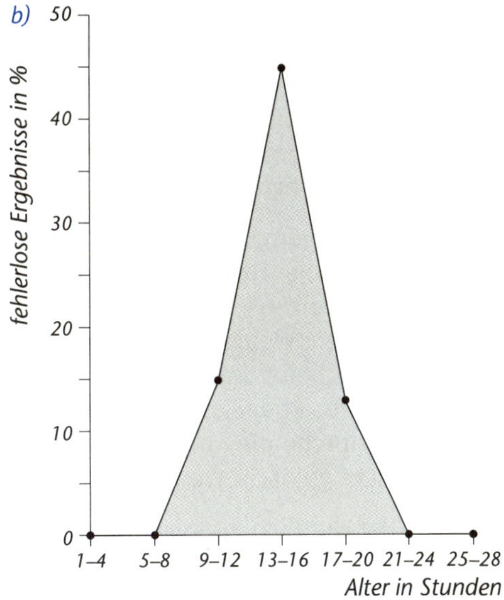

Abb. 66
Prägungsversuche von E. H. Hess, a) Versuchsanordnung: Ein durch ein Uhrwerk getriebener Arm mit einer Attrappe wird im Kreis geführt (Prägungskarussell). b) Dauer und Verlauf der Prägungsphase bei Stockenten-Küken (Erklärungen im Text)

Prägung bei Spitzmausjungen: Auch bei Säugetierjungen sind mittlerweile prägungsähnliche Lernprozesse beschrieben. H. ZIPPELIUS beschreibt, dass sich Spitzmausjunge bei Beunruhigung in spezieller Weise im Fell der Muttertiere festbeißen und ihr folgen, wohin sie auch läuft. Es entstehen oft richtige „Karawanen“, wenn sich mehrere Jungtiere aneinander hängen.

Bis zum 7. Lebenstag erfolgt die Festbeißreaktion noch an jedem Fell, das ihnen dargeboten wird. Danach sind sie unwiderruflich geprägt. Dabei spielt der Geruch eine mitentscheidende Rolle.

Die Prägung gilt auch nur für die „Karawanenreaktion“ selbst, die Jungtiere lassen sich durchaus von fremden Weibchen säugen.

Diese Beobachtungen machen weitere Kriterien der Prägung deutlich:

- Prägungen erfolgen nicht nur auf optische, sondern auch auf andere Sinnesreize hin.
- Sie beziehen nicht automatisch das gesamte Verhalten zu den Elterntieren ein, sondern können auf einzelne Verhaltenselemente eingeschränkt sein.

Sexuelle Prägung: Ein abschließendes Kennzeichen wollen wir an einer weiteren klassischen Prägungsform kennen lernen: die Prägung auf den sexuellen Partner nach dem Elternbild.

Unter natürlichen Bedingungen kommt es nur zwischen Artgenossen zu Verpaarungen. Werden Tiere jedoch unter experimentellen Bedingungen großgezogen, sodass sie nur Kontakt zu artfremden Tieren haben, kommt es zu **Fehlprägungen**.

K. IMMELMANN ließ Zebrafinken durch Pflegeeltern einer verwandten Prachtfinkenart (Bengalifinken) aufziehen. Nach Eintritt der Geschlechtsreife zeigten sich die Zebrafinkenmännchen auf Bengalifinkenweibchen geprägt. Selbst bei einem Zahlenverhältnis von 10:1 zugunsten artgleicher Weibchen balzten die Männchen die artfremden Weibchen an. Nur wenn sie allein mit einem Weibchen ihrer Art in einem Käfig gehalten wurden, balzten sie dieses Weibchen an und verpaarten sich mit ihm.

Aber selbst nach sechs erfolgreichen Bruten mit Zebrafinkenweibchen balzten die Männchen in einem erneuten Wahlversuch wieder ausschließlich die Bengaliweibchen an.
Diese Beobachtungen verdeutlichen ein weiteres Merkmal des Prägungslernens:

Falls die durch Prägung festgelegten Reize ausbleiben, kann die Handlung auch von weniger genauen Reizen – im beschriebenen Fall von arteigenen Weibchen – ausgelöst werden; trotzdem bleibt das Verhalten unwiderruflich auf die Pflegeeltern fixiert. Es konnte auch durch die modifizierenden Erfahrungen nicht gelöscht werden.

Gleichzeitig wird deutlich, dass zwischen der Festlegung auf ein bestimmtes „Objekt“ und ihrer ersten „Anwendung“, also der ersten Balz und Verpaarung, ein großer zeitlicher Abstand herrschen kann. Die Prägung erfolgte im obigen Beispiel schon in früher Jugend, lange vor der Geschlechtsreife. Geprägt werden dabei nicht individuelle, sondern allein arttypische Merkmale der Prägungspartner.

Nach erfolgter Prägung können weitere individuelle Merkmale hinzugelernt werden – bei einer Nachfolgeprägung auf den Menschen kann die Reaktion bald nur noch durch den (einen) menschlichen Pfleger ausgelöst werden.

Im Experiment gelingt die Prägung umso besser, d.h. rascher und irreversibler, in je mehr Merkmalen der prägende Reiz dem natürlichen Auslöser des Prägungsvorganges entspricht.

Aufgabe

D07 Erklären Sie, wie es zu den nachfolgend beschriebenen Verhaltensweisen gekommen sein könnte:

a) Bei Stockenten konnten fest zusammenhaltende Paare aus zwei Erpeln beobachtet werden; keiner der Partner übernahm die Weibchenrolle.

b) Ein geschlechtsreifes Zebrafinkenmännchen balzte ausschließlich eine menschliche Hand an.

c) Geschlechtsreife Zebrafinkenmännchen konnten dabei beobachtet werden, dass sie am Käfig vorbeifliegende Hummeln, aber auch Vögel bis zur Größe von Tauben, wahllos anbalzten.

4.2 Weitere Prägungsvorgänge

Neben den besprochenen Prägungsvorgängen gibt es noch eine Vielzahl weiterer Prozesse, die zumindest prägungsähnlichen Charakter besitzen.

Besonders im **ökologischen Bereich** finden wir weitere Objektprägungen wie z.B. bestimmte Nahrungsbevorzugungen (Nahrungsprägung), Lebensraumpräferenzen (Biotop- und Umgebungsprägung) oder Festlegungen auf bestimmte geographische Gegebenheiten (Heimat- oder geographische Prägung).

Ein deutliches Beispiel für die letztgenannte Form stellt die **Ortstreue** bestimmter Zugvögel und der pazifischen Lachse dar. Sie kehren zur Brut bzw. zum Laichen wieder an den Ort ihrer Geburt bzw. Aufzucht zurück. Dabei spielen eindeutig individuelle Erfahrungen kurz vor dem Abflug in die Winterquartiere bzw. die Wanderung in die Ozeane die entscheidende Rolle.

Die Ortstreue bestimmter Amphibien (Krötenwanderungen) geht ebenfalls auf prägungsähnliche Prozesse während der frühen Entwicklung zurück. Meist helfen die Schutzmaßnahmen in unserer dicht besiedelten Umwelt nicht. Die einzige dauerhaft erfolgreiche Methode besteht darin, den Laich selbst umzusiedeln, sodass die Tiere an neuen Orten aufwachsen und somit auf diese neuen Orte geprägt werden.

Motorische Prägung: Besonders gut untersucht ist das **Gesangslernen** einiger Vogelarten. Meist lernen die Männchen den Gesang schon in der frühen Entwicklungszeit, bevor sie selbst zu singen beginnen. Bei Zebrafinken konnte gezeigt werden, dass schon im Alter von 40 Tagen dieser Prozess abgeschlossen ist. Danach ist ein Hinzulernen kaum noch möglich.
Lässt man Zebrafinken von einer anderen Art aufziehen, so lernen sie deren Gesang. Selbst wenn sie danach nur mit Artgenossen zusammen gehalten werden, zeigen sie ausschließlich den artfremden Gesang ihrer Stiefeltern. Es hat hier eine Prägung auf bestimmte Abfolgen von Lautäußerungen stattgefunden; wir sprechen deshalb von einer motorischen Prägung.

Aufgabe

D08 Die Jungen mancher Huftiere ziehen bereits wenige Stunden nach der Geburt mit ihren Müttern umher. Dabei lernen nicht nur die Jungtiere sehr rasch ihre Mütter individuell kennen, auch die Muttertiere unterscheiden sehr schnell ihr eigenes Jungtier von anderen. Schon kurz nach der Geburt sind die Weibchen nicht mehr bereit, ein fremdes Jungtier zu „adoptieren“.

Worin besteht die Besonderheit dieses Lernverhaltens der Weibchen?

4.3 Prägungsähnliches Lernen im Bereich des Sozialverhaltens

Dass auch im menschlichen Verhalten prägungsähnliche Prozesse eine Rolle spielen, legen die Ergebnisse der Untersuchungen zur frühen **Mutter-Kind-Bindung** nahe (*vgl. Kap. C.1 und C.3.6*).

Berezkei konnte in einer Arbeit 2004 zeigen, dass das Männerbild von Frauen während der Kindheit durch die männliche Bezugsperson geprägt wird. Anhand des Aussehens der Bezugsperson in einer bestimmten, sensiblen Phase der Kindheit bildet sich ein gedankliches Modell, dem ein späterer Partner zumindest teilweise entsprechen muss.

In welchem Maße auch andere Bereiche des menschlichen Sozialverhaltens von solchen Prozessen mitbedingt sind, ist im konkreten Fall nur sehr schwer zu entscheiden, da entsprechende Untersuchungstechniken den ethisch-moralischen Rahmen deutlich überschreiten würden.

Ansätze zum Verständnis liefern uns deshalb hauptsächlich Tier-Mensch-Vergleiche. Eher traurige Berühmtheit haben hierbei die Untersuchungen von Harlow und seinen Mitarbeitern in den Jahren 1958–1966 an Rhesusaffen erlangt.

Harlow-Versuche: Zunächst untersuchte eine Forschungsgruppe um H. F. Harlow mithilfe von Isolationsexperimenten und Attrappenversuchen die Dominanz des Kontaktbedürfnisses gegenüber dem Nahrungsbedürfnis bei jungen Rhesusaffen (*vgl. Abb. 67*).

Dabei stellte sich heraus, dass die Affenkinder die „weichen" Stoffattrappen gegenüber Drahtattrappen auch dann bevorzugten, wenn sie ausschließlich bei den „Draht-Müttern" Nahrung bekommen konnten. Selbst beim Trinken hielten sie sich oft an der „Stoff-Mutter" zusätzlich fest.

Bei den isoliert aufgezogenen Tieren stellten sich im weiteren Entwicklungsverlauf schwere Entwicklungsschäden ein; sie werden insgesamt als **Deprivationssyndrome*** bezeichnet:

Häufig sind stereotype Bewegungsabläufe, eine allgemeine Bewegungsunruhe, höhere Aggressionsbereitschaft, Apathie* und individuell-spezifische Verhaltensweisen (z.B. Haarausreißen) zu beobachten.

Viele der isoliert aufgezogenen Tiere waren später paarungsunfähig; Weibchen, die trotzdem Junge hatten, waren nicht in der Lage, ihre Jungtiere zu versorgen.

Auch das Erkundungs- und Spielverhalten (*vgl. Kap. D.3*) und die Lernleistungen waren gegenüber Jungtieren, die in einem normalen sozialen Verband aufgewachsen waren, deutlich gestört.

Eine stabile Mutter-Kind-Bindung scheint notwendige Voraussetzung für den Sozialisierungsprozess zu sein. Fehlt diese Bindung, kommt es zu Störungen, die sich auf nahezu alle Verhaltensbereiche auswirken.
Die Schäden waren bei den Tieren umso schwerer, je länger die Isolation andauerte und je früher die Trennung vollzogen wurde. Die Fehlentwicklungen konnten bei Rhesusaffen vermieden werden, wenn die Tiere im ersten Halbjahr nicht mehr als drei Monate isoliert waren oder nur von der Mutter isoliert wurden, aber in Spielgruppen gemeinsam mit jungen Artgenossen aufwuchsen.

Abb. 67
Harlow-Versuche: junger Rhesusaffe mit Mutter-Attrappen

Parallel zu den oben besprochenen Prägungsprozessen scheint es also auch für die Sozialisierungsfähigkeit sozial lebender Säugetiere eine sensible Periode zu geben. Fehlen in der frühen Entwicklungsphase bestimmte soziale Reize, kommt es zu Entwicklungs- und Verhaltensstörungen. Diese Störungen erweisen sich als ausgesprochen dauerhaft und meist irreversibel, was ebenfalls auf prägungsähnliche Prozesse hindeutet.

Eine frühe und intensive Bindung des Kindes an die Mutter oder einen anderen Menschen ist auch bei menschlichen Säuglingen eine notwendige Voraussetzung für eine positive Sozialisation, die z.B. bei Kindern, die in Heimen aufwachsen, oft nicht gegeben ist.

5. Zusammenfassung

- Unter Lernen versteht man alle erfahrungsbedingten Verhaltensänderungen bei Tieren und Menschen. Die gewonnenen Erfahrungen werden im Gedächtnis gespeichert und bei Bedarf abgerufen.
- Unter einem EAAM versteht man einen Auslösemechanismus, der auf angeborenen Grundlagen beruht und im Laufe der Entwicklung durch Lernen ergänzt und vervollständigt wird. EAAM = ein durch **E**rfahrung ergänzter **a**ngeborener **A**uslöse**m**echanismus.
- Müssen die Elemente der auslösenden Reize erst gelernt werden, liegt ein **e**rworbener **A**uslöse**m**echanismus vor, kurz als EAM bezeichnet.
- Lebewesen lernen Dinge aus ihrer Umwelt unterschiedlich rasch, für sie lebenswichtige oft viel schneller als weniger bedeutsame. Diesem Phänomen liegt eine genetisch fixierte Lerndisposition zugrunde.
- Eine langsam abnehmende Antwortbereitschaft eines Lebewesens auf wiederholt angebotene Reize wird als Gewöhnung bezeichnet.
- Sowohl bei Tieren als auch beim Menschen lässt sich ein vorgeburtliches Lernen nachweisen.
- Wird ein neutraler Reiz durch positive Folgeerscheinungen zu einem reaktionsauslösenden Reiz (CS), spricht man von klassischer Konditionierung. Die hervorgerufene Reaktion wird als bedingter Reflex (CR) bezeichnet.
- Konditionierung in Bezug auf die Reizsituation: Auf eine Wahrnehmung folgt eine gute Erfahrung (fi bedingte Appetenz), auf eine Wahrnehmung folgt eine schlechte Erfahrung (fi bedingte Aversion).
- Konditionierung in Bezug auf Verhaltenselemente: Führt eine Bewegung (Verhaltensweise) zu einer Bedürfnisverminderung, spricht man von operanter Konditionierung oder bedingter Aktion.

  Die Bewegung (das Verhalten) tritt zunächst zufällig auf, wird durch Belohnung positiv verstärkt und bei entsprechender Stimmung vermehrt gezeigt.
  Folgt auf ein Verhaltenselement eine schlechte Erfahrung, führt dies zu bedingter Hemmung.
- Unter Nachahmung oder Imitation versteht man die Übernahme beobachteter Bewegungen oder gehörter Laute in die eigene (Laut-)Motorik.
  Beobachtungslernen ermöglicht es dem Lernenden, auf indirektem Wege Erfahrungen zu sammeln (Traditionsbildung).
- Einsichtiges Lernen setzt voraus, dass der Lernende die Situation und das Problem erfasst, die erforderlichen Handlungen zur Problemlösung „gedanklich" vorausvollzieht und sie dann gleich beim ersten Versuch in richtiger Weise ausführt = zielgerichtet neu kombiniertes Verhalten.
- Speziell für Säugetiere und Vögel sind Abstraktions- und Generalisationsfähigkeiten nachgewiesen. Aufgrund dieser Fähigkeiten sind sie in der Lage, unbenannte Anzahlbegriffe zu bilden und unbenannt zu zählen.
  Besonders bei Primaten ist mittlerweile auch ein Sprachverständnis nachgewiesen.

- Voraussetzung für die Fähigkeit zu höheren Lernvorgängen scheint ein intensives Neugier- und Spielverhalten in einer bestimmten Jugendphase oder zeitlebens zu sein.
- Der Prägungsvorgang stellt eine ganz besondere Lernform dar. Prägungen erfolgen meist in früher Jugend, sind an eine sensible Phase gebunden und führen relativ schnell zu sehr stabilen, mitunter irreversiblen Ergebnissen (Fehlprägungen). Besonders häufig treten die Formen der Objekt-/Nachfolgeprägung und der sexuellen Prägung auf. Prägungsvorgänge spielen aber auch eine Rolle bei allen Eigenschaften des Biotops, bei der Aggression und bei motorischen Verhaltensabläufen.
- Speziell versäumte Prägungen oder Fehlprägungen im Bereich des Sozialverhaltens können zu schweren psychischen Schäden führen.

Verkehrte Welt

Zum Abschluss noch der Bericht einer weißen Laborratte:

„Endlich ist es mir gelungen, den Versuchsleiter zu dressieren; jedes Mal, wenn ich mich einmal um die eigene Achse drehe und auf einen kleinen Hebel drücke, wirft er mir einen Futterbrocken in den Napf."

Biologische Grundlagen tierischen und menschlichen Sozialverhaltens

Unsere bisherigen Erklärungsmodelle (Prinzip der doppelten Quantifizierung, hydraulisches Instinktmodell, Funktionsschaltbilder) haben sich im Wesentlichen darauf beschränkt, das beobachtete Verhalten als Zusammenspiel von auslösendem Reiz (Schlüsselreiz) und innerer Befindlichkeit (Handlungsbereitschaft etc.) zu beschreiben. Die Frage nach dem **„Warum/Wozu"**, die **Sinnfrage**, wurde noch nicht gestellt.

Unausgesprochen gingen wir davon aus, dass ein gezeigtes Verhalten so und nicht anders abläuft, weil es in dieser Weise sinnvoll ist. Und unter **sinnvoll** versteht der Biologe, dass das Verhalten zur Erhaltung des Individuums und zum Fortbestand der Art beiträgt. Besonders im Zusammenhang mit dem umorientierten Verhalten und dem Übersprungverhalten ist diese ungenannte Prämisse* allerdings sehr infrage gestellt.

Geht man davon aus, dass sich **Lebewesen extrem ökonomisch** verhalten müssen, um im Kampf um begrenzte Ressourcen an Nahrung, Raum und Geschlechtspartner zu überleben, wird diese Prämisse noch bedeutungsvoller. Unfunktionale Verhaltensweisen, die nur Energie verbrauchen und keinen Sinn zu haben scheinen, sind ein nicht akzeptabler „Luxus" und für Lebewesen nicht tragbar.

In Kapitel C.5 haben wir Verhalten als Schrittmacher der Evolution kennen gelernt. Umgekehrt kann ein **evolutionsorientierter Ansatz** neue Beiträge zum Verständnis von Verhalten leisten und Antworten auf die Frage nach dem „Warum" geben.

Während die klassische Ethologie den Verhaltensweisen bisher nur einen Namen gegeben und ihren Ablauf beschrieben hat, versucht die so genannte **Soziobiologie** eine **evolutionsbiologische Erklärung** zu liefern. Diese Erklärung gelingt aber nur mit einem **ganzheitlichen Ansatz**, indem die Soziobiologie Erkenntnisse aus der Evolution, der Populationsgenetik, der Ökologie, der Psychologie, der Soziologie und der Ethologie miteinander verzahnt.

Gehen wir also weiterhin von der nunmehr ausgesprochenen Grundannahme aus, dass **jedem Verhalten eine sinnvolle biologische Funktion** zukommt, so ist **Verhalten** immer als **Anpassungsstrategie an** herrschende **Umweltbedingungen** zu verstehen. Ziel dieser Anpassung muss es sein, das Überleben des Individuums zu sichern und die eigenen Gene möglichst optimal an die Folgegeneration weiterzugeben (*vgl. mentor Abiturhilfe Genetik*).

Besonders bei Tieren, die zeitweise oder ständig mit Artgenossen zusammenleben, sind viele Verhaltensweisen auf den Umgang der Tiere untereinander ausgerichtet; all diese Verhaltensweisen werden als **soziales Verhalten** bezeichnet.

Tiere, die in so genannten **individualisierten Verbänden** leben – darunter versteht man Tiergruppen, deren Mitglieder sich untereinander individuell erkennen –, verfügen oft über intensive Paarbindungen und Rangordnungen, die zur Stabilität der Gruppe beitragen.

Für einzeln lebende Tiere ist zumindest im Bereich der Fortpflanzung und gegebenenfalls der Brutpflege Sozialverhalten zu beobachten.

Oft finden wir in diesem Zusammenhang **ritualisierte** Verhaltensweisen, die den Kontakt zwischen den Geschlechtern herstellen und die gegenseitigen Verhaltensweisen aufeinander abstimmen.

Neben den individualisierten Verbänden treten weitere Ausprägungsformen von dauerhaften Gruppenbildungen auf:

Vogel-, Herings- oder Heuschreckenschwärme bilden **offen anonyme Verbände** deren Mitglieder austauschbar sind, Einzeltiere können beliebig hinzukommen oder den Verband verlassen, der Zusammenhalt ist nur sehr locker und oft zeitlich begrenzt. In den **geschlossen anonymen Verbänden** von sozialen Insektenvölkern (z.B. Ameisen und Bienen) oder der Ratten ist der Zusammenhalt deutlich enger, die einzelnen Mitglieder erkennen sich allerdings nicht individuell, sondern an einem „überindividuellen" Merkmal, z.B. am Geruch. Dadurch können Nichtmitglieder erkannt und ausgeschlossen werden.

Unweigerlich stellt sich die Frage, welche Vorteile der Zusammenschluss zu Gruppen für die einzelnen Tiere, die Individuen hat; ein Beispiel soll uns dies verdeutlichen:

Abb. 68
Mitglieder eines Bienenvolkes

Das Beutespektrum des Habichts ist sehr vielgestaltig, trotzdem machen die Ringel- und Haustauben fast die Hälfte seiner Gesamtbeute aus. Untersuchungen zum Jagderfolg zeigen, dass der Erfolg umso geringer ausfällt, je größer die Taubenschar ist, aus deren Mitte die Beutetiere stammen. Bei einzelnen Tauben ist die Erfolgsrate am höchsten.

Je mehr Tauben sich in einem Schwarm befinden, umso eher wird der Räuber entdeckt. Die Gruppe zeichnet sich also durch **erhöhte Wachsamkeit** aus, gleichzeitig bleibt den Einzeltieren aber mehr Zeit zum Fressen, da jedes Individuum weniger Zeit zum Umherspähen (Sichern) verwenden muss. Zusätzlich kommt für den Räuber ein so genannter **Verwirrungseffekt** hinzu: Es fällt ihm schwer, ein einzelnes Tier gezielt auszuwählen und anzugreifen, was zu einem verspäteten Angriffsverhalten führt und damit die Erfolgsaussichten der Beutetiere vergrößert. Auch können sich Beutetiere als Gruppe gegen Räuber wehren, was ihnen als Einzeltiere kaum gelingen würde (z.B. Koloniebrüter wie Seeschwalben und Möwen gegenüber Nesträubern).

Für räuberisch lebende Tiere hat der Zusammenschluss zu Gruppen bei gemeinschaftlicher Jagd ebenfalls unübersehbare Vorteile: So können z.B. Wölfe, die im Rudel jagen, auch Tiere erbeuten, die deutlich größer und kräftiger sind als sie selbst. Bei Schimpansen erhöht sich der im Freiland beobachtete Jagderfolg bei kooperativer Gruppenjagd auf Stummelaffen auf 80% gegenüber 16% bei Einzeljagd.

Selbstverständlich hat das Leben in sozialen Gruppen neben den beschriebenen Vorteilen (Nutzen) auch Nachteile (Kosten): Der innerartliche Konkurrenzdruck (vgl. mentor Abiturhilfe Ökologie) um beschränkte Ressourcen wie Nahrung und Territorien ist direkt von der Gruppengröße abhängig; je größer die Gruppe ist, umso häufiger lassen sich aggressive Verhaltensweisen beobachten.

1. Sozialverhalten von Pavianen: ein Grundmodell

Die **Mantelpaviane** leben in den Steppen und Savannen Asiens und Afrikas. Da ihr Kopfbau dem eines Hundes ähnelt, mit langer wulstiger Schnauze und hervorstehender Nase, werden sie auch als Hundsköpfe bezeichnet. Ihr Körper ist leicht und zierlich, die Hände und Füße sind fünfgliedrig mit langen Daumen, die Gliedmaßen sind kurz, der Schwanz ist lang, die Augen sind hoch überwölbt, ihr Gebiss ist raubtierartig mit dolchartig spitzen Eckzähnen. Auffällig sind die Gesäßschwielen, die bei geschlechtsreifen Weibchen leuchtend rot werden. Die Behaarung ist lang und dicht. Bei den Männchen, die bis zu einem Meter groß werden können, verlängert sich die Behaarung am Kopf, Hals und Nacken besonders stark. Sie kann 30 cm lang werden. Je älter die Männchen sind, desto mehr lichtet sich die Farbe ihres Mantels. Die Weibchen und Jungtiere sind deutlich dunkler gefärbt.

Abb. 69 Paviangruppe auf dem Affenfelsen im Zoo Frankfurt am Main

Paviane sind Bodentiere. Sie bewegen sich auf allen Vieren und stellen sich nur auf die Hinterbeine, wenn sie Umschau halten. Paviane sind **Allesfresser**. Ihre Hauptnahrung besteht aus Wurzeln, Knollen, Samen, Blättern, Blüten, Früchten und Insekten, die sie auf der Erde oder in geringer Höhe finden. Gelegentlich fressen sie auch Vogeleier, Kriechtiere, Vögel und kleinere Säuger. Da die Nahrung in ihren Lebensräumen knapp ist und ergiebige Futterquellen weit verstreut liegen, wandern die Tiere täglich ca. 10 km – beobachtet wurden Wanderungen von 32 km (*vgl. Abb. 70*).

Die **Ein-Mann-Gruppe:** Paviane können bis zu 20 Jahre alt werden und leben in einer ausgesprochen vielschichtigen Gemeinschaft. Die kleinste soziale Einheit ist dabei die **Ein-Mann-Gruppe**.

Sie besteht aus einem voll erwachsenen Männchen, mehreren erwachsenen Weibchen, Jugendlichen und Kindern (*vgl. Abb. 69*). Zwei bis drei Ein-Mann-Gruppen leben jeweils enger zusammen: Sie ruhen und schlafen nebeneinander, wandern gemeinsam und zeigen häufig Interaktionen. Sie bilden den so genannten **Klan**. Mehrere Klane und einige Junggesellen bilden als nächst höhere Einheit die **Bande**. Die Banden bilden über Jahre hin stabile soziale Gruppen.

Die relativ seltenen Schlaffelsen sind neutrale Zonen. Auf ihnen versammeln sich mitunter mehrere Banden zu einer **Herde**, um die Nacht zu verbringen. Interaktionen zwischen den Banden finden kaum statt; bei der Nahrungssuche gehen sie sich aus dem Weg oder verhalten sich sogar aggressiv zueinander. Die Kämpfe werden dann von den Männchen geführt.

In der Familie ist das erwachsene Männchen der Ranghöchste und bildet den sozialen Mittelpunkt. Es wird **Pascha** genannt. Es schlichtet Streitigkeiten, frisst immer zuerst und nimmt sich auch die besten Leckerbissen.

Sexualverhalten: Ziel des Paschas ist es, möglichst viele fruchtbare Weibchen zu „besitzen" und zu befruchten. So können Paschas ihre Gene bestmöglich weitergeben. Deshalb hindert der Pascha mittels **Hüteverhalten** seine Haremsweibchen daran, sich zu weit von ihm zu entfernen, und unterbindet möglichst jeden Sexualkontakt zu Jungmännchen. Untereinander respektieren die Paschas den Besitz von Weibchen. Die Weibchen sind allerdings grundsätzlich „Seitensprüngen" außerhalb der Sicht ihres Paschas nicht abgeneigt.

Geschlechtsreif gewordene Männchen gründen eigene Familien, indem sie noch nicht geschlechtsreife Weibchen aus einer anderen Familie zum Nachfolgen animieren oder zwingen und mit den oben beschriebenen Strategien an sich binden.

Rangordnung: Das Zusammenleben innerhalb der Klane und Banden wird ausschließlich durch die erwachsenen Männchen geregelt: Sie stehen zueinander in **Dominanzbeziehungen** und bilden eine lockere Rangordnung aus. Dabei hängt die Ranghöhe nicht allein von der Stärke ab. Gewandtheit, Durchsetzungsvermögen und Erfahrung spielen ebenfalls eine große Rolle.

Die ranghohen Männchen bestimmen die täglichen Wanderungen und die mittäglichen Rastplätze; sie müssen einen Art „Lageplan" des Streifgebietes (*vgl. Abb. 70*) im Kopf haben. Sie halten nach Feinden Ausschau und verteidigen mit den restlichen Männern die Gruppe, falls sie von Feinden bedroht wird.

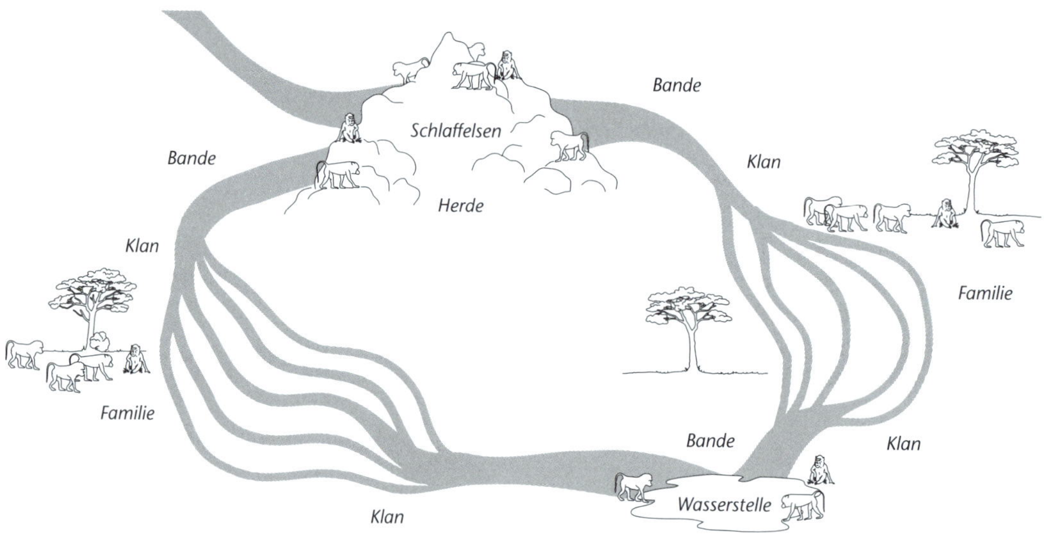

Abb. 70
Tageswanderungen von Paviangruppen; die Herde hat am Felsen die Nacht verbracht, trennt sich in Banden, Klane und Familien auf, trifft sich gegen Mittag am Wasser und kehrt auf ebenfalls getrennten Wegen am Abend wieder zum Schlaffelsen zurück.

a)

b)

Abb. 71
a) Genitalpräsentieren, b) Körperpflege

Aggression: Kommt es zu Rangstreitigkeiten zwischen Männchen, versuchen sich die Tiere mit Signalen zu beeindrucken: Beim **Drohpumpen** starren sich die Tiere an und führen mit dem Maul kauende und pumpende Bewegungen aus.

Noch aggressiver ist das **Drohgähnen:** Das Tier reißt sein Maul weit auf und entblößt seine großen Eckzähne (*vgl. Abb. 46, Kap. C.4*). Sind die Drohsignale ohne Erfolg ausgetauscht, kann es zu Kämpfen kommen.

Verständigung: Um die komplexe Sozialstruktur zu erhalten, müssen die Tiere über eine große Lernfähigkeit, ein gutes Gedächtnis und ein hoch entwickeltes System von sozialen Signalen verfügen. Zur Vermeidung von aggressiven Verhaltensweisen gegenüber Gruppenmitgliedern ist ein solches, sehr auffälliges Signal das **Präsentieren des Hinterteils** (*vgl. Abb. 71a*). Rangniedere Tiere nähern sich einem ranghöher stehenden rückwärts und zeigen ihr rotes Gesäß. Mit dieser **Demutsgeste** machen sie deutlich, dass sie sich unterwerfen. Häufig besteigt ein Männchen ein sich präsentierendes Weibchen wie zur Begattung. Auch das **Angstgrinsen**, bei dem die fest geschlossene Zahnreihe bei zurückgezogenen Mundwinkeln entblößt wird, wirkt aggressionshemmend.

Soziale Bindung: Viel Zeit verbringen sozial lebende Affen mit der Fellpflege. Häufig werden ranghohe Tiere von rangniederen gepflegt (*vgl. Abb. 71b*). Die Weibchen pflegen sich untereinander und die Jungen. Die gegenseitige Fellpflege festigt das Kennen und die Bindung der Tiere untereinander; sie wird als **grooming** bezeichnet. In diesem Zusammenhang treten auch das **Kontaktsitzen** und **-grunzen**, **Züngeln** und **Lippenschmatzen** auf. Auch sie können zur Beschwichtigung eingesetzt werden.

Mutter-Kind-Beziehung: Neugeborene Paviane klammern sich sofort im Fell ihrer Mütter in der Nähe der Brust fest. Dieses **Klammerverhalten** ist ihnen angeboren. Angeklammert werden sie von den Müttern am Bauch oder auf dem Rücken reitend getragen.

Neugeborene sind oft Mittelpunkt des Gruppeninteresses; Kontakte mit ihnen und den jungen Müttern werden gezielt gesucht. Das Neugeborene lernt so schon früh die Mitglieder seiner Gruppe kennen. Isoliert aufgezogene Tiere in zoologischen Gärten waren später meist unfähig, sich in einer Gruppe zu integrieren.

Zunächst werden die Mütter kaum verlassen; erst nach und nach kommt es zu Spielen mit gleichaltrigen Jungtieren der Gruppe. Die erwachsenen Männchen sorgen für Schutz, auch vor „Quälereien" durch ältere Gruppenmitglieder.

2. Umweltanpassung als (Über-)Lebensstrategie

Um die hochkomplexe Struktur, die Leben ausmacht, aufrechterhalten zu können, müssen Lebewesen ihrer Umwelt permanent Energie entnehmen. Sie sind auf ein sehr enges Wechselspiel mit der sie umgebenden Umwelt angewiesen, was zu ganz speziellen Anpassungserscheinungen beigetragen hat.

Körpermerkmale und Verhaltensweisen sind gleichermaßen als Anpassungen an spezifische Umweltbedingungen zu verstehen. Die Mechanismen, die diese Anpassungen nach biologischem Verständnis bewirken, sind **Mutation*** und **Selektion*** (*vgl. dazu ausführlich die mentor Abiturhilfe Evolution*).

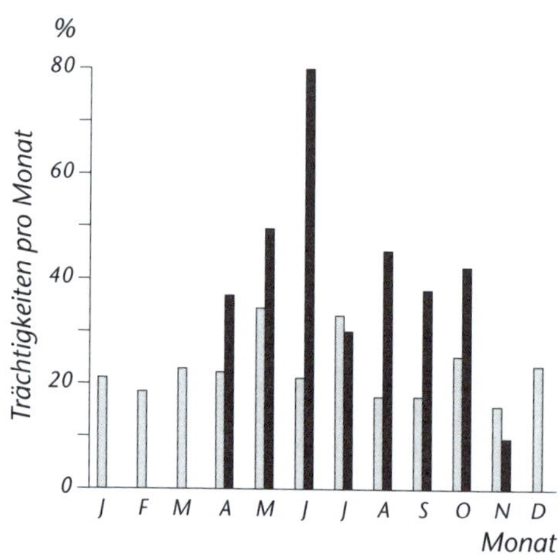

Abb. 72
Fortpflanzungsraten von Haus-Hausmäusen (hell) aus Oxford und Feld-Hausmäusen (dunkel) aus einer Salzmarsch an der Bucht von San Francisco

Grundsätzlich scheint die Konkurrenz um begrenzte Ressourcen (Nahrung – Energie; Revier – Raum; Geschlechtspartner) der entscheidende Selektionsfaktor zu sein. Dabei passen die Tiere ihr Verhalten nicht jedem dieser Faktoren einzeln und getrennt an. Vielmehr bilden sich Anpassungen an die Gesamtheit der Umweltbedingungen einer Art heraus, die man als **Lebenstypen** oder **Lebensstrategien** bezeichnen kann. Exemplarisch stellen wir zwei unterschiedliche Lebenstypen/-strategien vor: den **Ausbreitungstyp** und den **Platzhaltertyp**.

Ausbreitungstyp: „Zum einen kann eine Lebensstrategie darauf hinauslaufen, ungemein flexibel und anpassungsfähig zu sein, auf Spezialisierung weitgehend zu verzichten und statt dessen den Fortpflanzungserfolg darauf zu gründen, daß sehr schnell die unterschiedlichen Biotope besiedelt, Nahrungsbedingungen ausgenutzt und schnell viele Nachkommen erzeugt werden können" (DIFF, *STB 1, 1986, S. 113*).

Die **Hausmaus** ist ein typischer Vertreter dieses so genannten Ausbreitungstyps: Sie hat sich mit dem Menschen über die ganze Welt ausgebreitet, kommt in den unterschiedlichsten Lebensräumen vor und ernährt sich sehr vielfältig (Allesfresser).

Um in einer vielfältigen Umwelt derart unspezialisiert überleben zu können, müssen ihre Verhaltensweisen ausgesprochen flexibel und anpassungsfähig sein. Da für

Hausmäuse, die in Gebäuden leben, die Umwelt- und Nahrungsbedingungen über das gesamte Jahr hin relativ stabil sind,

- ist ihre Populationsdichte sehr hoch (bis zu 10 Mäuse pro Quadratmeter),
- pflanzen sie sich das gesamte Jahr über fort und
- weisen sie in ihren sozialen Strukturen eine ausgeprägte Rangordnung auf.

Dagegen zeigen Hausmäuse, die im Freien leben, ganz andere Verhaltensweisen. Da ihre Lebensbedingungen starken jahreszeitlichen Schwankungen unterliegen (Klima, Nahrungsangebot), ist z.B.

- ihre Fortpflanzungszeit beschränkt, mit einem deutlichen Gipfel im Sommer,
- ihre Populationsdichte relativ gering und
- ihre soziale Organisation eindeutig territorial, d.h., sie grenzen deutliche Reviere gegeneinander ab.

Abb. 73
Feldmaus

Sie können je nach Lebensbedingungen monogam in Paaren oder aber in größeren sozialen Einheiten mit einem meist dominanten Männchen, mehreren Weibchen und untergeordneten Männchen leben.

Schon ca. 6 Wochen nach der Geburt sind junge Weibchen geschlechtsreif. Dabei zögert die Anwesenheit des Vaters den ersten Eisprung hinaus (Vermeidung von Inzucht), während der Geruch eines fremden Männchens ihn beschleunigt.

Ein Weibchen wirft 7–8 Junge; Ziel ist es, möglichst viele Nachkommen großzuziehen.

Wird die Populationsdichte zu hoch oder verschlechtern sich die vorhandenen Lebensbedingungen, begibt sich die Maus auf die Suche nach besseren und unbesiedelten Lebensbereichen, sie breitet sich aus.

Platzhaltertyp: „Der Platzhaltertyp kann sich ... an die in seinem Habitat vorherrschenden oder ... vorhersehbar schwankenden Umweltbedingungen besonders gut anpassen, so daß er jedem artfremden Konkurrenten überlegen ist. Ändert sich jedoch die Umwelt plötzlich in ungewöhnlicher Weise, so kann sich ein derartiger Spezialist kaum schnell genug auf die neuen Bedingungen einstellen“ (Diff, *STB 1, 1986, S. 113*). Als Beispiel für den „Platzhalter-Lebenstyp“ wollen wir den **Rothirsch** näher vorstellen:

Auffällig sind zunächst die deutlichen Körperunterschiede zwischen den Geschlechtern: Die männlichen Tiere tragen zusätzlich Geweihe, die jährlich abgeworfen werden und neu nachwachsen müssen.
Meist Ende September versammeln sich die Weibchen in so genannten Brunftgebieten, wo die männlichen Tiere um den Besitz der Weibchen kämpfen (Gruppen von 1 bis 20 Tieren).

Diese Kämpfe sind gefährlich und energieaufwendig, deshalb können nur die stärksten Tiere ihren Harem während der Zeit der größten Empfänglichkeit bei den weiblichen Tieren verteidigen. Die Männchen versuchen die Zahl der Kämpfe möglichst gering zu halten und z.B. durch Drohen (Röhr-Duelle) potenzielle Rivalen abzuschrecken. Der Fortpflanzungserfolg männlicher Hirsche ist dabei direkt abhängig von ihren Kampferfolgen.

Die Hirschkühe werfen meist zu Beginn des Juni je ein Kalb und investieren viel Energie in dessen Aufzucht (Söhne werden dabei länger gesäugt als Töchter).

Mütter, Töchter und Schwestern bleiben im gleichen Gebiet oft über Jahre zusammen und bilden dadurch dauerhafte Gruppen. Die Söhne wandern meist im Alter von ca. 2 Jahren aus und bilden spezielle Junggesellengruppen.

„Im Gegensatz zu dem Ausbreitungstyp der Hausmaus ist der Platzhaltertyp Rothirsch also dadurch gekennzeichnet, daß Nahrungsangebot und Populationsdichte langfristig stabil sind und der Feinddruck gering ist. Die Tiere stehen in ständiger Konkurrenz um Nahrung; Möglichkeiten zur Kolonisation neuer Lebensräume ergeben sich kaum. Als Konsequenz dessen haben die Hirsche nur wenige Nachkommen, die sehr lange von der Mutter versorgt werden, da ihr Vermehrungserfolg stark von ihrer Körpergröße abhängt. Die Individuen leben relativ lange, da viel Zeit erforderlich ist, um zu konkurrenzfähiger Größe heranzuwachsen" (Diff, STB 1, 1986, S. 118).

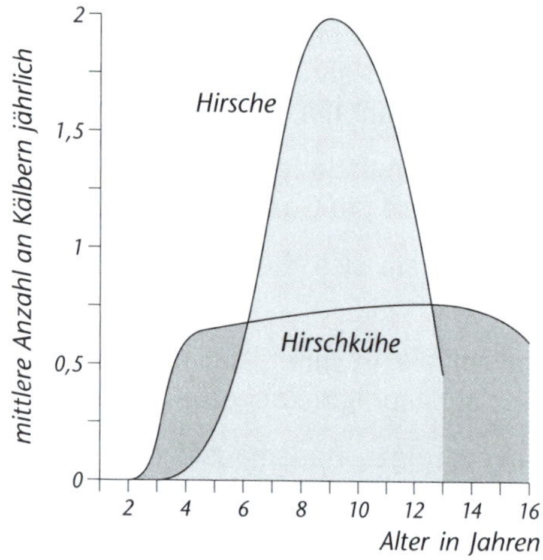

Abb. 74
Fortpflanzungserfolg beim Rothirsch; der Fortpflanzungserfolg der männlichen Tiere ist stark altersabhängig

3. Das Prinzip Eigennutz

Grundsätzlich lassen sich Verhaltensweisen zwei Funktionen zuordnen: der **Erhaltungsfunktion** und der **Fortpflanzungsfunktion**.

Zum Erhaltungsverhalten, das das Überleben der einzelnen Individuen sichert, zählen beispielsweise Nahrungssuche und -aufnahme, soziale Verhaltensweisen zwischen Artgenossen und Schutz vor Feinden. Zum Fortpflanzungsverhalten, das dafür sorgt, dass die Gene eines Lebewesens an künftige Generationen weitergegeben werden, gehören Partnerfindung, Balz, Begattung und Aufzucht der Nachkommen.

Die oben beschriebenen Lebensstrategien stellen letztlich das Anpassungsprodukt aus bestmöglichem Erhaltungsverhalten und größtmöglichem Fortpflanzungserfolg dar. Zur Beurteilung und Bewertung des Verhaltens von Tieren wurde in der Soziobiologie die **Kosten-Nutzen-Analyse** eingeführt.

3.1 Die Kosten-Nutzen-Analyse

Geht man von der Grundannahme aus, dass ein Verhalten umso erfolgreicher ist, je mehr Nachkommen – über Generationen hinweg betrachtet – es zeigen, so wird die **Vermehrungsrate** zum entscheidenden Maß. Dann gehört alles, was dazu beiträgt, die Vermehrungschance zu steigern, zum **Nutzen** eines Verhaltens, und alles, was die Vermehrungschance senkt, zu den **Kosten**. Einzig und allein der Effekt zählt.

Von dieser Prämisse ausgehend, dürfte es kein Verhalten geben, das nicht in irgendeiner Weise dem Organismus dienlich ist. Die aufzubringende Energie (= Kosten) für eine bestimmte Verhaltensweise muss im Zusammenhang mit dem Nutzen, den das Tier daraus ziehen kann, bilanziert werden. Nur wenn die Bilanz zugunsten des Nutzens ausfällt, ist das gezeigte Verhalten biologisch sinnvoll.

Die allgemeine Aussage, dass das Nest die Jungen vor dem Abkühlen bewahren soll, ist nach dem oben Gesagten nicht mehr haltbar. Das Nest dient vielmehr in erster Linie als Energieersparnis für die Eltern. Die frisch geschlüpften Jungvögel frieren noch nicht, sie sind zunächst wechselwarm wie Frösche; kurzfristige Auskühlungen schaden ihnen nicht.

Originaltext

Nehmen wir als ein erstes Beispiel die Ökonomie des Nestbauens bei einem unserer Singvögel zur Brutzeit. Ein Vogel wie unser Star, der nicht unbedingt wegzieht, sondern oft dem Winter nur ein wenig ausweicht, nutzt die verfügbare warme Jahreszeit für möglichst zwei Bruten, besonders in Süd- und West-Europa. Der Nestbau dauert 3–5 Tage, das Brüten 12 Tage, das Füttern und Hudern der Jungen im Nest 20–22 Tage. Schon 3 Tage nach dem Ausfliegen der ersten Jungen kann ein neues Ei im Nest liegen. Die anstrengendste Zeit für den Altvogel ist die Periode, in der er die Jungen im Nest füttert. Viele Vogel-Eltern verlieren in dieser Zeit gehörig an Gewicht, weil sie bis zum Fünffachen ihres Energie-Grundumsatzes verbrauchen. Nur die kräftigsten Individuen können sich zwei aufeinanderfolgende Bruten leisten. Das zeigt, dass Tiere jede Möglichkeit nutzen müssen, um Energie zu sparen. Und das tun sie. Das Bebrüten der fünf Eier im Nest kostet 20 Prozent mehr Energie, als wenn der Vogel ohne zu brüten im Nest säße. Andererseits, wenn er nur in einem Nest sitzt statt im Freien, ohne Eier, so spart er etwa 20 Prozent Energie. Das heißt, wenn er sich ein Nest baut, so gewinnt er dadurch fast ebensoviel Energie, wie er fürs Brüten aufwenden muß. Die naheliegende Vermutung, das Nest sei wichtig, damit die Eier und die noch nackten Jungen schön weich und warm liegen, ist falsch. Das Nest ist für die Eltern wichtig. Es funktioniert für sie wie eine Art energiesparender Kochkiste.
(DIFF, *STB 0, 1986, S. 87/88*)

Erst kurz vor dem Flüggewerden wechseln sie in die Warmblüter-Phase über und könnten vom warm haltenden Nest profitieren; dies ist dann aber oft schon zu klein und stark verschmutzt.

Infantizid (Kindstötung): Es gibt Verhaltensweisen, die uns als absolut abwegig und widernatürlich erscheinen und sehr schnell als Fehlverhalten oder krankhaftes Verhalten eingestuft werden. Gerade in solchen Fällen von anscheinend widersinnigem Verhalten kann mit der Kosten-Nutzen-Analyse geprüft werden, ob tatsächlich ein Fehlverhalten der Tiere vorliegt oder unsere Einschätzung falsch war.

Immer wieder kann man im Tierreich beobachten, dass unter bestimmten Bedingungen eine Mutter die eigenen Jungen frisst. Wie sollte ein solches Verhalten „normal" sein, einer Lebenssituation angepasst und den Fortpflanzungserfolg – als anerkanntes Maß – gar erhöhen? Hier muss doch wohl eindeutig mütterliches Fehlverhalten vorliegen, möglicherweise resultierend aus Störungen des Hormonhaushaltes oder Unerfahrenheit.

Um zu einer Einschätzung des Verhaltens zu kommen, müssen wir die Frage prüfen, ob Infantizid helfen kann, den Fortpflanzungserfolg zu erhöhen:

a)

b)

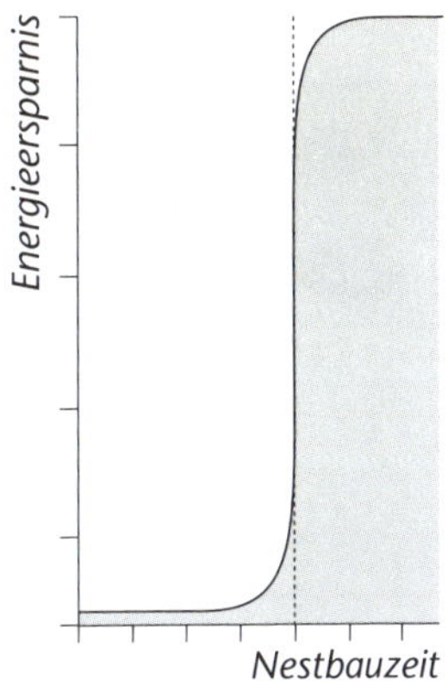

Abb. 75
a) Star beim Füttern von Jungtieren, b) Nestbau bei Singvögeln. Die Kurve zeigt die Energieersparnis eines brütenden Vogels in Abhängigkeit von der „Güte" des Nestes (Wärmeisolation), die Nestbauzeit dient als Maß für die Qualität.

Originaltext

Kann Kindstötung den Fortpflanzungserfolg erhöhen?) Die Antwort ist: „Ja!" Das zeigt schon eine einfache Überlegung: Stellen wir uns eine Tiermutter vor, die pro Wurf 6 Junge bekommt und diese Jungen 60 Tage lang pflegen und ernähren muß, bis sie selbstständig sind. Das wäre umgerechnet ein Zeitaufwand von 10 Tagen pro Kind. Nehmen wir ferner an, weitere 20 Tage später könnte diese Mutter den nächsten Wurf Junge zur Welt bringen. Wenn nun gleich nach der Geburt 4 von 6 Jungen sterben, was würden wir von der Mutter erwarten?

Eine Mutter, welche die zwei Restkinder aufzieht, braucht auch dafür 60 Tage (also 30 Tage pro Kind); auch in diesem Fall wird sie erst 20 Tage später, also 80 Tage nach der ersten Geburt, wieder einen vollen Wurf haben. Eine Mutter, welche die zwei Restkinder verlässt oder frisst, kann aber schon 20 Tage nach der ersten Geburt wieder mit einem vollen Wurf rechnen; und selbst wenn man diese 20 Tage zu den 60 Tagen der nächsten Brutpflege hinzuzählt (weil ja erst dann wieder selbstständige Junge da sind), ergäbe das einen Zeitaufwand von 80 Tagen für 6 Junge, also von 13 Tagen pro Kind. Eine Mutter, die sich nicht mit wenigen Kindern aufhält, wenn sie viele haben könnte, erreicht in ihrer Lebenszeit eine höhere „Kinderdichte", hinterlässt am Ende ihres Lebens mehr Nachkommen als eine andere Mutter, die viel Zeit auf unterdurchschnittlich kleine Würfe verwendet.

Das Aufgeben der „Restkinder" im Hinblick auf den zu erwartenden nächsten vollen Wurf lohnt sich freilich nur, wenn dieser nächste Wurf wirklich kommt. Je älter eine Mutter ist, desto weniger wahrscheinlich kommt noch ein Wurf, desto mehr sollte sie also dazu neigen, die „Restkinder" doch aufzuziehen. Man wird also erwarten, dass junge Mütter Restkinder aufgeben, alte aber nicht. Das heißt nicht, dass alte Weibchen „bessere" Mütter wären; sie müssen nur von anderen Voraussetzungen ausgehen.

(DIFF, *STB 2, 1986, S. 23/24*)

Aufgabe

E01 **Aborte* beim Hausschwein.** Ein Mutterschwein hat normalerweise ca. 9 Ferkel pro Wurf. Entwickeln sich bis zum 12. Tag nach der Empfängnis weniger als 5 Embryonen, werden diese von der Mutter abortiert. Sofort danach wird sie wieder empfängnisbereit (brünstig) und beginnt einen neuen Wurf. Die Schwangerschaft dauert beim Hausschwein ca. 115 Tage, die anschließende Säugezeit ca. 55 Tage.

a) Unter welchen Gesichtspunkten lässt sich dieses Verhalten mütterlicher Hausschweine erklären?

Sprachlose Biobauern. K., R. und S. gründen einen Bio-Bauernhof. Ihre Jungsau Susi bekommt 7 Ferkel. Bei einem großen Einweihungsfest servieren sie 4 davon als Spanferkel. Zu ihrem Entsetzen hat Susi am nächsten Morgen die restlichen 3 Ferkel gefressen. (Schweine bekommen durchschnittlich 9 Ferkel pro Wurf.)

b) Wie erklären Soziobiologen eine solche Verhaltensweise? Erstellen Sie eine Kosten-Nutzen-Analyse!

c) Wie wären – bei gleicher Ausgangssituation – die Überlebenschancen der Ferkel bei einer erfahrereren Sau gewesen?

Rivalenkämpfe: Schauen wir uns als weiteres Beispiel zum Kosten-Nutzen-Aspekt das Kampfverhalten bei Tieren an. Kämpfe können um Geschlechtspartner, Reviere, Rangordnung oder Nahrung stattfinden.

Zwei männliche Löwen streiten sich um einen Fleischbrocken. Zunächst versuchen sie, Imponier- und Drohgebärden zeigend, ohne direkte Kampfhandlung ans Ziel zu kommen.

Mit dem Imponier- und Drohverhalten findet gleichzeitig die **Größeneinschätzung** des Gegners statt. Imponieren und Drohen signalisieren die Stärke eines Tieres.

Kommt keiner der beiden Rivalen damit zum Ziel, folgt eine **Bedürftigkeitsabschätzung**. Diese beinhaltet eine Abwägung zwischen den aufzuwendenden Kosten (Energie) und dem anschließenden Nutzen (in unserem Fall dem Futter).

Ist bei zwei relativ gleich großen Tieren (nach erfolgter Größeneinschätzung) Löwe A z.B. hungrig, so wird er bereit sein, viel Energie aufzuwenden, um dem Löwen B den Fleischbrocken streitig zu machen. Je hungriger er ist, desto größere Kosten wird er in Kauf nehmen (desto länger und intensiver wird er bereit sein zu kämpfen).
Ist der Nutzen für ihn im Vergleich zu den notwendigen Kosten nach erfolgter Größen- und Bedürftigkeitsabschätzung jedoch zu gering, wird er eher den Kampf abbrechen und sich zur Flucht wenden bzw. eine Demutsgeste zeigen.

Vom soziobiologischen Gesichtspunkt aus betrachtet, wird das Tier in jedem Fall das für ihn in der konkreten Situation biologisch sinnvollste Verhalten zeigen.

Eine Demutsgeste muss also nicht – wie die klassische Ethologie interpretieren könnte – als Übersprungverhalten und eine Flucht nicht als Umorientierung betrachtet werden; vielmehr handelt es sich um das für das Tier zu diesem Zeitpunkt **ökonomischste Verhalten**.

Originaltext

Folglich muss ein umstrittenes Objekt die Aufwendung für zwei Kämpfe wettmachen, der Aufwand für jeden einzelnen Kampf darf nur bis zum halben Objektwert gehen. ...
Ökonomen und Spieltheoretiker bieten das Rüstzeug, um theoretische Erwartungen darüber zu formulieren, welche Taktiken denn auf lange Sicht erfolgreicher sind, ...
Und selbstverständlich gehört dazu jeder Bluff und Trick, der Erfolg bringt. Die Selektion prämiert jedes Mittel, das den eigenen Vorteil hebt, auch wenn es uns unfair oder betrügerisch erscheint. ...
Aus diesem Beispiel lernt man ferner verstehen, dass ganz allgemein KOMMUNIKATION – selbst zwischen nahen Verwandten, geschweige denn sonst – ein Verfahren ist, nicht um Wahrheiten zu vermitteln, sondern den eigenen Vorteil zu sichern, und zwar durch entsprechende Manipulation des Signal-Empfängers.
(WICKLER *1987, S. 268/269*)

Kommen wir nochmals auf die **Bedürftigkeitsabschätzung (Kosten-Nutzen-Abschätzung)** zurück: Bei zwei etwa gleich starken Rivalen hat jeder eine etwa 50-prozentige Siegeschance. Das bedeutet, er gewinnt im Schnitt jeden zweiten Kampf.

Aus den obigen Darstellungen wird deutlich, dass der soziobiologische Ansatz auch Erklärungen für scheinbar unsinniges Verhalten liefert, indem er ganzheitlich vorgeht und das gezeigte Verhalten funktional und auf evolutionsbiologischen Prämissen beruhend bewertet.

3.2 Die Fitness

Tiere, die ihre Nachkommen pflegen, verbrauchen sehr viel Zeit und Energie. Die Brutpflege birgt viele Risiken und senkt die Lebenserwartung der pflegenden Elterntiere. Würde die Selektion auf das Überleben der einzelnen Individuen hin ausgerichtet sein, müsste man davon ausgehen, dass brutpflegende Tiere längstens ausgestorben sein sollten.

Originaltext

Aber: Ein Huhn, das flieht und die Küken dem Iltis überläßt, lebt lange gut und stirbt kinderlos, und sein Verhaltensprogramm mit ihm; eine Glucke, die ihre Kinder verteidigt, stirbt vielleicht als Frühinvalide, hat aber ihr Verhaltensprogramm in etlichen Nachkommen in die nächste Generation gerettet – vorausgesetzt freilich,

1. dass die Geretteten dasselbe Verhaltensprogramm haben, was von ihrem Verwandtschaftsgrad mit der Glucke abhängt, und
2. dass das Verhaltensprogramm genetisch weitergegeben wird.
   Damit war die Idee der **Verwandten-Selektion** oder **Kin-Selektion** geboren.
   (WICKLER *1987, S. 267/268;* Hervorhebungen durch die Autoren)

Damit wird klar, dass das Individuum die falsche Bezugsgröße darstellt. Die Selektion und damit auch die Evolution bezieht sich nicht primär auf das Überleben der Individuen, sondern vielmehr auf das Überleben in der Generationenfolge. Was also letztlich überlebt, ist nicht der Einzelne, sondern sein genetisches Programm, das er in sich trägt und an seine Nachkommen weitergegeben hat.

Beobachtet man z.B. bei einer Vogelart, dass die Schwestern des Muttertieres helfen, deren Jungen großzuziehen – sie zeigen also Brutpflegeverhalten, ohne eigene Jungen zu haben –, so ist dies ein Verhalten, das sich aus soziobiologischer Sichtweise leicht erklären lässt:

Leibliche Nachkommen der Ammentiere würden zu 50% die Gene der Ammen tragen. Die Nachkommen der Schwester besitzen aber immerhin noch zu 25% die Erbinformationen der Ammen. Also kann es unter entsprechenden Umweltbedingungen biologisch sinnvoll sein, das Überleben der Jungen der Schwester zu fördern, da indirekt die eigenen Programme gefördert werden.
Es geht also nicht mehr allein um die Fitness des einzelnen Lebewesens, sondern um eine **Gesamtfitness**, die alle Lebewesen ein-

!

Die Gesamtfitness eines Programmes bestimmt sich dann aus dem Eigenanteil plus dem Verwandtenanteil multipliziert mit dem Verwandtschaftsgrad.

schließt, die ein bestimmtes Programm tragen. Damit wird das Überleben und Ausbreiten genetisch fixierter Programme zum zentralen Anliegen; und je näher Lebewesen miteinander verwandt sind, umso mehr kommt eine gegenseitige Hilfe den gemeinsamen und damit auch den eigenen Genen zugute. Jedes Verhalten ist somit **zweckdienlich.**

Erst diese soziobiologische, d.h. genetische und evolutionsbiologische, Theorie sozialen Verhaltens ermöglicht es, viele Verhaltensweisen zu verstehen. Die innerartliche Konkurrenz um begrenzte Ressourcen und hier an erster Stelle um Nahrung und Geschlechtspartner, aber auch um Territorien, ist ein entscheidender Auslesevorteil und erhöht damit die Gesamtfitness.

Originaltext

Krähenweisheit

Auf einer Insel siedelte sich einst eine Krähe an, denn dort gab es reichlich Nahrung. Im Frühjahr legte der Vogel drei Eier, und als die Jungen geschlüpft waren und unentwegt ihre Schnäbel aufsperrten, war die Vogelmutter froh, dass es ringsum alles in Hülle und Fülle gab.

Doch lange währte ihre Freude nicht. Eines Nachts zog ein schreckliches Gewitter herauf, und bald überschwemmten die Fluten des Meeres die Insel. Sie stiegen höher und höher und bedrohten allmählich das Krähennest. Die alte Krähe wusste, dass sie die Jungen weit übers Meer tragen musste, wenn sie die drei nicht dem nassen Tod preisgeben wollte. Aber sie vermochte immer nur ein einziges Junges zu tragen. So überlegte sie nicht lange, ergriff das erste mit ihren Krallen und flog mit ihm davon.

Als die überschwemmte Insel hinter ihnen zurückblieb, fragte sie das Junge: „Wie willst du mir einmal meine Mühe vergelten?“

„Wenn ich groß bin, trage ich dich, wohin du willst“, erwiderte das Junge.

„Du lügst!“ rief die Alte darauf, und sie ließ das Junge ins Meer fallen und kehrte auf die Insel zurück.

Das Wasser leckte schon am Nest, da ergriff die Krähe das zweite Junge und flog eilig mit ihm davon. Nach einer Weile fragte sie:

„Wie willst du mir einmal meine Mühe vergelten?“

Das zweite Junge erwiderte, ohne zu überlegen:

„Wenn ich groß bin, trage ich dich, wohin du willst!“

Auch diesmal ärgerte sich die Alte über die Antwort, und sie ließ das zweite Junge ins Meer fallen.

Darauf flog sie wieder zur Insel zurück. Mittlerweile waren die Fluten schon dabei, das Nest mit sich zu reißen, und das letzte Junge rief angstvoll nach der Mutter.

Die Alte ergriff es aber noch rechtzeitig und flog mit ihm weit übers Meer. Und als sie schon dem Festland nahe waren, fragte sie zum dritten Mal:

„Wie willst du mir einmal meine Mühe vergelten?“

Das Junge überlegte nicht lange. Es antwortete:

„Wie ich dir deine Mühe vergelten will? Wenn ich groß bin und es Not tut, werde auch ich meine eigenen Jungen übers Meer tragen!“

Da war die alte Krähe endlich zufrieden. Sie sagte:

„Du sprichst die Wahrheit, denn wir Vögel sorgen nicht für unsere Eltern. Und weil deine Antwort ehrlich ist, will ich ein neues Nest bauen und dich so lange füttern, bis du flügge geworden bist!“ Und daran hielt sich die alte Krähe.

Baltisches Märchen (Diff, *STB 2, 1986, S. 41*)

Aufgabe

E02 Gleiche Verhaltensweisen werden von der klassischen Ethologie anders gedeutet als von der Soziobiologie! Ergänzen Sie bei den Beispielen a) und b) die soziobiologische Sichtweise und versuchen Sie für die Beispiele c) und d) sowohl eine Deutung im klassisch-ethologischen als auch soziobiologischen Sinn!

a) Von der Ethologie wird das bei vielen Tiergruppen zu beobachtende Fortpflanzungsmonopol des ranghöchsten Männchens so erklärt, dass diese Männchen ja auch die besten Eigenschaften und damit Gene hätten und damit dieses Verhalten vorteilhaft für die Gruppe und die Art sei.

b) Die Bevorzugung von ranghohen Männchen, die häufig besonders kräftig, lautstark und farbenprächtig sind, erklärt die klassische Ethologie als deutlichen Beweis dafür, dass die Weibchen durch dieses Verhalten sicherstellen, dass zum Gruppen- und Artwohl die besten Eigenschaften weitergegeben werden.

c) Häufig lässt sich bei sozial lebenden Tieren beobachten, dass Bruthelfer, die meist mit den Jungtieren verwandt sind, bei der Jungenaufzucht die „eigentlichen" Eltern unterstützen.

d) Nicht nur bei Pavianen kann man beobachten, dass Wächter die Gruppe vor Feinden warnen und sich durch dieses Verhalten häufig selbst in Lebensgefahr bringen.

Als Fazit gilt:
Lebewesen sollten
- Brutpflege betreiben,
- möglichst ihre eigenen Jungen pflegen
- und sich gegenseitig umso intensiver fördern, je näher sie miteinander verwandt sind; sie erhöhen damit ihre Gesamtfitness (*vgl. Kap. E.8*).

3.3 Soziobiologische Kulturtheorie

Auch in bestimmten Bereichen des **menschlichen Sozialverhaltens** liefert der soziobiologische Ansatz Erklärungen für Verhaltensweisen, die zunächst unverständlich scheinen, letztlich aber eine Gesamtfitness-Maximierung darstellen.

An einem schon auf das Jahr 1615/1616 zurückgehenden Reisebericht des Kanada-Entdeckers DE CHAMPLAIN wollen wir exemplarisch den soziobiologischen Ansatz testen.

Avunkulat* bei den Huronen: DE CHAMPLAIN verbrachte den Winter 1615/1616 bei dem nordamerikanischen Indianerstamm der Huronen und schildert ausführlich die dort vorherrschende sexuelle Freizügigkeit (Promiskuität*).

„Die Kinder ... können nicht sicher sein, daß sie legitim sind. Es gibt (aber) einen Brauch, der diese Gefahr steuert: Die Kinder sind, was den Besitz und die Würden angeht, niemals die Erben ihres Vaters, von dem man, wie ich schon sagte, nicht sicher sein kann, daß er sie gezeugt hat. Die Ehemänner setzen vielmehr zu ihren Nachfolgern und Erben die Kinder ihrer Schwestern ein, von denen sie sicher sein können, daß sie von diesen geboren sind“ (Diff, *STB 2, 1986, S.70*).

Dieses „Erbverhalten“, das auch von anderen Völkern bekannt ist, bezeichnet man als Avunkulat. Nach all dem bisher Gesagten müssen wir uns die Frage stellen, ob das Verhalten der Huronen-Männer ihnen (ihren genetischen Programmen) Fitness-Vorteile bringt.

Da sie nicht wissen können, ob die Kinder ihrer eigenen Frauen auch von ihnen gezeugt wurden, würden sie möglicherweise in Kinder „investieren“ (Vater-Investment), die keine/ kaum genetische Programme von ihnen tragen. Bei den Kindern ihrer Schwestern sind sie hingegen sicher, dass diese mindestens 25% der eigenen Gene ebenfalls haben. Unter diesem Betrachtungswinkel stellt sich das beschriebene Verhalten also als äußerst sinnvoll heraus.

Grundsätzlich lässt sich eine Kopplung zwischen der Intensität und Zunahme väterlicher Investitionen und der Zunahme der Vaterschaftswahrscheinlichkeit zu den Kindern ihrer Frauen feststellen:

In streng monogam organisierten sozialen Strukturen (bei Menschen und Tieren) geht die sexuelle Einehe und damit die extrem hohe

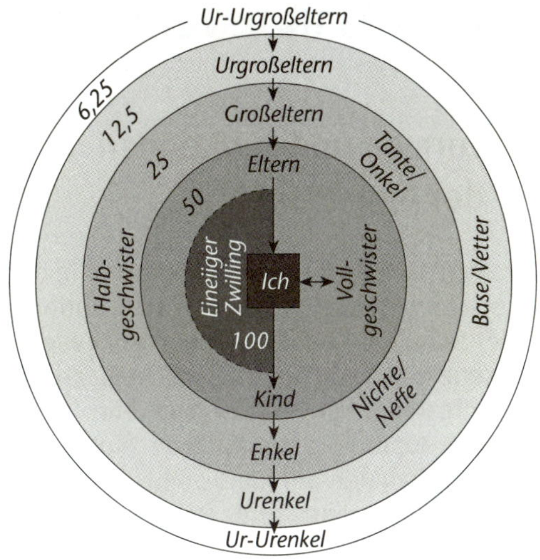

Abb. 76
Verwandtschaftsgrade und prozentuale Anteile der genetischen Übereinstimmung

Vaterschaftswahrscheinlichkeit einher mit einem ebenfalls sehr hohen Vater-Investment.

In vielen Kulturen sind die Verwandtschaftsverhältnisse maßgeblich an den sozialen Beziehungen zwischen den einzelnen Individuen beteiligt; sie regeln die Erbfolge, Formen des Zusammenlebens und Zusammenarbeitens, Rangfolgen oder klären Fortpflanzungsbeziehungen.

Aufgabe

E03

a) Für das Zugverhalten der Schwalben in den Süden lassen sich zwei unterschiedliche Behauptungen aufstellen:
Die Schwalben ziehen gen Süden,

- um im „Nord-Winter“ dort ein reichhaltiges Futterangebot zu finden.
- da die Tageslänge in ihren Sommerquartieren abnimmt.

Welche unterschiedlichen Erklärungsweisen der Biologie liegen hier vor?

b) Begründen Sie kurz die Behauptung: Maß und Einheit der Selektion ist das einzelne Lebewesen, Maß und Einheit der Evolution das genetische Programm.

c) Worauf sollte bei der Verwendung der Begriffe „Anpassung“ und „Angepasstheit“ geachtet werden?

4. Aggressionsverhalten

4.1 Formen und Funktionen der Aggression*

Mit aggressivem Verhalten werden wir in den unterschiedlichsten Bereichen konfrontiert: In der Schule im Pausenhof genauso wie im Klassenzimmer, auf dem Schulweg, an der Bushaltestelle, im Straßenverkehr, unter Jugendgruppen – aber auch in einem viel größeren Rahmen am Rand von Fußballspielen, bei Krawallen und Demonstrationen oder bei kriegerischen Auseinandersetzungen zwischen Interessengruppen und Staaten. Es tritt bei Tieren genauso auf wie beim Menschen.

Wir wollen zunächst die biologische Bedeutung aggressiven Verhaltens erschließen, bevor wir uns den so genannten Aggressionstheorien zuwenden.

Interspezifische* Aggression: Aggressives Verhalten tritt vielfach zwischen den Arten auf. So haben alle Räuber-Beute-Beziehungen ihre aggressive Komponente, indem der Räuber das Beutetier verfolgt und gegebenenfalls tötet. Hierbei handelt es sich also um eine Funktion des Nahrungserwerbs.

Eine Vertreibung von Tieren anderer Artzugehörigkeit aus einem optimalen Lebensraum, um letztlich die eigene Fitness zu steigern, gehört ebenso in diesen Verhaltensbereich. Die biologische Bedeutung liegt bei den genannten Beispielen offensichtlich auf der Hand.

Wozu dienen jedoch die aggressiven Auseinandersetzungen von artgleichen Tieren?

Intraspezifische* Aggression: Aggressive Verhaltenstendenzen treten normalerweise dann auf, wenn Artgenossen, in welcher Form auch immer, in **Konkurrenz*** zueinander treten: sei es um Nahrung, Geschlechtspartner, Lebensraum (Revier, Territorium) oder um einen Platz (Rangplatz) in der sozialen Gruppe. Häufig sind bei innerartlichen Auseinandersetzungen besondere Mechanismen (Signale) wirksam, die schädigende Auswirkungen auf den Artgenossen minimieren sollen (Drohen statt Kämpfen, Demuts- und Beschwichtigungsgesten, Tötungshemmung).

Agonistisches* Verhalten: Da Auseinandersetzungen zwischen Lebewesen immer von Angriff und Flucht geprägt sind, ist es im angelsächsischen Bereich üblich, Aggression und Flucht als Einheit zu sehen. Hierfür hat sich der Begriff agonistisches Verhalten etabliert.

Drohverhalten: Einer kämpferischen Auseinandersetzung geht oft ein gegenseitiges Drohen (**Imponieren**) voraus. Vögel richten ihre Federn auf, Säuger sträuben ihre Haare, Kampffische spreizen die Kiemendeckel ab. All diese Verhaltensweisen dienen dazu, den eigenen **Körperumriss** zu vergrößern (Bedürftigkeitsabschätzung.)
Meist werden auch die „Waffen“ gezeigt: Die Zähne werden entblößt, die Hörner oder Geweihe ausgerichtet. Zu den optischen Reizen kommen oft noch akustische Elemente hinzu: Fauchen und Knurren bei Säugern, gegenseitiges „Sich-Ansingen“ bei Vögeln.

Häufig wird durch das Imponieren eine Auseinandersetzung verhindert, einer der Partner zieht sich zurück; ist dies nicht der Fall, kommt es unweigerlich zum Kampf.

Kommentkampf* (Turnierkampf): Beim Kommentkampf werden die gefährlichen Waffen, die gegen artfremde Feinde normalerweise eingesetzt werden, gezielt nicht benutzt. Es geht um ein Kräftemessen, ohne dabei den Artgenossen unbedingt körperlich zu schädigen.

Während z.B. die Galapagos-Meerechsen artfremde Feinde durch Beißen bekämpfen, versuchen sie im Rivalenkampf den Gegner mit der Stirn in eine Steinspalte o. Ä. zu drängen.

Meist sind die Kampfformen stark ritualisiert; besondere Verhaltensweisen wirken als soziale Signale (**Demuts-/Unterwerfungsgesten**) und können den Kampf beenden. Das schwächere Tier zeigt seine Unterlegenheit an, was beim überlegenen Gegner den weiteren Angriff blockiert und dem Verlierer den gefahrlosen Rückzug ermöglicht.

Oft sind als Demutsgesten Verhaltenselemente aus dem „Kindchen-Verhalten“ oder dem Sexualverhalten ritualisiert: Bei Wölfen und Hunden wirft sich der Verlierer wie ein Jungtier auf den Rücken, Paviane benutzen die weiblichen Verhaltensweisen der Paarungsaufforderung, um sich zu unterwerfen.

Häufig ist die Beschwichtigungsgebärde das gestaltliche Gegenteil der Drohgebärde: Der Körperumriss wird gezielt verkleinert (Auf-den-Boden-pressen etc.).

Beschädigungskampf: Manche Arten führen ihre Kämpfe auch mit den Waffen aus, die sie gegen artfremde Tiere verwenden. So können z.B. Kämpfe zwischen Wölfen oder Hunden (Beißerei) zu Verletzungen führen; selbst die Tötung des unterlegenen Tieres ist nicht selten – allerdings können auch beim Beschädigungskampf Demutsgebärden den Kampf vorzeitig beenden.

Häufig finden Beschädigungskämpfe zwischen artgleichen Tieren aus unterschiedlichen Sozialverbänden (Rudeln, Sippen) statt: Ratten oder Löwen kämpfen dann z.B. ohne Tötungshemmung, um einen bestimmten Lebensraum zu verteidigen bzw. einen Harem zu erobern.

Ausstoßreaktion: Innerartliche Aggression gegen Gruppenmitglieder kommt oft als Ausstoßreaktion vor. T. SCHJELDERUP-EBBE fand schon 1922, dass Hühner ein Gruppenmitglied heftigst angreifen oder gar töten, wenn es von der Norm abweicht. (Ein körperliches Gebrechen, aber auch ein künstlicher Farbfleck auf dem Kamm können das Verhalten auslösen.) Dieses Verhalten gegenüber Gruppenmitgliedern führt zu einer gewissen Homogenität in der Gruppe, was durchaus als Selektionsvorteil angesehen werden kann.

4.2 Theorien über aggressives Verhalten beim Menschen

Auch beim Menschen beobachtet man vielfach aggressives Verhalten. Trotzdem wollen wir bewusst auf eine platte Übertragung nicht nur verzichten, sondern auch davor warnen. Für die Ursachen menschlichen Aggressionsverhaltens haben sich in der Biologie, Soziologie und Psychologie drei unterschiedliche Erklärungsmodelle herausgebildet:

Triebtheorie (Instinkthypothese): Die Triebtheorie der Aggression basiert speziell auf Ansätzen der klassischen Ethologie (LORENZ). Sie geht davon aus, dass das Aggressionsverhalten ein Instinktverhalten mit eigener Handlungsbereitschaft und allen dazugehörigen Verhaltenselementen ist. Es ist als arterhaltendes Element im Laufe der Evolution entstanden.

Als „stammesgeschichtliches Erbe“ ist es wie alle anderen Instinkte auch durch Lernen und Einsicht veränderbar (Instinkt-Dressur-Verschränkung), kann jedoch nicht vollständig unterdrückt werden (da eigene Handlungsbereitschaft).

Eine Möglichkeit des Abbaus von Triebenergie sieht LORENZ in der **Umorientierung,** z.B. in den Bereich der Kreativität oder des Sports.

Frustrations-Aggressions-Theorie: Sie geht auf DOLLARD u.a. 1939 zurück und sieht in der Aggression ein einseitig reaktives Verhalten. DOLLARD versuchte seine F-A-Theorie streng axiomatisch* aufzubauen; seine Kernsätze lauteten:

„Aggression ist immer eine Folge von Frustration“ und „Frustration führt immer zu einer Form von Aggression“.

Unter Aggression wird jede Verhaltenssequenz verstanden, die auf die Verletzung eines Organismus oder Organismusersatzes abzielt, als Frustration jegliche Störung einer bestehenden zielgerichteten Aktivität.

Weitere Zusatzannahmen verdeutlichen den Ansatz: Die Stärke der Aggression hängt vom Grad der Störung, von der Anzahl der Störungen und von der Stärke der frustrierten Aktivität ab. Wird eine Bestrafung erwartet, kann es zu einer Hemmung kommen. Am stärksten richtet sich die Aggression gegen die Frustrationsursache. Ist die Hemmung, den Frustrierenden anzugreifen, groß, kann es zu einer Verschiebung der Aggression auf ein Ersatzobjekt (Chef → Frau → Kinder → Hund) oder zur Selbstaggression kommen.

Unter **Katharsis*** wird verstanden, dass die Ausführung einer Aggressionshandlung die Neigung zu weiteren Aggressionen mindert. Problematisch ist diese Annahme, weil sie die menschliche Aggression sehr einfach entschuldigt: Nur weil wir frustriert wurden, sind wir aggressiv. Konstruktive Lösungen werden nicht aufgezeigt.

Lerntheorie: Androhung oder Anwendung von Gewalt sind vielfach nützliche Mittel zur Erreichung egoistischer Ziele. Jedes **erfolgreiche** aggressive Verhalten (Belohnung) vergrößert dann die Erwartung, dass erneutes Aggressionsverhalten wieder erfolgreich sein wird.

Zusätzlich wird aggressives Verhalten durch Vorbilder (Fernsehen, Kino, elektronische Medien) erlernt.

Bio-soziales Modell: Wahrscheinlich spielen alle drei beschriebenen Komponenten eine Rolle und aggressives Verhalten ist durch das Zusammenwirken von angeborenen, reaktiven und erlernten Elementen gekennzeichnet.

Zum Nachdenken

Wenn ein Wolf einen Wolf im Wald trifft, denkt er, nun ja, sicher ein Wolf – wenn ein Mensch einen Menschen im Wald trifft, denkt er, aufgepasst, sicher ein Mörder. (frei nach André Heller)

5. Revierverhalten

Viele einzeln oder in sozialen Verbänden lebende Tiere verteidigen einen bestimmten Raum um sich herum (**Revier, Territorium**) wie ein individuelles Eigentum.

Zum Grundprinzip führte N. Tinbergen einen sehr eindrucksvollen Versuch durch (*vgl. Abb. 77*): Er setzte zwei Stichlinge, die Reviernachbarn waren, in getrennte Reagenzgläser. Jeweils das Tier, in dessen Revier man die beiden Gläser hielt, zeigte Angriffsverhalten, das andere versuchte zu fliehen. An der Reviergrenze drohten sich die beiden Tiere gegenseitig an.

Angriffsverhalten und Kampfkraft sind im eigenen Revier deutlich erhöht und nehmen von der Reviergrenze beginnend zur Reviermitte hin zu. Revierbesitz sichert Nahrungsquellen sowie Brut- und Rückzugsstätten. Haben sich bestimmte Reviere erst einmal etabliert, entfällt die innerartliche Aggression weitgehend, Reviernachbarn akzeptieren die Grenzen und leben „friedlich“ nebeneinander. Erst durch das Eindringen fremder Tiere kommt es erneut zu heftigen Kämpfen.

Bei paarbildenden Tieren wird das Revier von Männchen und Weibchen gemeinsam

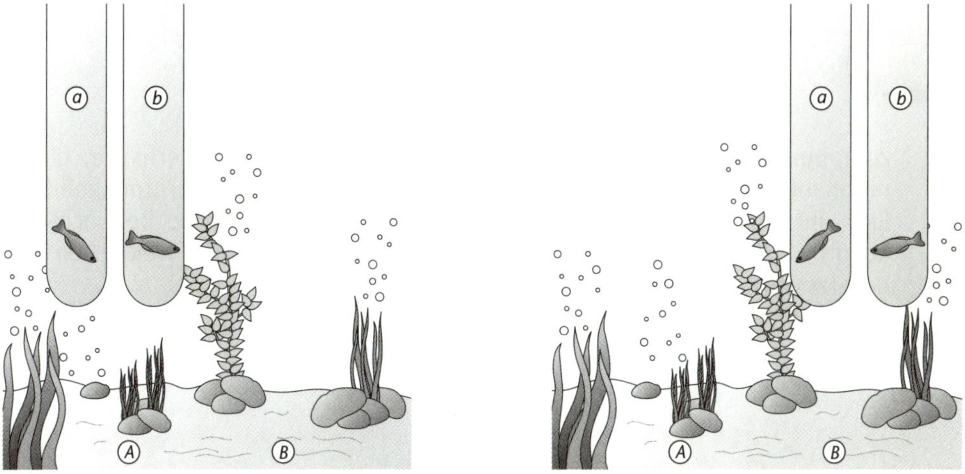

Abb. 77
Revierverhalten bei Stichlingsmännchen, A Revier von Tier a, B Revier von Tier b (Erklärungen im Text)

verteidigt. In sozialen Verbänden lebende Tiere (z.B. Wölfe) verteidigen ihre Reviere als ganze Gruppe.

Struktur und Markierung der Reviere sind artspezifisch und auf die besonderen Bedürfnisse der Tiere hin ausgelegt (Ruheplätze, Trink- und Badestellen, Harn- und Kotplätze etc.). Ein oft verzweigtes Wegenetz verbindet unterschiedliche Bereiche miteinander. Meist sind reine Brutreviere kleiner als die Nahrungsreviere.

Markierung: Eine besondere Markierung erfolgt zumeist an den Reviergrenzen. Bei Säugern geschieht dies oft durch Duftmarken (Harn bei Hunden, Kot oder besondere Drüsensekrete). Akustische Markierungen finden wir bei vielen Vogelarten, aber auch bei Löwen und Seelöwen, Wölfen, Rothirschen und Gibbons. Von einigen Fischen ist eine Reviermarkierung mittels elektrischer Felder nachgewiesen. Nicht selten werden die Reviere optisch markiert: Patrouillieren an den Reviergrenzen, sich Zeigen an exponierten Stellen.

Bedeutung: Ein Revier sichert für seine(n) Inhaber das ausreichende Vorhandensein von Nahrung; es erleichtert als „Treffpunkt" die Paarbildung und Paarung (Orts-Ehen, z.B. beim Storch); es verbessert die Überlebenschancen gegenüber Raubfeinden, indem der Besitzer mit Fluchtwegen und Zufluchtsstätten vertraut ist. Zwar steht den genannten Vorteilen ein erhöhter Energieaufwand für die Verteidigung gegenüber, die Kosten-Nutzen-Bilanz für die Revierbesitzer ist aber in der Regel positiv.

Neben diesen individuellen Bedeutungen kommt dem Revierverhalten auch eine Bedeutung bei der „Bevölkerungskontrolle" zu:

Bei revierbildenden Tieren pflanzen sich nur die Revierbesitzer fort und damit hängt die Fortpflanzungsrate direkt von der Revieranzahl ab. Sind die Nahrungs- und „Wohn"-Bedingungen sehr gut, entstehen viele kleine Reviere, im umgekehrten Fall hingegen nur wenige große. Dadurch ist ein indirekter Schutz vor Übersiedlung gegeben.

Übervölkerung: Wird der Lebensraum zu sehr eingeengt bzw. tritt, aus welchen Gründen auch immer, eine Massenvermehrung auf, kommt es bei vielen Tierarten zu Verhaltensänderungen (sozialer Stress, *vgl. Kap. E.7*). Tiere, die kein Revier besetzen können, müssen auswandern; damit ist gleichzeitig eine Verbreitung der Art verbunden.

Aufgabe

E04 Zebrabuntbarsche (*Cichlasoma nigrofasciatus*) sind Süßwasserfische, die sich problemlos in Aquarien halten und züchten lassen. Sie sind brutpflegend, d.h., Eier und Jungfische werden bewacht und „umsorgt“. Folgende Beobachtungen konnten in einem Aquarium, das mit zwei männlichen und zwei weiblichen Tieren besetzt war, gemacht werden:

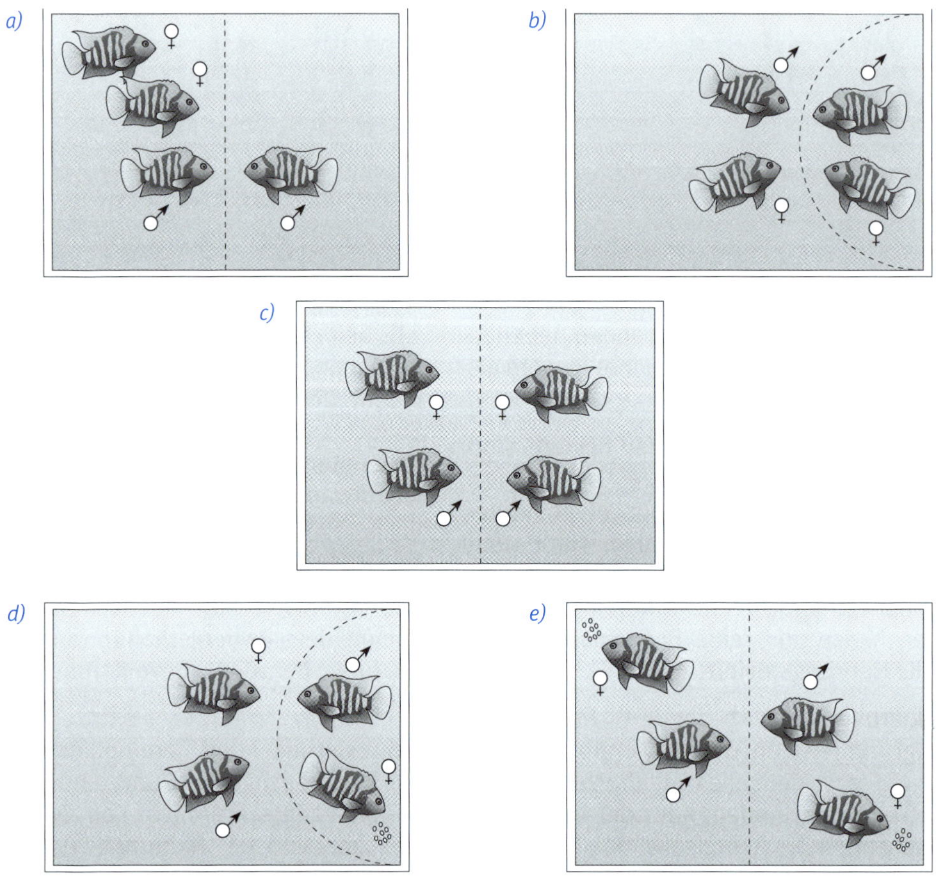

Abb. 78
Veränderungen der Reviergrenzen bei Zebrabuntbarschen, a) Aquarium mit Territorien zweier nicht verpaarter Männchen von oben gesehen, b) linkes Männchen verpaart, c) beide Männchen verpaart, d) rechtes Weibchen hat abgelaicht, e) beide Weibchen haben abgelaicht

a) Entwicklen Sie begründete Hypothesen für die Faktoren, die die Veränderungen der Reviergrenzen bedingen.

b) Wird das Aquarium mit zu vielen Zebrabuntbarschen besetzt, kommt es nicht zur Fortpflanzung. Erklären Sie dieses Phänomen.

Revierverhalten beim Menschen: Revierverhalten zeigt sich beim Menschen in den unterschiedlichsten Facetten: Private Arbeits- und Lebensbereiche werden markiert und abgegrenzt, die eigene Wohnung oder das eigene Haus verschlossen, Grundstücke eingezäunt. Betreten Fremde das Revier, sind soziale Signale der Beschwichtigung ritualisiert: Anklopfen, Verbeugen, Überreichen eines Geschenkes usw.

Individualdistanz: Am Esstisch haben wir ebenso unseren Stammplatz wie im Klassenzimmer. Im Zug oder Bus, selbst im Fahrstuhl, versuchen wir eine möglichst große Distanz zwischen uns und dem nächsten fremden Menschen aufrechtzuerhalten. Müssen wir trotzdem dicht zusammenrücken, versuchen wir zumindest den Blickkontakt zu vermeiden und „fixieren" uns auf etwas Belangloses.

Dieses „Miniaturrevier", das für jedes Individuum unterschiedlich zu sein scheint, nennt man Individualraum; die Distanz, die Lebewesen als Mindestabstand fordern, Individualdistanz.

Beim Buchfinken hat P. MARLER zwischen Männchen 18 bis 25 cm, zwischen Weibchen und zwischen verschiedenen Geschlechtern 7 bis 12 cm ermittelt. Dabei halten ranghohe Tiere eine größere Individualdistanz ein als rangniedere. Bestimmte Tiere, „bescheiden auftretende", werden näher geduldet als andere. Gleichzeitig treten periodische Schwankungen auf: Zur Begattungszeit hin wird die Distanz zwischen den Geschlechtspartnern immer geringer, gegenüber dem gleichen Geschlecht gleichzeitig größer.

6. Rangordnungen

Neben der Verteidigung von Revieren und Individualdistanzen ist das Entstehen von Rangordnungen ein weiterer Bereich, in dem aggressives Verhalten häufig vorkommt.

Unter natürlichen Bedingungen findet man Rangordnungen hauptsächlich bei sozial lebenden Tieren, die einen individualisierten Verband bilden, also sich gegenseitig individuell kennen (s. o.).

Hackordnung: Gut untersucht ist die Rangordnung beim Haushuhn: Wird zu einer Hühnerschar ein neues Huhn hinzugesetzt, kämpft es mit jedem Huhn der Schar und erhält je nach Kampfausgang seinen speziellen Platz in der Rangordnung.

Dabei müssen nicht unbedingt lineare Ordnungen entstehen, es kann durchaus zu „Dreiecksverhältnissen" kommen, weil Huhn A über Huhn B, Huhn B über Huhn C, aber Huhn C über Huhn A gesiegt hat.

Entsteht eine abgestufte Rangordnung, wird die Rangstufe mit Buchstaben des griechischen Alphabets beschrieben: Das ranghöchste Tier wird als Alpha-Tier, das zweithöchste als Beta-Tier, das rangtiefste Mitglied der Gruppe als Omega-Tier bezeichnet.

Sind die Verhältnisse einmal festgelegt, wird im Allgemeinen auch seltener gekämpft; oft genügt dann ein kurzes Drohen eines Ranghohen, um ein rangniedrigeres Tier in die Schranken zu weisen.

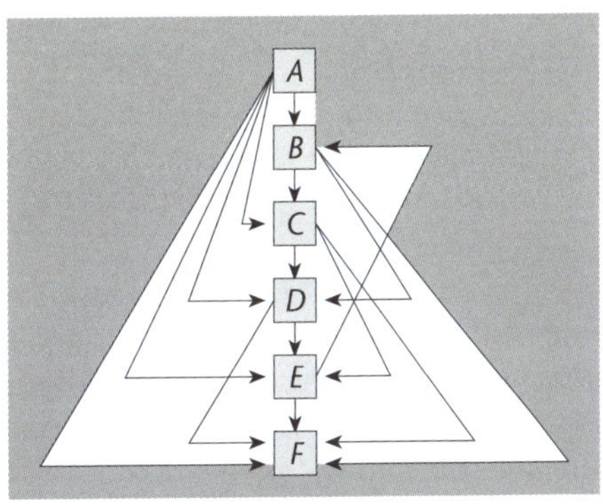

Abb. 79
Rangordnung in einer Hühnerschar (Huhn A bis Huhn F)

Der Ranghohe hat einerseits besondere Vorteile (Rechte) – so darf er meist zuerst zum Futterplatz, ihm gebührt der beste Schlafplatz, er kommt ausschließlich oder besonders häufig zur Paarung. Andererseits übernimmt er auch den Schutz der Gruppe vor Fressfeinden, schlichtet Streitigkeiten innerhalb der Gruppe, bestimmt den Zeitpunkt des Aufbruches und die Wanderrichtung und sorgt für die Stabilität der Gruppe und den Gruppenzusammenhalt.

In Wolfsrudeln besteht eine getrenntgeschlechtliche Rangordnung: Die Alpha-Wölfin kontrolliert dabei das Paarungsverhalten der übrigen Weibchen. Bei reichlichem Nahrungsangebot lässt sie neben den eigenen Paarungen auch Paarungen von anderen Weibchen zu, bei Nahrungsknappheit hingegen versucht sie die Paarungen der unterrangigen Weibchen zu verhindern; damit ermöglicht sie ihren eigenen Jungen eine größere Überlebenschance.

Nahrungsmangel, Gefangenschaft und Raumnot können zur Verschärfung der Dominanzverhältnisse beitragen; Rangkämpfe treten häufiger auf, die Unterdrückungsmechanismen werden deutlicher.

Aufgabe

E05 Fünf Hühner aus unterschiedlichen Scharen werden zusammengesetzt. Sofort beginnen Rangordnungskämpfe zwischen den Tieren. Nach und nach stellt sich eine relativ stabile Rangordnung ein.

Die Kampfergebnisse zwischen den Hühnern A, B, C, D und E sind nachfolgender Tabelle zu entnehmen:

	A	B	C	D	E
A	X	–	+	+	–
B	+	X	–	+	–
C	–	+	X	+	–
D	–	–	–	X	–
E	+	+	+	+	X

⇒ ⊕ = siegt über, ⊖ = verliert gegen

Tabelle 7
Kampfergebnisse bei fünf Hühnern

Entnehmen Sie der Tabelle die Kampfergebnisse und stellen Sie die Rangordnung zwischen den Tieren in Form eines Pfeildiagrammes (*vgl. Abb. 79*) dar. Gibt es ein eindeutiges Alpha- und Omega-Tier?

Grundsätzlich sind Rangordnungen keine starren Strukturen; jede Kampfhandlung kann zu Veränderungen beitragen. Oft spielt neben Körperkraft, Größe, Kampfbereitschaft und Geschicklichkeit auch die Erfahrung bei der Rangstellung eine Rolle. Besonders bei hochrangigen alten Affenmännchen findet man in diesem Zusammenhang sogar ein „Alterssprachtkleid" (langes, silbergraues Haar; Silberrücken).

Abgeleitete Rangstellungen: Bei Affen und Dohlen nehmen die Weibchen die Rangstellung desjenigen Männchens ein, mit dem sie eine Verbindung eingehen. Jungtiere können ebenfalls den Stand ihres Vaters oder ihrer Mutter übernehmen.

Sowohl das Erreichen als auch das Erhalten einer hohen Rangposition ist mit Kosten verbunden, oft weisen ranghohe Individuen einen deutlich erhöhten Stresshormonspiegel auf, was sich negativ auf ihr gesamtes Immunsystem und ihre Lebenserwartung auswirkt. Dem gegenüber steht der Nutzen des erhöhten Fortpflanzungserfolges (*vgl. Kap. E.9*).

Rangordnung beim Menschen: Sicher gibt es keine Zweifel darüber, dass es auch unter den Menschen die unterschiedlichsten Rangordnungen gibt. Dabei kann ein und dieselbe Person in unterschiedlichen Gruppen durchaus über sehr unterschiedliche Rangstellungen verfügen (im Büro über eine andere als im Kegelklub ...).

Besonders deutlich sind Rangordnungen beim Militär, in Industriebetrieben oder Vereinen ausgebildet. Äußere Zeichen sind neben Titel oder Stellung oft Kleidung, Automarke oder Wohnungsart.

7. Sozialer Stress

D. v. HOLST untersuchte die Folgen von übermäßigem Sozialkontakt bei Tupajas, einer etwa eichhörnchengroßen Tierart aus Südostasien.

Abb. 79a
Typaja mit gesträubten Schwanzhaaren

Die Tiere besetzen normalerweise Reviere und verteidigen diese gegen Artgenossen. Ihre Erregung beim Kampf ist leicht zu erkennen: Die anliegenden Schwanzhaare werden gesträubt.

Werden die Tiere in einem dicht besiedelten Gehege gehalten, kommt es fortwährend zu Kontakten mit Artgenossen. Da sie sich gegenseitig nicht ausweichen können, steigt die Häufigkeit der Kämpfe stark an, was sich an hohen „Schwanzsträubewerten“ (SST-Werten) ablesen lässt.
Nachfolgend kommt es zu drastischen Verhaltensänderungen:

Männchen zeigen ein verlangsamtes Wachstum und neigen zur Unfruchtbarkeit; bei den Weibchen ist die Funktion der Milchdrüsen gestört und die Duftdrüsen scheiden kein Sekret mehr ab, das die Jungtiere markiert und vor dem Gefressenwerden schützt; die nicht markierten Jungen werden von der Mutter oder anderen Artgenossen gefressen.

Trächtige Weibchen tragen ihre Jungen nicht mehr aus; diese werden schon als Embryonen in der Gebärmutter aufgelöst. Dieser Effekt – **Bruce-Effekt** – ist auch von zahlreichen anderen Tierarten bekannt (Kaninchen, Hasen, ...) und ist eine Form der Geburtenkontrolle; die Fortpflanzungsrate wird herabgesetzt.

Bleibt der soziale Stress über mehrere Tage erhalten, sterben auch erwachsene Tiere durch Versagen der Nieren. Nach und nach stehen den überlebenden Tieren auf diese Weise wieder Reviere mit der erforderlichen Größe zur Verfügung.

Offenbar benötigen sozial lebende Tiere zwar eine ganz bestimmte Menge an sozialen Kontakten, bei zu häufigen Kontakten kommt es allerdings zu schwerwiegenden Verhaltensstörungen. Dass **Dichtestressphänomene** auch bei Menschen nicht ohne Bedeutung sind, hat sicher jeder von uns schon am eigenen Körper erleben müssen.

8. Uneigennütziges Verhalten

Eine der Kernfragen der Verhaltensforschung ist die nach den Ursachen uneigennützigen Verhaltens. Dieses Problem betrifft auch menschliches Verhalten, denn es geht um nichts weniger als um die Frage nach der „Natur" von Moral. Dazu existieren zwei unterschiedliche, ja geradezu gegensätzliche Positionen:

- Menschliche Moral geht bruchlos aus tierlichen Verhaltenstendenzen hervor. Moral ist eine Art „Veredelung" dessen, wozu wir ohnehin aufgrund natürlicher Veranlagungen neigen (**Kontinuitätsthese**).
- Moral ist ein menschliches Spezifikum, das den Menschen prinzipiell von allen anderen Organismen abhebt. Moral muss unseren biologischen Trieben und Verhaltenstendenzen gewissermaßen abgerungen werden (**Sonderstellungsthese**).

Charles Darwin, einer der ersten Verfechter der Kontinuitätsthese, war davon überzeugt,

Originaltext

... dass von allen Unterschieden zwischen dem Menschen und den niederen Thieren das moralische Gefühl oder das Gewissen weitaus der bedeutungsvollste ist, [aber] dass jedes Tier, welches es auch sein mag, wenn es nur mit scharf ausgesprochenen sozialen Instinzten (die elterliche und kindliche Zuneigung hier mit eingeschlossen) versehen ist, unvermeidlich ein moralisches Gefühl oder Gewissen erlangen würde, wenn sich seine intellektuellen Kräfte so weit oder nahezu so weit wie beim Menschen entwickelt hätten.
(Darwin *1871, „Die Abstammung des Menschen"*, zitiert nach Darwin 1992, *S. 106 u. 109*)

Konrad Lorenz griff in seinem Werk „Das sogenannte Böse" diese Vorstellung wieder auf und versuchte zu zeigen, dass bei gesellig lebenden Tieren vielfältige **moral-analoge Verhaltensweisen** zu beobachten sind. Im Einzelnen führt er folgende Verhaltensweisen an:

- Beschützen von rangniederen Artgenossen durch Ranghöhere;
- gemeinsame Abwehr von Feinden durch Synchronisation der Kampfbereitschaft;
- Hemmungen, einen Artgenossen zu verletzen: Kommentkampf;
- Hemmungen, gegen das Ritual des Komment zu verstoßen;
- Tötungshemmungen gegenüber Artgenossen;

- angeborene Ausdrucksbewegungen, die solche Hemmungen auslösen: Demutsgebärden;
- Verletzungs- und Tötungshemmungen gegenüber Jungtieren.

LORENZ war fest davon überzeugt, dass solche moral-analogen Verhaltensweisen letztlich der **Arterhaltung** dienen und deshalb als instinktive Verhaltensprogramme selektiert werden.

Diese Vorstellung steht allerdings in krassem Widerspruch zu einigen Grundannahmen der DARWIN'schen Evolutionstheorie: Danach konkurrieren die einander ähnlichsten Organismen am schärfsten um natürliche Ressourcen wie Nahrung, Territorien oder Geschlechtspartner. Die natürliche Selektion trifft demnach vor allem die Individuen derselben Art und weniger die Individuen verschiedener Arten. Die Einheit der Selektion ist somit der Einzelorganismus (das Individuum) und nicht die Art, die Population oder eine andere Gruppe. In der Konkurrenz mit den „Artgenossen" sind die Individuen unterschiedlich tauglich. Diese Tauglichkeit oder **Fitness** wird am Fortpflanzungserfolg der Individuen gemessen: der Anzahl der überlebenden Nachkommen.

Aus dieser Grundannahme lässt sich die einfachste und elementarste Form kooperativen Verhaltens leicht erklären: die Zusammenarbeit von Geschlechtspartnern für die Zeitdauer der **Brutpflege**, die die Überlebenschancen des gemeinsamen Nachwuchses erheblich steigern kann. Je komplexer ein tierischer Organismus ist, desto länger ist in der Regel auch seine Reifungsphase und desto intensiver ist seine Abhängigkeit von elterlichen Investitionen und umso wichtiger kann die gemeinsame und kooperative Aufzucht durch beide Eltern werden. Dieses Phänomen lässt sich also noch unmittelbar mit dem Konzept der Fortpflanzungskonkurrenz erklären, da beide Partner „egoistisch" in den gemeinsamen Nachwuchs investieren und damit den je eigenen direkten Reproduktionserfolg steigern.

Weitaus schwieriger gestaltet sich die Erklärung eines Phänomens, das wir bei sozialen (staatenbildenden) Insekten wie Bienen und Ameisen finden: Außer den fruchtbaren Königinnen sind alle weiblichen Arbeiterinnen **steril** und damit von der eigenen Fortpflanzung ausgeschlossen. Dieses Phänomen irritierte bereits DARWIN so sehr, dass er befürchtete, es könnte seine Theorie der natürlichen Selektion umwerfen. Er nahm richtigerweise an, dass die unfruchtbaren Tiere zur Fitness der sich fortpflanzenden Tiere beitragen. Aber worin besteht der selektive Vorteil des „Fortpflanzungsverzichts" der sterilen Arbeiterinnen? Da sie mit den sich fortpflanzenden Tieren **verwandt** sind, werden auch ihre Erbanlagen durch die Fortpflanzung weitergegeben. Diese Form des Fortpflanzungserfolgs bezeichnen Soziobiologen als **indirekte Fitness**.

Dieser Zusammenhang gilt nun nicht nur für sterile oder auf andere Weise von der Fortpflanzung ausgeschlossene Organismen, sondern grundsätzlich für alle miteinander verwandten Individuen. Da bei verwandten Individuen viele Erbanlagen übereinstimmen, wird durch die **Verwandtenunterstützung** („Verwandtenselektion", engl. *kin selection*) auch die Vermehrung der eigenen Gene gefördert. Scheinbar uneigennütziges Verhalten lässt sich auf diese Weise als letztlich genetisch eigennützig deuten: Es dient indirekt der Steigerung der eigenen Fitness.

Wir haben bereits erläutert, dass die **Gesamtfitness** eines Individuums sich aus dem eigenen Fortpflanzungserfolg (**direkte Fitness**) und dem der verwandten Individuen (**indirekte Fitness**) zusammensetzt (*vgl. Kap. E.3.2*). Dabei ist der **Anteil** der indirekten Fitness umso größer, je näher verwandt die Individuen miteinander sind. Der **Verwandtschaftsgrad** wird durch den **Verwandtschaftskoeffizienten r** ausgedrückt, der angibt, welchen Anteil der Gene ein Individuum durchschnittlich mit einem Verwandten gemeinsam hat (*vgl. Abb. 76*).

Aus diesem Zusammenhang lässt sich berechnen und vorhersagen, unter welcher Voraussetzung uneigennütziges Verhalten von Vorteil ist und sich durchsetzt.

> **Regel** Die genetische Basis eines phänotypisch altruistischen Verhaltens kann sich dann in einer Population ausbreiten, wenn die **Kosten** (K) eines Verhaltens für den Altruisten geringer sind als der **Nutzen** (N) dieses Verhaltens für den Nutznießer der Hilfeleistung, gewichtet mit dem **Verwandtschaftskoeffizienten** (r) als Maß für die Wahrscheinlichkeit des Vorhandenseins abstammungsgleicher Allele bei Helfern und Nutznießern.

Der Mathematiker William Hamilton fasste diese Gesetzmäßigkeit erstmals in einer mathematischen Beziehung zusammen, der so genannten **Hamilton-Ungleichung:**

$$K < r \cdot N$$

Mit dieser Gleichung können wir die Grundlagen der Verwandtenunterstützung durch die sterilen Arbeiterinnen berechnen. Die Verwandtschaftsverhältnisse sind in diesem Fall in besonderer Weise ausschlaggebend: Da die männlichen Tiere aus unbefruchteten Eiern entstehen, sind sie **haploid***. Sie geben bei jeder Befruchtung ihren Chromosomensatz vollständig weiter. Da die Königinnen **diploid*** sind, wird deren Chromosomensatz bei der Eizellenbildung in der Meiose aufgeteilt (*Abb. 80*):

a)

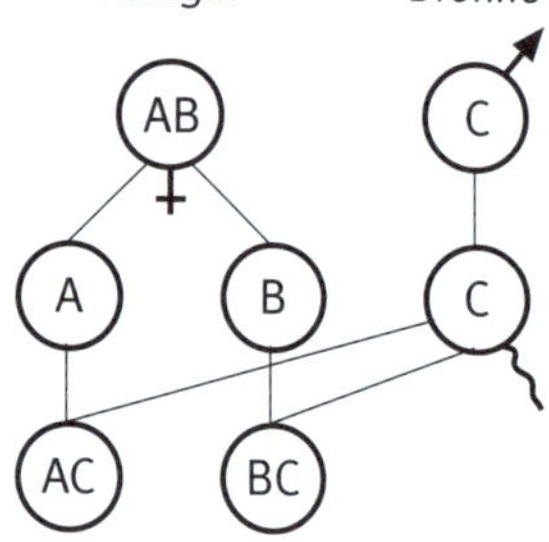

b)

F_1 \ F_1	AC	BC
AC	1	0,5
BC	0,5	1

c)

F_1 \ P	AB	C
AC	0,5	0,5
BC	0,5	0,5

Abb. 80
Verwandtschaftsverhältnisse bei Bienen, a) Vererbungsschema, b) Verwandtschaftsgrad unter den Nachkommen, c) Verwandtschaftsgrad zwischen Eltern und Nachkommen

Der Verwandtschaftskoeffizient ergibt sich aus der Summe der einzelnen Verwandtschaftsgrade, dividiert durch die Anzahl der Kombinationen. Daraus folgt, dass die Individuen einer Generation (r = 0,75) untereinander genetisch ähnlicher sind als gegenüber ihren eigenen potenziellen Nachkommen (r = 0,5). Die scheinbar uneigennützige Unterstützung von Geschwisterköniginnen wird daher gegenüber der Produktion eigener Nachkommen selektiv begünstigt.

Vergleichbare Fälle gibt es auch bei Wirbeltieren. Beim Graufischer (*Ceryle rudis*), dem ostafrikanischen Verwandten unseres Eisvogels, betätigen sich überzählige Männchen bei Brutpaaren als **Helfer am Nest.** Allerdings gibt es zwei unterschiedliche Typen von Bruthelfern:

- **Primäre Helfer** sind immer Söhne des Brutpaares, das sie unterstützen.
- **Sekundäre Helfer** sind junge Männchen, die mit dem Brutpaar, das sie unterstützen, nicht verwandt sind.

Untersuchungen an zwei ostafrikanischen Seen ergaben, dass das Helfer-System von den ökologischen Gegebenheiten bestimmt wird: Am Viktoria-See beeinträchtigt unruhiges und trübes Wasser die Nahrungsbeschaffung und die Brutplätze liegen weiter entfernt als am Naivasha-See, dessen ruhiges und klares Wasser auch noch größere Beutefische bietet. Das Ergebnis der mehrjährigen Forschungsarbeiten ist in Tabelle 8 zusammengestellt:

	Anteil (%) der Nester mit			Anteil flügger Junger bei		
	0	1	2	0	1	2
	Helfer(n)			Helfer(n)		
Naivasha-See	72	28	–	3,7	4,3	–
Victoria-See	30	50	20	1,8	3,6	4,6

Tabelle 8
Der Bruterfolg von Graufischern in Abhängigkeit von den Ernährungsbedingungen und der Anzahl der Helfer

Aufgabe

E06 a) Interpretieren Sie die Ergebnisse der Untersuchungen (*vgl. Tabelle 8*).

b) Überlegen Sie, welche Vorteile primäre und sekundäre Helfer von ihrem uneigennützigen Verhalten haben könnten.

Bei Pavianen kommt es vor, dass zwei nicht verwandte Männchen gemeinsam einem Haremsbesitzer ein Weibchen abjagen. Dabei verstrickt das eine Männchen den Haremsbesitzer in eine Rauferei, während das andere Männchen das Weibchen entführt. Der Vorteil für das kooperierende Männchen: Wenn die kooperierenden Partner beim nächsten Mal die Rollen tauschen, können beide Männchen Nutzen aus ihrem Verhalten ziehen.

Den selektiven Vorteil einer auf Gegenseitigkeit beruhenden uneigennützigen Unterstützung von Nicht-Verwandten hat ebenfalls ROBERT TRIVERS (*vgl. Kap. E.9.2*) entdeckt. Nach ihm wird diese Form uneigennützigen Verhaltens als **reziproker Altruismus*** bezeichnet. Umgangssprachlich handelt es sich um das Prinzip: „Eine Hand wäscht die andere." Dieses Verhalten ist allerdings nur dann selektiv begünstigt, wenn die Erwiderungsverlässlichkeit zwischen den Partnern groß ist. Das setzt zum einen ausreichend kognitive Fähigkeiten voraus, um betrügerische Individuen entlarven zu können. Zum anderen steigt die Erwiderungswahrscheinlichkeit mit der Dauer des Zusammenhalts. Deshalb findet sich reziprok altruistisches Verhalten vor allem bei Menschenaffen und natürlich beim Menschen.

Beim Menschen finden wir zudem noch uneigennütziges Verhalten, das auf **indirekter Gegenseitigkeit** beruht. RICHARD ALEXANDER versteht darunter die Erwiderung einer Unterstützung durch andere als den direkten Empfänger und/oder in anderer Form. Wenn z.B. ein Mensch einem Unfallopfer hilft, wird er niemals im Gegenzug dieselbe Hilfeleistung von dieser Person erwarten können, wohl aber z.B. die Anerkennung seiner Familie oder einer anderen Gruppe. Diese Anerkennung kann sich bei anderer Gelegenheit positiv auswirken, wenn dadurch der Zugang zu bestimmten „Ressourcen“ erleichtert ist. Dieses System hat also viel mit gesellschaftlicher Wertschätzung, sozialem Status und Ansehen zu tun. Das Prinzip Eigennutz ist aber dabei durchaus noch erkennbar.

9. Geschlechterbeziehungen

Prinzipiell stellen Artgenossen die größten Konkurrenten bezüglich der Ressourcen Nahrung und Lebensraum dar (*vgl. mentor Abiturhilfe Ökologie*), trotzdem müssen Artgenossen bei der Fortpflanzung zwangsläufig miteinander kooperieren, da sich die Fitness eines Lebewesens nach soziobiologischer Sichtweise direkt an der Zahl seiner Nachkommen ablesen lässt. Hieraus resultiert das besondere Interesse der Soziobiologen an allen Aspekten des Fortpflanzungsverhaltens. Um den vorprogrammierten Konflikt zwischen Konkurrenz (Distanz) auf der einen und Partnerschaft (Nähe) auf der anderen Seite zu lösen, haben sich eine Vielzahl von Verhaltensbesonderheiten und spezielle Sozialstrukturen entwickelt, auf die wir in den nachfolgenden Abschnitten exemplarisch eingehen.

Für Tiere, die nicht in festen Gruppen leben, stellt sich als erstes Problem das **Finden eines Geschlechtspartners**. In der Regel locken die Männchen ihre Partnerinnen mit optischen, akustischen oder chemischen Reizen an: Besonders farbenprächtiges Gefieder männlicher Vögel, Rufe bei Fröschen oder Zirpen bei Grillen.
Haben sich zwei Tiere „gefunden“, wird die weitere Annäherung oft durch ein komplexes **Balzverhalten** (vgl. Kap. B.4 und B.5) realisiert, in dessen Ablauf artspezifische, angeborene Programme eine zentrale Rolle spielen.

Im Kampf um die knappe Ressource paarungsbereiter Weibchen konkurrieren die Männchen einer Art z.B. um die besten Territorien (vgl. Kap. E.4, 5 und 6) oder werben mit „Geschenken“, Verhaltensweisen, die für jedes Individuum mit hohen Kosten verbunden sind (vgl. inter- und intrasexuelle Selektion, parental investment, Kap. E.9.2). Bei den Mückenhaften (Bittacidae), räuberisch lebenden Schnabelfliegen mit schnakenähnlicher Gestalt, fangen die Männchen kleine Insekten oder Spinnen, die sie einem angelockten Weibchen anbieten. Nimmt das Weibchen das „Geschenk“ an und beginnt zu fressen, nutzt dies das Männchen zur Kopulation.

Aufgabe

E07 Beziehung zwischen „Hochzeitsgeschenk“ und Kopulationserfolg beim Mückenhaft.
In den beiden nachfolgenden Abbildungen ist die Größe des „Hochzeitsgeschenks“ in Relation zum Kopulationserfolg dargestellt. Erläutern und interpretieren Sie die beiden Abbildungen unter soziobiologischer Sichtweise!

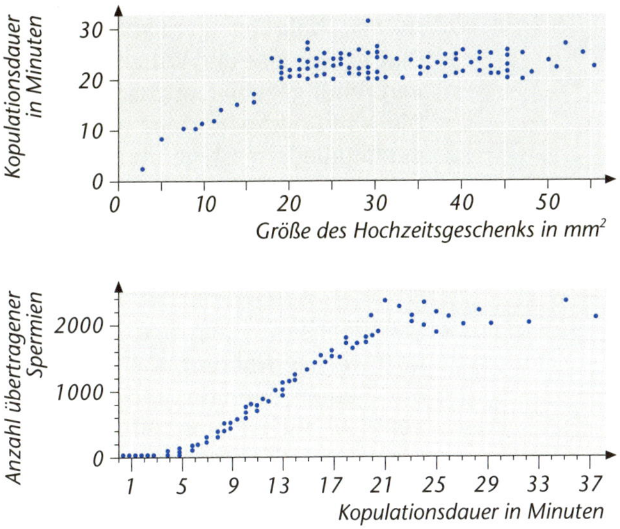

Abb. 81
a) Kopulationsdauer in Abhängigkeit von der Größe des Hochzeitsgeschenkes beim Mückenhaft,
b) Anzahl der übertragenen Spermien in Abhängigkeit von der Kopulationsdauer beim Mückenhaft

9.1 Sozialstrukturen bei Menschenaffen

Auch bei Tieren, die ständig in Gruppen leben, sind die Geschlechterbeziehungen nicht nur für Soziobiolgen von hohem Interesse, stellt doch, wie oben schon ausgeführt, der Fortpflanzungserfolg ein direktes Maß für die Fitness dar. Aus der Vielzahl der heute untersuchten Sozialstrukturen verschiedenster Tierarten haben wir bewusst die Darstellung der Verhältnisse bei unseren nächsten Verwandten, den Menschenaffen, ausgewählt, da sie uns besonders nahe stehen, exemplarisch die unterschiedlichen Möglichkeiten aufzeigen und als Modelle für unser eigenes Verhalten dienen können.

Primaten leben, wie viele andere Tierarten, in Gruppen. Allerdings sind die Sozialstrukturen solcher Primatengesellschaften sehr unterschiedlich. Diese Verschiedenartigkeit gilt auch für die Sozialstrukturen von Menschenaffen, obwohl es sich um eine nahe verwandte stammesgeschichtliche Gruppe mit sehr geringer Artenzahl handelt. Wir finden folgende Bandbreite an Sozialstrukturen (*vgl. Abb. 82*):

- **Monogamie* bei Gibbons:** Paare aus einem Männchen und einem Weibchen leben mit dem nicht erwachsenen Nachwuchs in kleinen Wohn- und Nahrungsgebieten.
- **Polygynie* bei Gorillas:** Ein dominantes Männchen („Silberrücken“) monopolisiert mehrere Weibchen („Harem“); die Gruppe durchstreift ihr Nahrungsgebiet gemeinsam.
- **Polygynie bei Orang-Utans:** Ein Männchen durchstreift ein größeres Gebiet, in dem die Nahrungsgebiete solitär lebender Weibchen liegen, die sich mit dem Männchen verpaaren.
- **Polygamie* bei Schimpansen:** Mehrere miteinander verwandte Männchen kooperieren und verteidigen die über ein größeres Areal verbreiteten Weibchen und deren Nachwuchs; jedes Männchen kopuliert mit mehreren Weibchen, die sich ihrerseits mit mehreren Männchen paaren.

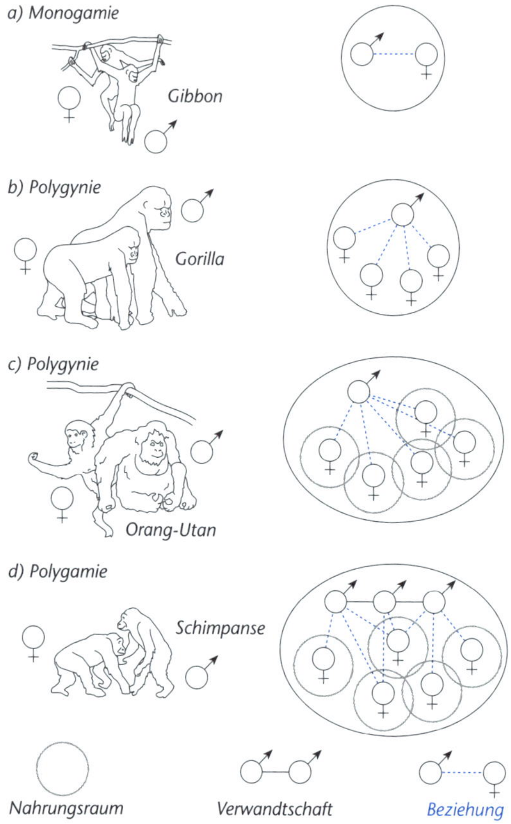

Abb. 82
Sozialsysteme bei Menschenaffen

Ursächliche Erklärungen für die Unterschiede in den Sozialstrukturen der Menschenaffen versucht die Verhaltensökologie zu liefern. Es geht dabei um die Beantwortung der **Frage nach den Vor- und Nachteilen einer Sozialstruktur**. Dabei spielt wiederum die Art und Weise, wie die Individuen ihren Reproduktionserfolg (Fitness) erhöhen können, eine entscheidende Rolle: Wie oben schon ausgeführt, sind für Männchen paarungsbereite Weibchen eine knappe „Ressource", um die sie untereinander konkurrieren (**Paarungsstrategie**). Für die Weibchen ist wegen ihrer hohen „Investition" in die Nachkommen das Nahrungsangebot der wesentliche Faktor (**Nahrungsstrategie**). Die derzeit bevorzugte Hypothese setzt Sozialstrukturen bei Menschenaffen in Beziehung zum Nahrungsangebot und zur Nahrungsqualität im jeweiligen Lebensraum:

- Gorillas „begnügen" sich mit rein vegetarischer Nahrung geringer Qualität wie Blätter, Sprosse und Wurzeln, die in ihrem Verbreitungsgebiet reichlich vorkommen. Die Nahrungskonkurrenz unter den Gruppenmitgliedern ist gering, die Weibchen gehen gemeinsam auf Nahrungssuche. Ein dominantes Männchen kann eine solche Weibchen-Gruppe monopolisieren und gegen Konkurrenten verteidigen.
- Schimpansen „bevorzugen" dagegen hochwertige Nahrung wie Früchte, Nüsse und Samen, Termiten und Ameisen, gelegentlich auch kleine Affen und andere Säugetiere. Die Nahrung ist also auf viele kleine Futterstellen mosaikartig verteilt; die Nahrungskonkurrenz ist entsprechend größer. Schimpansenweibchen verfügen über eigene Kleingebiete und gehen daher meist einzeln auf Nahrungssuche. Zur gemeinsamen Verteidigung einer solcher Weibchen-Gruppe kooperieren mehrere verwandte Männchen miteinander.

Die Unterschiede bei Gorillas und Schimpansen bestätigen also den verhaltensökologischen Erklärungsansatz. Wie aber sieht es

Abb. 83
Gorillaweibchen mit Jungtier (Tierpark Apenheul, Niederlande)

bei anderen Arten aus? Ein interessanter **Testfall** ist die Sozialstruktur der Bonobos (*Pan paniscus*). Ihr Verbreitungsgebiet südlich des Kongoflusses entspricht eigentlich einem typischen Gorilla-Habitat*. Das Nahrungsangebot ist nicht so fleckenhaft zerstreut wie bei den Schimpansen. Demnach könnte für Bonobos eine ähnliche Sozialstruktur wie bei Gorillas erwartet werden. Freilandstudien haben aber gezeigt, dass die Bonobogesellschaft nicht der polygynen Sozialstruktur der Gorillas, sondern der polygamen Gemeinschaft der Schimpansen entspricht.

Abb. 84
Zärtliche Bonobos

Abb. 85
Weiblicher Bonobo beim Lausen eines Männchens (Tierpark Apenheul, Niederlande)

Dieses Phänomen lässt sich nur durch eine **Zusatzhypothese** erklären: Vermutlich haben sich Bonobos relativ spät von der Entwicklungslinie der Schimpansen abgespalten, sodass ihre Vorfahren bereits die Grundstruktur der Schimpansengemeinschaft besaßen. Durch Einwandern in ein menschenaffenfreies Habitat südlich des Kongoflusses konnten sie sich an ein Nahrungsangebot anpassen, das anders als in Schimpansenhabitaten verteilt war. Die **verminderte Nahrungskonkurrenz** ermöglichte eine stärkere **Vergesellschaftung**, die aber andererseits größere **Konfliktpotenziale** hervorbrachte.

Wie Freiland- und Zoobeobachtungen der letzten Jahre zeigen, haben Bonobos ein spezielles Repertoire von **Konfliktlösungsstrategien** entwickelt: Sie sind sehr leicht sexuell erregbar und sie praktizieren Sexualität in allen möglichen Begattungspositionen und sonstigen Weisen des Genitalkontaktes. Frei lebende Tiere kehren bei Kopulationen öfter einander das Gesicht zu. Die Genitalien der Bonobo-Weibchen sind dieser Stellung angepasst, denn Scheide und Klitoris liegen relativ weit vorn. Die Weibchen zeigen auch außerhalb der fruchtbaren Tage sexuelle Bereitschaft, was an einer permanent rosafarbenen Genitalschwellung erkennbar ist.

Typisch für Bonobos ist außerdem, dass zwei Weibchen oder zwei Männchen einander die Genitalien reiben. Als weitere Spielarten kommen gelegentlich Oralverkehr und intensive Zungenküsse vor. Frans de Waal, der Bonobos jahrelang beobachtete, schreibt zur Funktion dieses Verhaltens:

Originaltext

Dass die Bonobos mit sexuell getönten Handlungen Zank und Streit vermeiden, vermute ich aus zwei Gründen. Zum einen muss nicht unbedingt Futter, vielmehr kann irgend etwas, wofür zwei der Tiere sich zugleich interessieren, der Auslöser sein. Wird beispielsweise ein leerer Pappkarton ins Gehege geworfen, den beide unbedingt haben möchten, besteigen sie sich im allgemeinen kurz und spielen dann gemeinsam damit. Bei den meisten anderen Primatenarten wären solche Situationen Anlass für aggressive Rivalität. Bonobos hingegen verhalten sich oft erstaunlich tolerant. Ich denke, dass sie sich mit dem sexuellen Kontakt von dem Gegenstand eines potenziellen Konflikts ablenken und die innere Spannung lösen.
Zum anderen fällt auf, dass sie intime Nähe häufig direkt nach irgendwelchen tätlichen Auseinandersetzungen suchen. So kommt es vor, dass ein eifersüchtiges Männchen einen Nebenbuhler verscheucht, sich aber nicht dem Weibchen zuwendet, sondern mit dem Rivalen zusammenhockt und beide einander die Hoden reiben. Oder wenn eine Mutter sich wütend auf ein Weibchen stürzt, das ihr Junges geschlagen hat, kann der Angriff unmittelbar in einen Genitalkontakt übergehen.
Ob es um Futter geht oder darum, einen Streit beizulegen – das Aktionsrepertoire ist das gleiche. Anhand vieler Einzelbeobachtungen vermochte ich erstmals eindeutig zu belegen, dass geschlechtliche Kontakte dazu dienen können, Aggression zu überwinden. Das gilt auch für andere Tiere (vom Menschen nicht zu reden) und ist verschiedentlich beschrieben worden; doch am höchsten entwickelt ist diese Weise der Beschwichtigung wohl sicherlich bei den Bonobos. Ihr sexuelles Verhalten ist so eng mit dem sozialen Geschehen verknüpft, dass beides nicht mehr zu trennen ist. Mithin sollte es eigentlich nicht erstaunen, dass praktisch jedes Gruppenmitglied mit jedem geschlechtliche Kontakte haben kann – sogar Jungtiere mit Erwachsenen. Da der wesentliche Zweck allgemeine Harmonie ist, sind alle von klein auf in die friedensstiftenden Begegnungen einbezogen.
(De Waal 1995, S. 79–80)

9.2. Soziobiologische Aspekte der Partnerwahl

Wie wir alle wissen, verhalten sich Frauen und Männer unterschiedlich. Die Ursachen sind vielgestaltig, wobei genetisch bedingte und erlernte Verhaltensmuster eng ineinander greifen.

Eine erfolgreiche Fortpflanzung kommt nur zustande, wenn sich Menschen unterschiedlichen Geschlechts finden und verbinden. Das setzt in der Regel Nähe und Intimität voraus. Gleichzeitig kann die körperliche Nähe uns zunächst fremder Menschen Scheu und Furcht hervorrufen. Bei der Annäherung müssen deshalb Signale ausgetauscht werden, die Angst, Abwendung oder Aggressionen verhindern.

Beim **weiblichen Flirtverhalten** können diese Signale in unserem Kulturkreis heißen: Blickkontakt aufnehmen, lächeln, den Kopf leicht drehen, wegsehen, den Blickkontakt erneut herstellen. Die Verhaltensweisen der Kontaktaufnahme, die bei vielen Frauen zu beobachten sind, schwanken zwischen Zuwendung und Abkehr. In den weiteren Flirtphasen legen Frauen häufig den Kopf leicht schräg, präsentieren dabei die Nackenpartie, berühren sich an Gesicht oder Armen, spielen mit ihren Haaren oder zupfen an der Kleidung.

Der Gang ändert sich: Der Kopf wird hoch erhoben und der Bauch eingezogen, die Hüften schwingen, die Brüste werden vorgeschoben. Dieses Verhalten kann ganz plötzlich abgebrochen werden.

Das **männliche Flirtverhalten** ist durch ausgeprägte Selbstdarstellung gekennzeichnet: Man will beeindrucken, imponieren, „cool" sein. Das Interesse an einer Frau wird ganz unmissverständlich bekundet. In der Körperhaltung spiegelt sich dieses Verhalten durch einen vorgewölbten Brustkorb, breitbeiniges Stehen und Sitzen, in die Hosentaschen oder Hüften gestemmte Hände.

Woher kommen diese geschlechtstypischen Verhaltensweisen? Diese Frage wird von verschiedenen Wissenschaften ganz unterschiedlich beantwortet. So stellen z.B. Soziologen und Ethnologen die Einflüsse von Kultur, Erziehung und wirtschaftlichen Interessen in den Vordergrund; in der Verhaltensbiologie wird in jüngster Zeit eine soziobiologische Betrachtungsweise immer verbreiteter, deren grundlegende Argumentationsweise wir im Folgenden wiedergeben.

Abb. 86
Flirtverhalten

Originaltext

Frauen bevorzugen Männer, die kräftig, männlich, durchsetzungsfähig, selbstständig, fleißig, gewissenhaft, hilfsbereit, familienbezogen und kinderlieb sind. Was den Körper betrifft, sollte der Mann einen großen, muskulösen Körper, breite Schultern, ein schmales Becken, hohe Wangenknochen, eine lange Nase und eine tiefe Stimme haben. Männer bevorzugen ... Frauen, die hübsch, weiblich, jung, heiter und modebewusst sind. Sie sollten glatte Haut und lange – nach Meinung der Mehrheit der Befragten – helle Haare haben. Falten um die Augen sind ebenso unerwünscht wie eine ausgeprägte Körperbehaarung. ... Ein großer Po und ein entsprechender Brustumfang sind durchaus beliebt, ebenso eine schmale Taille.
(HEJJ *1996, S. 52*)

Dieser Text von HEJJ macht deutlich, was empirische Untersuchungen aus den meisten Teilen der Welt bestätigen: Für Frauen spielen die **sozialen Fähigkeiten** und der **Status** ihrer Partner eine wichtige Rolle; dazu gehören emotionales Engagement und oft auch **Dominanz**. Letzteres zeigt sich auch in den gewünschten körperlichen Merkmalen. Männer achten dagegen vor allem auf die Attraktivität ihrer Partnerinnen, und zwar genau auf diejenigen Merkmale, die – so die Deutung – im Zusammenhang mit der Fruchtbarkeit der Frauen stehen. Was aber macht diese **Attraktivität** aus? Woran wird sie „gemessen“?

Die Psychologin Devendra Singh konnte in mehreren Studien zeigen, dass es eine unverändert wiederkehrende männliche Vorliebe gibt – nämlich die für ein bestimmtes **Verhältnis von Taillen- zu Hüftumfang.** Vor der Pubertät weisen Jungen und Mädchen eine ähnliche Verteilung von Fettgewebe auf und das Verhältnis von Taille zu Hüfte ist bei beiden Geschlechtern gleich. In der Pubertät findet aber eine deutliche Veränderung statt. Bei den jungen Männern verringert sich das Fettgewebe an Gesäß und Oberschenkeln, während Östrogen bei den jungen Frauen bewirkt, dass sich Fettpolster auf den Hüften und an den Oberschenkeln ablagern. Die bis zu 40% mehr Fett, die Frauen um die Hüften mehr aufweisen, enthalten etwa 80000 Kilokalorien, mit denen sie eine Schwangerschaft durchstehen können. Die „Kurven“, die diese Fettpolster erzeugen, sind ein leicht erkennbares Maß für das „reproduktive Potenzial“ einer Frau. Die weiblichen Fettdepots auf den Hüften bewirken nämlich ein ausgeprägteres Taille-Hüfte-Verhältnis. Bei gesunden, fortpflanzungsfähigen Frauen beträgt es 0,6 bis 0,8 – d.h., der Umfang ihrer Taillen beträgt zwischen 60 und 80% des Umfangs ihrer Hüften, unabhängig vom aktuellen Körpergewicht.

Inzwischen gibt es viele Hinweise darauf, dass das Verhältnis von Taille zu Hüfte ein **Indikator für weibliche Gebärfähigkeit** ist. Bei Frauen, deren Unterschied von Taillen- und Hüftumfang sehr groß ist, setzte die Pubertät sehr früh ein. Frauen mit einem geringeren Unterschied von Taille und Hüfte werden nicht so leicht schwanger, und wenn es zu einer Schwangerschaft kommt, sind sie im Durchschnitt älter als Frauen mit deutlich niedrigeren Verhältniszahlen. Das Verhältnis von Taille zu Hüfte ist auch ein verlässlicher **Indikator für den langfristigen Gesundheitszustand.** Es ist erwiesen, dass Krankheiten wie Diabetes, hoher Blutdruck, Herzbeschwerden, vorzeitiger Schlaganfall und Gallenblasenerkrankungen in Zusammenhang mit der Fettverteilung stehen, und zwar nicht mit dem Fettvorkommen insgesamt, sondern mit dessen Verteilungsverhältnissen.

Devendra Singh konnte nun zeigen, dass Männer die Attraktivität einer Frau nach dem Verhältnis von Taillen- und Hüftumfang beurteilen. In einer Untersuchung bewerteten sie Bildzeichnungen weiblicher Figuren mit unterschiedlichen Taille-Hüfte-Verhältnissen (0,7 bis 1,0) und einer unterschiedlichen Gesamtfettmenge (Untergewichtige, Nor-

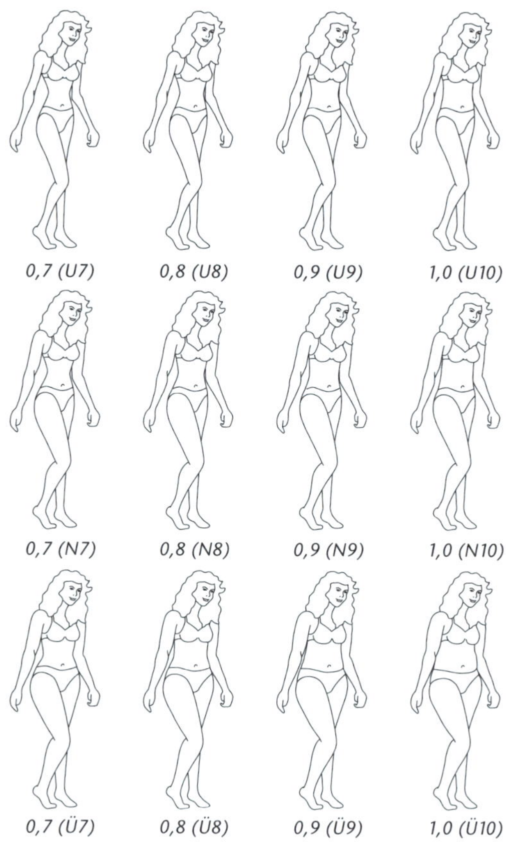

Abb. 87
weibliche Figuren mit unterschiedlichen Taille-Hüfte-Verhältnissen und unterschiedlicher Gesamtfettmenge; U = untergewichtig, N = normalgewichtig, Ü = übergewichtig; Erläuterungen im Text

malgewichtige, Übergewichtige). Die 12 Figuren in Abbildung 87 wurden in folgender Reihenfolge bevorzugt: 1. N7, 2. N8, 3. U7, 4. U8, 5. N9, 6. N10, 7. Ü7, 8. U9, 9. Ü8, 10. U10, 11. Ü9, 12. Ü10.

Devendra Singh untersuchte auch die doppelseitigen „Playboy"-Schönheiten sowie amerikanische Schönheitsköniginnen der letzten dreißig Jahre und stellte fest, dass, obwohl die abgebildeten Pin-up-Girls wie die Gewinnerinnen von Schönheitswettbewerben im Laufe dieses Zeitraums immer schlanker wurden, sich ihr Verhältnis von Taillen- und Hüftumfang in einem schmalen Bereich zwischen 0,68 und 0,72 bewegte.

Soziobiologisch orientierte Verhaltensforscher gehen davon aus, dass die Muster bei der Auswahl der Lebenspartner beim Menschen dem gleichen **biogenetischen Imperativ** folgen wie bei allen anderen Lebewesen: Sie dienen nur einem einzigen Zweck – der Fortpflanzung und der Fürsorge des Nachwuchses. Nach der Darwin'schen Evolutionstheorie sind diejenigen Lebewesen erfolgreich, die ihr genetisches Material an möglichst viele überlebensfähige Nachkommen weitergeben. Das Lebensprinzip, auf das alle Organismen von Natur aus eingestellt sind, lautet: **reproduktive Fitness-Maximierung** (*vgl. Kap. E.3*).

Zur Erklärung der geschlechtsspezifischen Unterschiede bei der Beurteilung und Auswahl eines potenziellen Lebenspartners durch Frauen und Männer greifen Soziobiologen auf eine Theorie zurück, zu der bereits Charles Darwin die Grundidee entwickelt hatte: die **Theorie der geschlechtlichen Zuchtwahl** oder **sexuellen Selektion**.

Darwin hatte sich die Frage gestellt, weshalb es Unterschiede in Körpermerkmalen und Verhaltensweisen zwischen den Geschlechtern einer Art geben könne, wenn doch beide den gleichen natürlichen Selektionskräften ausgesetzt waren. Er nahm daher an, dass bestimmte Merkmale unabhängig von deren Überlebenswert in der natürlichen Umwelt nur deshalb selektiert werden, weil sie den Reproduktionserfolg der Individuen erhöhen. Bei dieser Form der Auslese entscheidet der potenzielle Geschlechtspartner darüber, welchen Fortpflanzungserfolg ein Träger bestimmter Merkmale hat:

- Das Phänomen findet sich zum einen bei Tieren, bei denen mehrere Männchen um die Gunst eines Weibchens werben (**intersexuelle Selektion**). In diesen Fällen konzentriert sich die „Investition" der Männchen auf die Balz. Die Paarungsbereitschaft der Weibchen hängt hier sehr stark von der Wirksamkeit der Auslöser ab, die die Männchen präsentieren (z.B. Prachtgefieder, Balzverhalten, Balzgesänge). Männchen, die optimale Auslöser bieten, haben einen größeren Fortpflanzungserfolg als Männchen mit weniger wirksamen Auslösern. Dadurch kommt es zur Selektion sekundärer Geschlechtsmerkmale, zu denen auch Verhaltensweisen gerechnet werden. Der Selektionsdruck für die Ausbildung ausgeprägter Balzsignale und -handlungen geht von den Weibchen aus, weil Männchen mit derartigen Merkmalen von Weibchen bevorzugt als Fortpflanzungspartner gewählt werden (engl. female choice). Die Weibchen sind demnach das „wählerischere" Geschlecht. Beispiele dafür finden sich vor allem bei Vögeln, bei denen diese Form der Selektion auch experimentell untersucht wurde. Rauchschwalben-Männchen mit künstlich verlängerten Schwanzfedern benötigen nur die Hälfte der Zeit ihrer Geschlechtsgenossen, um sich zu verpaaren, und haben so einen größeren Fortpflanzungserfolg (*vgl. mentor Abiturhilfe Ökologie, Stichwort Parasitismus*).
- Die andere Form der sexuellen Selektion wirkt darüber, dass die Männchen einer Art untereinander um Weibchen oder Reviere konkurrieren (**intrasexuelle Selektion**). Dabei werden körperliche Merkmale und Verhaltensweisen herausgebildet, die einem potenziellen Konkurrenten „imponieren" und bzw. oder über den Ausgang einer aggressiven Auseinandersetzung entscheiden (engl. ***male***

competition). Die Männchen sind demnach das aktiv konkurrierende Geschlecht. Die Selektion führt in vielen Fällen zu einem ausgeprägten Sexualdimorphismus, vor allem bei Körpergröße und -gewicht (z.B. bei Robben, Gorillas).

Mit diesen Einsichten hatte DARWIN zwar einen plausiblen Selektionsmechanismus identifiziert, aber es fehlte die Begründung für das unterschiedliche Verhalten von Weibchen und Männchen. Die lieferte 100 Jahre später ROBERT TRIVERS mit seiner Theorie der elterlichen Investition (engl. ***parental investment***).

Definition **Elterliche Investition** ist jeglicher Aufwand gegenüber einem Nachkommen, der dessen Überlebenschance und folglich dessen Fortpflanzungserfolg steigert, auf Kosten der elterlichen Fähigkeit, sich für weiteren Nachwuchs einzusetzen.

Dazu gehören sowohl die Aufwendungen für die Bereitstellung der Geschlechtszellen als auch die Brutpflegeaufwendungen nach der Geburt des Nachwuchses. Aufgrund der **Asymmetrie der Geschlechtszellen** bei sexueller Fortpflanzung besteht eine erhebliche **Diskrepanz in den Kosten** für die beiden Geschlechter:

- Männliche Individuen produzieren sehr viele relativ kleine bewegliche Gameten (Samenzellen), die nach jeder Ejakulation sehr schnell nachgebildet werden; die Investition in die einzelne Samenzelle ist verschwindend gering (sie besteht nur aus dem haploiden Genom und dem Bewegungsapparat).
- Da weibliche Individuen nur eine kleine Anzahl relativ großer unbeweglicher Eizellen produzieren, investieren sie in jede dieser Eizellen ungleich mehr als die männliche Individuen in ihre Samenzellen.

Wie in Abbildung 88 dargestellt ist, wird daher mit jedem erzeugten Nachkommen die Investition der Weibchen sehr viel schneller zunehmen als die der Männchen.

Daraus folgt: weibliche Individuen können ihren Fortpflanzungserfolg dadurch optimieren, dass sie **mehr Zeit und Energie in wenige Nachkommen** investieren. Beim Menschen ist dieser Aufwand durch die

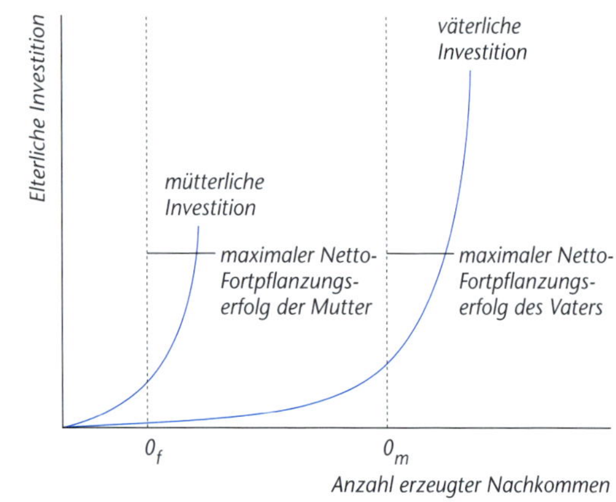

Abb. 88
Elterliche Investition und Fortpflanzungserfolg; den optimalen Fortflanzungserfolg (Gewinn minus Verlust) geben die beiden gestrichelten Linien wieder

neunmonatige Schwangerschaft, das Stillen und die Fürsorgebedürftigkeit des unselbstständigen Nachwuchses immens groß.

Das reproduktive Potenzial der männlichen Individuen ist wegen des geringeren Aufwandes sehr viel größer. Bei vielen Tierarten besteht tatsächlich der einzige Beitrag zur Fortpflanzung in der „Samenspende". Daraus folgern Soziobiologen: Männchen können ihren Fortpflanzungserfolg vor allem durch **zahlreiche Kopulationen mit möglichst vielen Weibchen** erhöhen.

Aus den unterschiedlichen reproduktiven Potenzialen lassen sich verschiedene geschlechtsspezifische Verhaltensstrategien beim Menschen ableiten (*vgl. Abb. 89*):

- Männer können ihren Reproduktionserfolg durch Paarung mit mehreren Frauen erheblich steigern. Frauen hingegen können ihr Reproduktionspotenzial durch häufig wechselnde Geschlechtspartner quantitativ nicht erhöhen, sondern nur dafür sorgen, dass sie so schnell wie möglich nach einer Geburt wieder schwanger werden. Dieser Zusammenhang könnte erklären, warum Männer in der Regel sexuell opportunistischer sind als Frauen und eher zum **Partnerwechsel** neigen.
- Da der Reproduktionserfolg der Männer vor allem durch die Zahl der Befruchtungen begrenzt wird, können Männer ihren Vermehrungserfolg steigern, wenn sie Frauen monopolisieren. In vielen Kulturen ist daher **Polygynie*** erlaubt und wird – wenn die materiellen Ressourcen es zulassen – auch praktiziert.
- **Weibliches Wahlverhalten** zielt vor allem auf die Bereitschaft der Männer, in den gemeinsamen Nachwuchs mehr als nur die „Samenspende" zu investieren. Die Selektion auf väterliches Investment wird immer dann einsetzen, wenn zwei Individuen den Nachwuchs gemeinsam erfolgreicher aufziehen können als eines allein. weiliche Individuen können aber auch direkt die Bereitschaft der männlichen Individuen zu größerem Investment erhöhen, indem sie die „allzeit bereiten" Männer stärker sexuell an sich binden.

Abb. 89
Asymmetrie der Partnerwahlkriterien und der Optimierung des Fortpflanzungserfolgs von Männern und Frauen

- Die spezifischen Geschlechtsmerkmale von Frauen können als Mittel im Rahmen der weiblichen Konkurrenz um das männliche Investment gedeutet werden. Bei väterlichem Investment sollten auch die Männer in der Wahl ihrer Geschlechtspartnerinnen wählerisch sein. Dies gilt vor allem auch hinsichtlich der **Vaterschaftssicherheit:** Männer, die investieren, wollen sich sicher sein, dass es ihr eigener Nachwuchs ist, den sie versorgen.
  Um mögliches Fehlinvestment zu vermeiden, forcierte historisch die Selektion verschiedene Formen der Kontrolle der Männer über die Sexualität der Frauen – so die Soziobiologen. Dazu zählen eine hohe Wertschätzung der Jungfräulichkeit in vielen Kulturen und verschiedene Formen der Überwachung bis hin zum Keuschheitsgürtel (aber: Avunkulat, *vgl. Kap. E.3.3*).

Der selektive Druck zu gemeinsamem Investment sorgt allerdings nicht für ewige Treue. Schätzungen zufolge neigen bis zu 40% der Frauen und bis zu 50% der Männer zu gelegentlichen **„Seitensprüngen"**. Doch auch in dieser Hinsicht glauben Soziobiologen geschlechtsspezifische Unterschiede ausgemacht zu haben:

Männer neigten wegen ihres reproduktiven Potenzials zur Optimierung ihres Fortpflanzungserfolgs durch eine gemischte Strategie: „Bei der einen bleiben, dieser bei der Aufzucht helfen, und nebenher so viele Frauen wie möglich befruchten".

Die Seitensprünge der Frauen zielten dagegen auf eine Optimierung der genetischen Ausstattung ihres Nachwuchses – „Heirate einen netten Kerl und gönne dir eine Liebschaft mit deinem Chef". Dahinter steht die Annahme, dass attraktive Männer so begehrt sind, dass sie auch ohne Investment in den Genuss regelmäßiger Sexualkontake gelangen. Deshalb kommen sie als fürsorgliche Väter nicht infrage, wohl aber als (nicht nur genetisch) attraktive Liebhaber.

Schließlich könnte sogar hinter der Tatsache, dass bei uns jede dritte Ehe (in den USA sogar jede zweite) durch eine **Scheidung** wieder beendet wird, eine evolutionsbiologische Strategie stecken. Die Anthropologin HELEN FISHER studierte die bis 1947 zurückreichenden demografischen Jahrbücher der Vereinten Nationen und entdeckte ein auffälliges Scheidungsmuster: Wie die Abbildung 90 zeigt, ist die Häufigkeit im vierten Ehejahr am höchsten und nimmt mit wachsender Zahl der Ehejahre allmählich ab.

FISHER entwickelte aus der auffallenden Übereinstimmung der durchschnittlichen Ehedauer und der Dauer der frühen Kindheit in traditionellen menschlichen Gesellschaften mit einem Vierjahresabstand der Geburten die These, dass die Paarbindung des Menschen ursprünglich nur so lange bestand, bis ein Einzelkind die Kleinkindphase beendet hatte, nämlich etwa vier Jahre, es sei denn, es kam zu einer zweiten Empfängnis

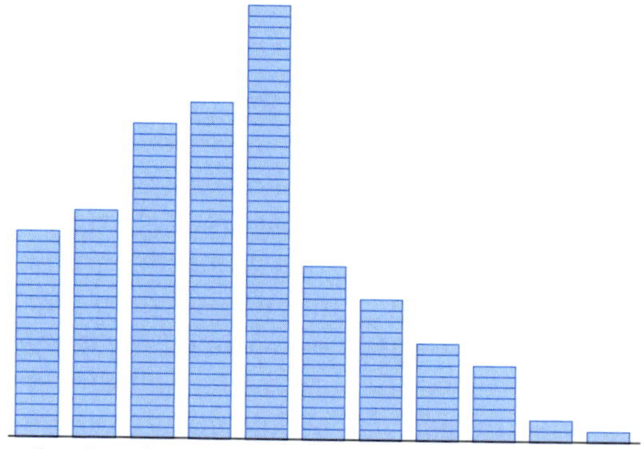

Abb. 90
Häufigkeitsverteilung der Scheidungen in 62 Ländern nach Ehejahren

Aufgabe

E08 Über fünf Jahre haben 50 Wissenschaftler insgesamt 10043 Frauen und Männer in 37 Kulturen aller Kontinente nach ihren Kriterien bei der Partnerwahl befragt. Mit 35 einzelnen Fragen erfassten die Mitarbeiter 18 Persönlichkeitsmerkmale wie Fleiß, Freundlichkeit, Intelligenz, Sinn für Humor, gesellschaftlichen Status, Reife, Zuverlässigkeit. Die Interviewten sollten sie bewerten – von unverzichtbar (maximal +3 Punkte) bis unwichtig (0 Punkte). Die beiden Säulendiagramme zeigen die Ergebnisse aus jeweils 5 Ländern zur Bedeutung der körperlichen Attraktivität und eines guten finanziellen Status. (N=Anzahl der befragten Personen)

a)

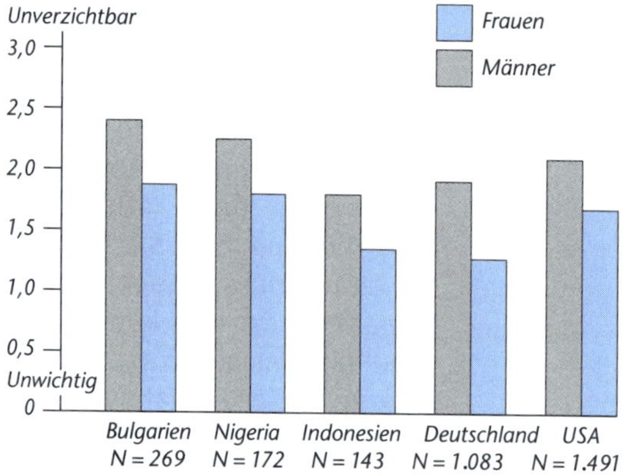

b)

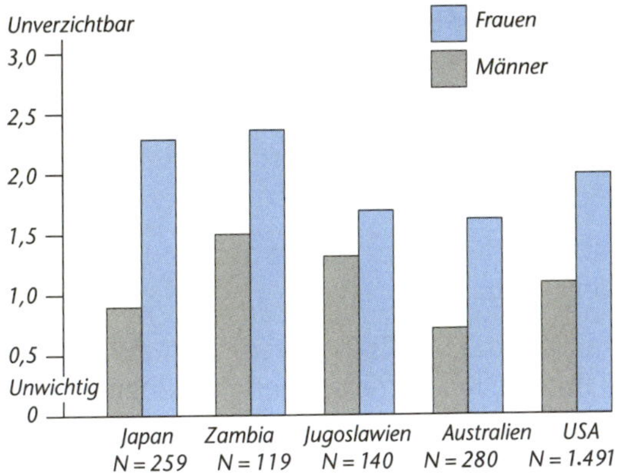

Abb. 91
a) Bedeutung der körperlichen Attraktivität, b) eines guten finanziellen Status einer potenziellen Partnerin/eines potenziellen Partners für eine Langzeitbeziehung oder Heirat

a) Welches Ergebnis lässt sich aus den beiden Säulendiagrammen ableiten?

b) Wie ist dieses Ergebnis soziobiologisch zu interpretieren?

10. Zusammenfassung

- Alle Verhaltensweisen, die sich auf Artgenossen beziehen, lassen sich als Sozialverhalten zusammenfassen.
- Die Pavianbande besteht aus mehreren Ein-Mann-Gruppen. Diese setzen sich aus einem erwachsenen Männchen und mehreren Weibchen mit ihren Jungen zusammen. Die soziale Struktur ist klar geregelt. Über Signale findet eine Verständigung statt.
- Die von der Soziobiologie vertretene Sichtweise wird bei der Erklärung von so genannten „nicht adäquaten" (sinnlos scheinenden, widersinnigen) Verhaltensweisen deutlich. Die Soziobiologie schreibt jeglichem Verhalten eine sinnvolle Funktion zu.
- Dem Organismus stehen zu jeder Zeit alle Verhaltensweisen zur Verfügung; in einer Kosten-Nutzen-Kalkulation wird das für die konkrete Situation und die derzeitige Befindlichkeit rentabelste Verhalten „ausgewählt" (d.h., die entsprechenden Verhaltensweisen werden evolutiv begünstigt).
- Verhaltensanalysen unter diesem Primat* der Funktionalität führen zur Erklärung von Übersprungverhalten als Verhaltensalternative:
  Ein Kampf wird nur so lange durchgeführt, bis das umkämpfte Objekt für einen der beiden Rivalen unrentabel geworden ist; danach zeigt das Tier eine Verhaltensalternative, die nun das rentabelste Verhalten darstellt.
- Ultimater Grund für das Auftreten bestimmter Verhaltensweisen ist in soziobiologischer Sichtweise immer eine Fitness-Maximierung. Dabei geht es den Organismen darum, den Anteil der eigenen Gene (Prinzip Eigennutz) in Bezug auf den Fortpflanzungserfolg anderer Individuen der Population zu erhöhen.

- In die Gesamtfitness gehen die Eigenanteile und die Verwandtenanteile gemeinsam ein, sie entsprechen der Gesamtzahl der Träger eigener Erbmerkmale. Je näher Lebewesen miteinander verwandt sind, desto rentabler wird die gegenseitige Förderung.
- Durch den gezielten Einsatz elterlicher Zeit und Energie (Elternaufwand oder parental investment) wird die Überlebenschance der Nachkommen erhöht und damit für eine Fitness-Maximierung gesorgt.
- Die soziobiologische Sichtweise ist ein ganzheitlicher Ansatz auf der Basis von Evolution, Genetik, Ökologie, Physiologie und Verhalten.
- Aggressives Verhalten tritt als inter- und intraspezifisches Verhalten auf. Die intraspezifische Aggression ist immer Anzeichen für eine Konkurrenzsituation. Neben dem Drohverhalten kommt es auch zu Komment- und Beschädigungskämpfen.
- Für die Erklärung der Ursachen menschlichen Aggressionsverhaltens haben sich in Biologie, Soziologie und Psychologie unterschiedliche Theorien herausgebildet: Triebtheorie, Frustrations-Aggressions-Theorie, Lerntheorie.
- Oft dient aggressives Verhalten dazu, ein Revier zu besetzen und gegen Artgenossen zu verteidigen. Revierbesitz sichert Nahrungsquellen und garantiert den Fortpflanzungserfolg. Reviergrenzen werden markiert.
- Jedes Tier verteidigt einen Individualraum direkt um sich herum. Die minimale Größe wird als Individualdistanz bezeichnet.
- Rangordnungen treten in individualisierten Verbänden auf. Sie vermindern die kämpferischen Auseinandersetzungen der Tiere untereinander und wirken gruppenstabilisierend.
- Bei Übervölkerung kann es ebenso wie bei mangelnden sozialen Kontakten zu Störungen des Sozialverhaltens kommen (sozialer Stress).
- Uneigennütziges Verhalten widerspricht nur scheinbar dem DARWIN'schen Prinzip der Individualselektion („survival of the fittest“, Überleben der Tauglichsten) und dem Streben aller Organismen nach reproduktiver Fitnessmaximierung. Unter bestimmten Voraussetzungen kann die individuelle Fitness dadurch sogar noch gesteigert werden: durch Kooperation bei der Brutpflege, durch Verwandtenunterstützung und durch Gegenseitigkeit. Beim Menschen kommen Formen indirekter Gegenseitigkeit hinzu, die den sozialen Status, das Ansehen und die gesellschaftliche Wertschätzung stärken.
- Das Rollenverhalten von Mann und Frau hat zum Teil biologische Ursachen, ist aber auch das Ergebnis von Tradition und Erziehung. Weibliches Flirtverhalten ist gekennzeichnet durch das Wechselspiel von Zuwendung und Abkehr. Männliches Flirtverhalten enthält viele Elemente des Imponierens. Bei der Partnerwahl achten Frauen eher auf die sozialen Fähigkeiten und den Status der Männer, während Männer vor allem körperlich attraktive Frauen bevorzugen. Beide Phänomene lassen sich mit den unterschiedlichen elterlichen Investitionen in den Nachwuchs begründen.

Quellenverzeichnis

Seite	Quelle Abbildung
84	© Lennart Nilsson, Ein Kind entsteht, Mosaik Verlag

Seite	Quelle Tabelle
28	verändert nach P. Ekman 1976, S. 31
130	nach Löwe/Hofmann/Thiel 1984, S. 167
135	nach Hornung 1993, S. 51

Literaturverzeichnis

Wie zu kaum einem anderen Gebiet der Biologie gibt es zur Verhaltensforschung eine unüberschaubare Vielfalt von wissenschaftlichen und populären Abhandlungen:
Monografien über die unterschiedlichsten Tierarten, soziologisch-biologische und psychologisch-biologische Texte zu den verschiedensten Bereichen des menschlichen (Sozial-)Verhaltens, Streitschriften der einzelnen „Schulen“ (Ethologen – Behavioristen) bezüglich der Sichtweise und Interpretation einzelner Verhaltenselemente sowie biologische Erklärungsversuche zum Thema „Was die Welt im Innersten zusammenhält“. Verhaltensforschung ist „in“.

Gleichzeitig lebt die Verhaltensforschung gerade auch vom Literaturstudium. Neben den direkten Quellentexten und den Klassikern haben wir deshalb auch eine Auswahl von interessanten und schönen Büchern zu diesem Themenkreis mit der Hoffnung zusammengestellt, dass unsere Einführung auch Lust auf die eine oder andere Literaturvertiefung macht – meist sind die Titel „selbstredend“. Viel Spaß beim Schmökern!

Barash, D.P.	Soziobiologie und Verhalten, Berlin/Hamburg 1980
Beroczkei, T./ Gyuris, P./ Weisfeld, G.E.	Sexual imprinting in human mate choice, in: Proceedings of the Royal Society London B 271, 2004, s. 1129ff.
Bils, W./Dürr, G.	Übungsaufgaben und Antworten zu Kernthemen des Biologieunterrichts, Heidelberg 1989
Blume, D.	Ethologie 2, Kursheft Sek. II, Stuttgart 1981
Buss, D.M./. Schmitt, D.P	Sexual strategies theory: An evolutionary perspective on human mating, in: Psychological Review 2, 1993, S. 204–232
Buss, D.M.	Evolutionäre Psychologie, München 2004
Daumer, K./Hainz, R.	Verhaltensbiologie, München 1991
Darwin, C.	Die Abstammung des Menschen, Wiesbaden 1992
DIFF (Hrsg.)	Funkkolleg Psychobiologie. Verhalten bei Mensch und Tier, Studienbegleitbriefe, Weinheim/Basel 1986 u. 1987; vergriffen; Neuauflage als Immelmann, K. u.a. (Hrsg.): Psychobiologie. Grundlagen des Verhaltens, Stuttgart 1988
Dawkins, R.	Das egoistische Gen, Berlin 1978
Döhl, J.	Lernversuche mit Schimpansen, in: Haber, H. (Hrsg.): Tiere und ihr Verhalten, Stuttgart 1971, S. 77–85
Eckebrecht, D.	Schlüsselreize, in: Unterricht Biologie 208, 1995, S. 43–48
Eibl-Eibesfeld, I.	Die Biologie des menschlichen Verhaltens, Vierkirchen-Pasenbach 2005
Eibl-Eibesfeldt, I.	Grundriß der vergleichenden Verhaltensforschung, 8. Auflage, Vierkirchen-Pasenbach 2004

Eibl-Eibesfeldt, I. Liebe und Haß, München 1970

Eibl-Eibesfeldt, I. Der vorprogrammierte Mensch, München 1976

Ekmann, P. Ein Lächeln ist nur ein Lächeln, in: Psychologie heute, Juni 1976

Fisher, H. Anatomie der Liebe. Warum Paare sich finden, sich binden und auseinandergehen, München 1993

Freemann, D. Liebe ohne Aggression, München 1983

Franck, D. Verhaltensbiologie, Stuttgart/New York 19973

Frisch, K. v. Tanzsprache und Orientierung der Bienen, Berlin 1965

Gansloßer, U. Säugetiersozialsysteme, Fürth 2001

Gattermann, R. Verhaltensbiologisches Praktikum, Jena 1990

Goldschmidt, T. Darwins Traumsee, München 2001

Grzimeks Tierleben München 1980

Hassenstein, B. Verhaltensbiologie des Kindes, München 1987

Hassenstein, B. Biologische Kybernetik, Heidelberg 1973

Hejj, A. Traumpartner. Evolutionspsychologische Aspekte der Partnerwahl, Berlin/Heidelberg/New York 1996

Hinde, R. A. Das Verhalten der Tiere, Frankfurt/M. 1973

Holst, D. v. Auswirkungen sozialer Kontakte bei Tupajas, in: Biologie in unserer Zeit 24, 1994, S. 164–174

Holst, E. v. Zur Verhaltensphysiologie bei Tieren und Menschen, München 1970

Hooff, J. A. R. A. M. v. Aspecten van het sociale gedrag en de communicatie bij humane en niethumane Primaten, Rotterdam 1971

Hornung, G. Wo Hilfe nicht erwünscht ist, in: Unterricht Biologie 185, 1993, S. 51

Hornung, G./Miram, W. Verhaltenslehre, Hannover 1980

Immelmann, K. (Hrsg.) Verhaltensforschung, Zürich 1974

Immelmann, K. u.a. (Hrsg.) Psychobiologie, Stuttgart/Weinheim 1988

Jürgens, U./Ploog, D. Von der Ethologie zur Psychologie, München 1974

Kattmann, U. Soziobiologie – Wissenschaft und Ideologie, in: Unterricht Biologie 185, 1993, S. 4–13

Kleinert, R. Untersuchungen zur Entfernungsweisung im Futterrekrutierungsverhalten von Erdwespen, Staatsexamensarbeit, Frankfurt/M. 1978

Klemmstein, W. Evolution von Sozialstrukturen, in: Unterricht Biologie 200, 1994, S. 38–46

Köhler, W. Intelligenzprüfungen an Menschenaffen, Berlin 1963

Kummer, H. Sozialverhalten der Primaten, Berlin 1975

Kummer, H. Weiße Affen am Roten Meer, München 1992

Lamprecht, J./Langlet, J./Schröder, E. Verhaltensbiologie im Unterricht, Köln 2002

Lauer, J./Lindauer, M. Genetisch fixierte Lerndispositionen bei der Honigbiene, Abhandlung Akademie d. Wissenschaften 1, 1971, S. 1–87

Lawick-Goodall, J. v.	Wilde Schimpansen, Hamburg 1975
Lefrancois, G. R.	Psychologie des Lernens, 3. Auflage, Berlin 1994
Lethmate, J.	Sozialstrukturen von Menschenaffen, in: Praxis der Naturwissenschaften – Biologie 1, 1989, S. 16–30
Leyhausen, P.	Katzen – eine Verhaltenskunde, Berlin 1982
Löwe, B./Hofmann, W./ Thiel, W.-D.	Neurobiologie, Ethologie, Bamberg 1984
Lorenz, K.	Vergleichende Verhaltensforschung, Wien 1978
Lorenz, K.	Das sogenannte Böse, München 1976
Lorenz, K.	Über tierisches und menschliches Verhalten, München 1970
Marler, P. R./ Hamilton, W. J.	Tierisches Verhalten, München 1972
McFarland, D.	Biologie des Verhaltens, Heidelberg 1999
Pawlow, I. P.	Die bedingten Reflexe, München 1972
Premack, D.	Intelligence in Ape and Man, New York 1976
Rensch, B.	Gedächtnis, Begriffsbildung und Planhandlungen bei Tieren, Hamburg 1973
Roth, G. (Hrsg.)	Kritik der Verhaltensforschung, München 1974
Ruppert, W.	Partnerwahl beim Menschen – aus soziobiologischer Sicht, in: Unterricht Biologie 237, 1998, S. 39–47
Ruppert, W.	Der Mensch – das moralische Tier, in: Unterricht Biologie 240, 1998
Schrooten, G.	Ethologie 1, Kursheft Sek. II, Stuttgart 1981
Schrooten, G. (Hrsg.)	Der Biologieunterricht, Verhaltenslehre II, Heft 3, Stuttgart 1975
Schrooten, G. (Hrsg.)	Der Biologieunterricht, Verhaltenslehre III, Heft 1, Stuttgart 1976
Singh, D.	Adaptive Significance of Female Physical Attractiveness: Role of Waist-to-Hip Ratio, in: Journal of Personality and Social Psychology 2, 1993, S. 293–307
Skinner, B. F.	Die Funktion der Verstärkung, München 1974
Tinbergen, N.	Instinktlehre, Berlin 1972
Tinbergen, N.	Tiere und ihr Verhalten, Time Life International 1976
Tinbergen, N./ Perdeck, A. C.	On the stimulus situation releasing the begging response in the newly hatched Herring gull chick, Behav. 3, 1950
Vincent, J.-D.	Biologie des Begehrens, Hamburg 1990
Voland, E.	Grundriss der Soziobiologie, Heidelberg-Berlin 2000
Waal, F.B.M. de	Die Bonobos und ihre weiblich bestimmte Gesellschaft, in: Spektrum der Wissenschaft 5, 1995, S.76–83
Wickler, W.	Von der Ethologie zur Soziobiologie, in: Natur und Museum, 117 (a), Frankfurt/M. 1987, S. 265–271
Wickler, W./Seibt, U.	Das Prinzip Eigennutz, München 1981
Wickler, W./Seibt, U.	Vergleichende Verhaltensforschung, Hamburg 1973

Wilmes, A. Bedeutung der Mutter-Kind-Beziehung für die Entwicklung des Kleinkindes, in: Unterricht Biologie 1978, Heft 27, S. 44–50

Wilson, E. O. Biologie als Schicksal, Frankfurt/M. 1980

Zippelius, H.-M. Die vermessene Theorie, Wiesbaden 1992

Lösungen

Teil B

B01 Seite 23

Man betrachtet jeden Versuch einzeln und geht von der Nullhypothese aus, dass Test- und Kontrollplätze gleich häufig angeflogen werden.
Daraus resultieren als theoretisch zu fordernde Werte für $V_1 = 9$, $V_2 = 13$, $V_3 = 10{,}66$, $V_4 = 21$.
Zur Prüfung der Übereinstimmung zwischen empirisch erhaltenen und theoretisch geforderten Werten wird der χ^2-Test benutzt; für Versuch 1 heißt das:

$$\chi^2 = \sum \frac{(B-E)^2}{E} = \frac{(3-9)^2}{9} + \frac{(24-9)^2}{9} + \frac{(0-9)^2}{9}$$

$$\chi^2 = \frac{(-6)^2}{9} + \frac{(15)^2}{9} + \frac{(-9)^2}{9}$$

$$\chi^2 = \frac{36+225+81}{9} = \frac{342}{9}$$

$$\chi^2 = 38$$

Für die drei anderen Versuche ergeben sich nach Berechnung als χ^2-Werte:

für Versuch 2: $\chi^2 = 22{,}62$
für Versuch 3: $\chi^2 = 64$
für Versuch 4: $\chi^2 = 40{,}7$

Aus der χ^2-Tabelle ermittelt man die Vergleichswerte bei 3 Klassen mit 5% Wahrscheinlichkeit als 5,99, mit 1% Wahrscheinlichkeit als 9,21.
Da alle berechneten χ^2-Werte größer sind als die Widerspruchsgrenzwerte für 1%, ist die Nullhypothese mit Sicherheit abzulehnen. Es muss also mindestens einen Faktor geben, der das Verhalten der Wespen beeinflusst.

Teil C

C01 Seite 27

Nullhypothese: Alle sechs Deutungsmöglichkeiten werden gleich häufig gewählt, die Einschätzungen erfolgen rein zufällig.
Auswertung: erfolgt nach dem χ^2-Test, bei dem gilt:

$$\chi^2 = \sum \frac{(B-E)^2}{E}$$

Für Bild 1 errechnet sich E aus: Stichprobenumfang (144) geteilt durch die Anzahl der Wahlmöglichkeiten (6) als 24; und damit χ^2 als:

$$\chi^2 = \frac{(116-24)^2}{24} + \frac{(2-24)^2}{24} + \frac{3\,(0-24)^2}{24} + \frac{(26-24)^2}{24}$$

$$\chi^2 = \frac{8464+484+1728+4}{24} = \frac{10680}{24}$$

$$\chi^2 = 445$$

Bei gleichem Ansatz ergeben sich nach Berechnung für die restlichen Abbildungen:

	E	χ^2	Klassen	für 1%
Bild 2	24	511,75	6	15,09
Bild 3	20	236,8	6	15,09

Da alle errechneten χ^2-Werte über den Vergleichswerten für die Widerspruchsgrenze (1 %) bei 6 Klassen liegen (*vgl. Tabelle 1*), muss die Nullhypothese mit 99% Wahrscheinlichkeit verworfen werden.
Es kommt zu einer signifikant überzufälligen Häufung, d.h., es muss mindestens einen beeinflussenden Faktor geben, der dieses Wahlverhalten erklären würde. Da die Befragungsergebnisse weder alters- noch geschlechtsabhängig zu sein scheinen, aber mit Personen unseres Kulturkreises stattfanden, könnte dem Erkennen und Zuordnen einer Mimik zu einer Deutungskategorie entweder eine angeborene Komponente innewohnen oder auf einer – für unseren Kulturkreis typischen – Erfahrung (Erziehung) beruhen.

Seite 29 **C02**

a) Lachen ist stets mit rhythmischen Lautäußerungen und starkem Entblößen der Zähne verbunden, es enthält im Auslachen deutlich aggressive Elemente, dient aber auch als gruppenbindendes Ritual. Lächeln dient eher der Aggressionshemmung und Kontaktaufnahme, es erfolgt ohne Lautäußerung mit nur wenig entblößten Zähnen.
b) Da sich Kaspar-Hauser-Versuche beim Menschen verbieten, könnte man Neugeborene beobachten, taubblind geborene Kinder untersuchen oder einen Kulturvergleich durchführen. Wir würden positive Ergebnisse erhalten; Lächeln basiert auf angeborenen Elementen.

Seite 34 **C03**

Alle drei Verhaltensweisen lassen sich mithilfe der Modellvorstellungen zum Prinzip der doppelten Quantifizierung erklären:
a) Handlungsbereitschaft extrem angestiegen, selbst ein nicht adäquater Reiz genügt (Ersatzobjekt), um die Verhaltensweise Balz auszulösen (Ersatzbefriedigung).
b) Erklärung wie unter a)

Seite 36 **C04**

Es handelt sich um eine Instinkthandlung. Das Wahrnehmen eines Eies außerhalb des Nestes ist der auslösende Reiz. Die Eirollbewegung selbst stellt die Erbkoordination dar, die seitlichen Korrekturbewegungen die Orientierungsreaktion. Beweis für die formstarre Erbkoordination ist die Weiterführung ohne richtende Korrekturbewegungen nach Entfernen des Eies.

Seite 37 **C05**

Es handelt sich um eine Instinkthandlung. Die erste Phase ist als Appetenzverhalten erklärbar (Handlungsbereitschaft: Hunger). Die Fliege dient als adäquater, auslösender Reiz für die nachfolgende Orientierungsreaktion (Ausrichten des ganzen Körpers und Fixieren der Fliege). Die Fliege dient nun auch als Auslöser für die – wahrscheinlich erbkoordinierte – Endhandlung, bestehend aus Fangsprung, Ausklappen der Zunge und Schlucken.

Co6 Seite 37

a)

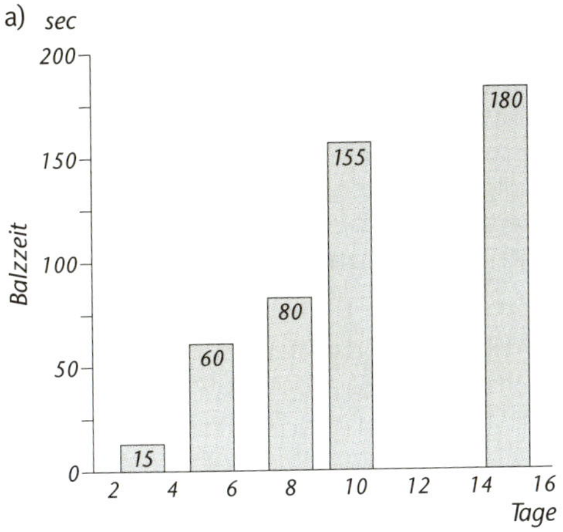

Säulendiagramm zu Aufgabe Co6

b) Der Balztanz des Springspinnen-Männchens stellt eine erbkoordinierte Endhandlung dar. Durch seine Untersuchungen hat DREES nachgewiesen, dass das Ausführen der Paarung (als abschließendes Element der Endhandlung) Einfluss auf die Handlungsbereitschaft hat. Fasst man dabei die Balzdauer als Maß für die Größe der Handlungsbereitschaft auf, bedeutet dies, dass die Handlungsbereitschaft direkt nach der Paarung auf null gesunken ist und dann von selbst wieder ansteigt.
Der Anstieg verläuft zunächst flach, im mittleren Teil relativ steil und flacht nach dem 10. Tag wieder ab.

Co7 Seite 38

Es handelt sich um eine Instinkthandlung. Im ersten Fall ist der auslösende Reiz die Nesterschütterung (Beweis: künstliche Erschütterung). Die formstarre Erbkoordination ist das Sperren (Halsrecken und Schnabelaufreißen). Die Orientierungsreaktion ist die Richtung des Sperrens: solange die Nestlinge blind sind, entsprechend des Schwerereizes (senkrecht nach oben), sobald sie sehen können, auf den Elternvogel (Schnabel) hin. Die Handlungsbereitschaft stammt aus dem Bereich der Nahrungsaufnahme (Hungerzustand der Nestlinge).

Co8 Seite 44

Es handelt sich um einen Attrappenversuch zur Klärung der wirksamen Reizelemente (Elemente des Schlüsselreizes).

a) Männchen reagieren auf alle Weibchen-Attrappen, am besten allerdings auf die schwarze ①. Unterschiedliche geometrische Formen sind genauso wirksam wie die natürliche Nachbildung ②. Eine Entfernung von 10 cm scheint optimal ③. Eine Attrappe, die wellenförmige Bewegungen ausführt, führt zu heftigeren Reaktionen bei den Männchen als ein „geradliniger Flug“ ④.
b) Der wirksame Schlüsselreiz besteht nach diesen Untersuchungen aus folgenden Elementen: möglichst dunkles Objekt in einer Entfernung von ca. 10 cm, das sich wellenförmig bewegt.

Co9 Seite 45

Die Jungtiere scheinen eine „Vorstellung“ vom charakteristischen Kopf-Körper-Verhältnis zu haben. Schlüsselreiz wäre also eine bestimmte Größenrelation vom Kopf zum Körper. Dieses Verhältnis ist bei ⓐ zwischen kleinem Kreis und „Körperkreis“, bei ⓑ zwischen „Körperkreis“ und mittelgroßem Kreis erfüllt.

Seite 49 **C10**

Der Lockgesang der Männchen wirkt als Schlüsselreiz für die Weibchen. Die Einzelelemente sind Zirprate und Anordnung der Laute zu Gruppen. Die Weibchen verfügen über einen AAM, der die arteigenen Gesänge erkennt und mit dem entsprechenden Verhalten verknüpft. Aus dem „Temperaturversuch" wird deutlich, dass der AAM eine physiologische Struktur haben muss. Entsprechend der RGT-Regel (Reaktions-Geschwindigkeit-Temperatur-Regel) verlangsamen sich bei wechselwarmen Tieren die Stoffwechselprozesse: Dies führt einerseits zu veränderten (verlangsamten) Schlüsselreizen, andererseits zu einem gleichermaßen veränderten Erkennen.

Seite 54 **C11**

a) Bis zu einem Alter von 2,5 Monaten werden Bilder von Affen besonders bevorzugt, wobei die Bilder von Artgenossen noch intensiver beantwortet werden, unabängig vom Alter und der dargestellten Mimik. Ab 2,5 Monaten werden junge Artgenossen deutlich vor allen anderen Bildern bevorzugt; die Bevorzugung der Drohmimikbilder geht zurück. Allgemein ist eine Steigerung der Hebeldruckraten mit steigendem Alter feststellbar.
Erklärung: Da Kaspar-Hauser-Bedingungen vorliegen, lassen die Versuche die Schlussfolgerung auf angeborene Elemente des Verhaltens zu. Da Männchen und Weibchen gleichermaßen reagieren, liegt keine Geschlechtsspezifität vor. Untersucht wird eine Schlüsselreiz-AAM-Beziehung.
Der kontinuierliche Anstieg der Hebeldruckrate insgesamt lässt sich mit der altersabhängigen Verbesserung der Bewegungsmotorik erklären.
Besonders interessant ist die Reaktion der jungen Affen auf die Drohmimik von Artgenossen: Hier scheint Reifung eines AAM vorzuliegen!
Zunächst findet keine Differenzierung (Erkennen) der Mimik statt; in der Zeit, in der junge Affen erste „Kontakte" mit der „sozialen Umwelt" aufnehmen (erste „Ausflüge" unternehmen), ist zeitgleich auch der Erkennungsmechanismus gereift. Es handelt sich um eine angeborene Vermeidungsreaktion gegenüber drohender Mimik von Artgenossen.
Der erneute Anstieg mit dem 4. Monat lässt sich nur dadurch erklären, dass die Affen in ihrer Isolationshaft keine negativen Erfahrungen mit dem drohenden Artgenossen machen können und dadurch die angeborenermaßen vorliegende Vermeidungsreaktion einem positiven Interesse gegenüber artgleichen Individuen weicht (ein Lern-, Gewöhnungsvorgang).
Bei diesem Versuch wird deutlich, welche Probleme durch Kaspar-Hauser-Versuche auftreten können. Würde man solche Tiere in bestehende Gruppen umsetzen, würden die zu erwartenden sozialen Fehlleistungen zu heftigen (bisweilen sogar tödlichen) Auseinandersetzungen mit Artgenossen führen.

b) Auf den Menschen dürfen wir ein solches Ergebnis stets nur als Arbeitshypothese und mit der größtmöglichen Vorsicht übertragen, da Schlüsselreize bei ihm normalerweise nur Verhaltenstendenzen aktivieren und einer rationalen Kontrolle zugänglich sind.

Seite 56 **C12**

Die Untersuchungen von Ploog/Spitz zeigen, dass für die Instinkthandlung des Saugens eine bestimmte Handlungsbereitschaft vorhanden ist, die zur Abreaktion drängt und nicht unmittelbar vom Versorgungszustand mit Nahrung abhängt.
Wird die Handlung zu früh unterbrochen, kommt es nicht zur Befriedigung; es bleibt ein hoher Antrieb bestehen.
Man könnte zusätzlich einen Versuch mit zu kleiner Saugeröffnung machen und beobachten, ob die Saugbewegungen nach ca. 20 Minuten eingestellt werden, obwohl noch Flüssigkeit im Fläschchen ist. Oder man könnte in das Fläschchen ausschließlich Wasser füllen und beobachten, wie lange gesaugt wird.
Problematisch erscheint die Abgrenzung dieser Verhaltensweise zur körperlich-muskulären Ermüdung hin.

C13 Seite 58

Infolge der Kastration lässt das Sexualverhalten von männlichen Ratten drastisch nach. Der Eingriff hat einen direkten Einfluss auf die Handlungsbereitschaft. Da sich nach der Behandlung mit Testosteron (dem Hormon des Hodengewebes) das normale Sexualverhalten wieder einstellt, muss ein direkter Einfluss des Hormonspiegels auf die Handlungsbereitschaft für das Sexualverhalten angenommen werden.

C14 Seite 59

Die Handlungsbereitschaft zur Nahrungsaufnahme ist kumuliert, der Säugling hat vorher geschlafen. Er zeigt nun ein Appetenzverhalten (ungerichtetes Suchen), indem er zu schreien beginnt und den Kopf hin und her bewegt (vgl. Suchreflex, Kap. A.3.2). Durch das Schreien erweckt er die Aufmerksamkeit der Mutter, durch das Hin- und Herwenden des Kopfes erhöht er die Wahrscheinlichkeit, den auslösenden Reiz zu finden.

Die ungerichtete Bewegung geht nach dem Anlegen an die Brust der Mutter in eine gerichtete Suchbewegung über, die Orientierungsreaktion oder Taxis. Das Berühren der Brustwarze (Schlüsselreiz) wird von einem angeborenen Auslösemechanismus (AAM) erkannt und führt zur erbkoordinierten Endhandlung: Öffnen des Mundes, Schürzen der Lippen, Umschließen der Brustwarze (vgl. Lippenreflex), Ausführen der rhythmischen Pumpsaugbewegung.

Hierbei kommt den ersten Elementen immer auch ein zusätzlicher Orientierungsanteil zu; die eigentliche Erbkoordination würde in der rhythmischen Pumpsaugbewegung und dem anschließenden Schlucken bestehen, ausgelöst durch die Berührung des Munddaches.

Die Ausführung der Saugbewegung führt einerseits zur physiologischen Sättigung und damit zur Verminderung der Handlungsbereitschaft für weiteres Nahrungsaufnahmeverhalten, andererseits zur Habituation des Saugverhaltens selbst – wenn die Handlung lange genug durchgeführt wurde. Das Nahrungsbedürfnis ist befriedigt, es kommt zu Verhaltensweisen aus einem anderen Verhaltensbereich. Der gesamte Ablauf entspricht einer typischen Instinkthandlung.

C15 Seite 62

Untersucht wurde von Baerends und seinen Mitarbeitern der Zusammenhang zwischen inneren (Antriebsstärke) und äußeren Faktoren (Schlüsselreizstärke). Die Stärke der Außenreize wird durch die Größe der Weibchen-Attrappe bestimmt. Die Ergebnisse – ein fast linearer Kurvenverlauf für beide Verhaltensweisen – verdeutlichen das Prinzip der doppelten Quantifizierung bzw. der Aussagen, die man anhand des hydraulischen Instinktmodelles gewinnen kann.

Reizstärke und Antriebsstärke ergänzen (addieren) sich und führen zur Auslösung der Verhaltensweisen.

C16 Seite 64

Die Instinkthandlung des Beutefangs wird hier mithilfe von Attrappenversuchen analysiert und in ihre einzelnen Komponenten, Reiz-Reaktions-Beziehungen, zerlegt.

Über das Appetenzverhalten (ungerichtetes Suchen) und die Handlungsbereitschaft wird nichts ausgesagt. Da das Tier aber die Verhaltensweisen des Beutefangs zeigt, kann man davon ausgehen, dass eine entsprechende Handlungsbereitschaft motiviert ist.

Die Wasservibrationen dienen als richtende Reize und werden mit der Orientierungsreaktion des gerichteten Schwimmens zur Reizquelle beantwortet. Ein kleines Objekt (Korkstückchen) ist Schlüsselreiz (optische Komponente) für die Endhandlung des Ergreifens.

Um zu einer vollständigen Endhandlung zu kommen und damit die Handlungsbereitschaft zu habituieren, muss der Schlüsselreiz weitere Elemente aufweisen: Ein Objekt (Wattebausch), das sich zusätzlich weich, haarig „anfühlt“ (haptische Komponente), wird ergriffen und festgehalten. Nur wenn es außerdem nach Fleisch „riecht und schmeckt“ (chemische Komponente), wird es auch noch angestochen.

Seite 65 **C17**

Bei der Verhaltensbeschreibung spricht EIBL-EIBESFELDT vom Stoßen des Männchens in schneller Folge gegen den Schwanzstiel des Weibchens. Man müsste das Männchen nach dem „Ins-Nest-Schwimmen" des Weibchens abfangen. Schwimmt das Weibchen nun aus dem Nest heraus, ohne abgelaicht zu haben, ist bewiesen, dass ein entsprechender auslösender Reiz für das Ablaichen fehlt.
Bei einem Weibchen, das sich ablaichbereit im Nest befindet, könnte man versuchen, z.B. mit einem kleinen Stöckchen, die Stoßbewegungen des Männchens nachzuahmen. Gelingt dies und das Weibchen laicht ab, wäre der Schlüsselreiz ermittelt.

Seite 65 **C18**

Das Wanderverhalten der Erdkröten wird von einer Handlungsbereitschaft zur Fortpflanzung aktiviert und stellt ein Appetenzverhalten dar. Die bewegten Objekte lassen sich als richtende, orientierende Reize interpretieren, die zu einer gerichteten Orientierungsbewegung führen, dem Anspringen. Das „Angesprungen-Werden" wirkt für betroffene Männchen als Schlüsselreiz, eine schnelle Folge von Rufen auszustoßen, bei Weibchen hingegen als Schlüsselreiz, sich ruhig zu verhalten und sich umklammern zu lassen. Für die anspringenden Männchen wirken schnelle Folgen von Rufen als Schlüsselreiz, den umklammerten Partner loszulassen. Verhält sich das angesprungene Tier ruhig, ist dieses Verhalten Auslöser für das Umklammern und Festhalten. Die Signalstellung (Wortwahl!) des Weibchens ist ein weiterer auslösender Reiz für das Männchen; dieses rutscht nach hinten und bildet mit seinen Hinterbeinen einen Korb (Teil der erbkoordinierten Endhandlung). Das „Nach-hinten-Rutschen" ist der Schlüsselreiz für das Weibchen abzulaichen (Endhandlung). Der austretende Laich (Schlüsselreiz) wird vom Männchen besamt (Endhandlung).
Es liegt also eine Handlungskette vor, bei der die Ausführung eines Verhaltens auslösenden Charakter für die nachfolgende Verhaltensweise des Partners besitzt und umgekehrt (vgl. Stichlingsbalz).

Seite 67 **C19**

Da der Schlüsselreiz für „Revier" fehlt, werden untergeordnete Zentren nicht enthemmt, die Fische bleiben beim Schwarmverhalten.
Besetzt ein Tier ein Revier, kommt es bei diesem Tier zu einer Enthemmung, die Folge ist eine Umfärbung.
Da nur bei dem „Revierbesitzer" das Zentrum für Balzverhalten enthemmt ist, kann auch nur dieses Männchen das typische Balzverhalten zeigen, die übrigen Männchen „interessiert" das Weibchen nicht.

Seite 68 **C20**

Die Instinkthandlungen Balz und Beutefang sind nicht kompatibel. Trotzdem kommt es bei den männlichen Springspinnen nicht zu einem Konflikt, es wird eindeutig EINE Instinkthandlung gezeigt.
Die Anzahl der Hungertage stellt den äußeren Maßstab für die Handlungsbereitschaft zur Nahrungsaufnahme (Beutefang) dar. Je intensiver das Tier gehungert hat, umso prozentual häufiger führt es Beutefanghandlungen aus, umso seltener balzt es. Es ist anzunehmen, dass für die umgekehrte Stimmungslage das Verhalten des Tieres umgekehrt ausfallen würde.

C21 Seite 71

a) Da der ausgestopfte Iltis den adäquaten Schlüsselreiz für das Pflege- und Schutzverhalten durch die Putenhenne „aussendet“, reagiert die Henne entsprechend (Schlüsselreiz-AAM-Beziehung).
b) Der Schlüsselreiz für die Instinkthandlung Füttern ist der schwarze Schnabel der Jungtiere. Der entsprechende AAM wird durch den Reiz „roter Schnabel“ nicht aktiviert.
c) Da die Papierschnipsel stärker wirken als die natürlichen Auslöser, muss es sich bei ihnen um supernormale Auslöser handeln (Superattrappen).
d) Das Brutpflegeverhalten ist als typisches Übersprungverhalten zu interpretieren; Flucht- und Angriffsverhalten sind gleich stark aktiviert, es kommt zum Konflikt und zum Übersprung.

C22 Seite 73

Es handelt sich um ein ritualisiertes Übersprungverhalten: Besonders die auffällige und unwahrscheinliche Form des Verhaltens deutet darauf hin, dass die gezeigte Verhaltensweise Signalfunktion erlangt hat. Die Verhaltensweise scheint integriert zu sein in ein Balzverhalten, hier: Werbung um eine Geschlechtspartnerin bei stark kumulierter Handlungsbereitschaft zum Fortpflanzungsverhalten. Es wird deutlich, dass auch aufgrund starker Kumulierung einer Handlungsbereitschaft ein ritualisiertes Übersprungverhalten gezeigt werden kann.

C23 Seite 74

„Schwierige Situationen“ meint hier Konfliktsituationen, in denen die Handlungsbereitschaften für Flucht und Angriff kumuliert sind. Da beide adäquaten Verhaltensweisen nicht möglich sind (Angriff auf den Prüfenden/Vorgesetzten ebenso wenig wie Flucht), kommt es zu einem Übersprung aus dem Bereich der Körperpflege.

C24 Seite 74

Der Redner befindet sich vor dem Publikum in einer exponierten Position; die Verhaltenstendenzen zu Flucht und Angriff sind kumuliert, können jedoch nicht adäquat abreagiert werden. Es kommt zu unterschiedlich einzuordnenden Verhaltensweisen:

- Das freundliche Lächeln zu Beginn ist als Beschwichtigungsgeste zur Kontaktaufnahme zu werten (= ritualisierter Übersprung);
- Blick-Abwenden und unruhig Auf- und Abtreten sind als Intentionsbewegung zum Fluchtverhalten anzusehen;
- Übersprung aus dem Bereich der Körperpflege;
- Abreaktion am Ersatzobjekt bzw. umorientiertes Verhalten.

C25 Seite 76

Haushahn am wenigsten ritualisiert; Jagdfasan lockt ganz ähnlich. Glanzfasan steht für die nächste Ritualisierungsstufe; den Abschluss bildet der Pfau.

Teil D

D01 Seite 84

Schleidt hat die Truthühner unter Kaspar-Hauser-Bedingungen großgezogen und ihnen häufig kurzhalsige Attrappen als Flugbildsilhouetten gezeigt, sodass sie sich allmählich an diese gewöhnten. Langhalsige Flugbildsilhouetten bekamen sie dagegen nur selten zu sehen. Es entwickelte sich ein zum natürlichen Verhalten der Tiere spiegelbildliches Verhalten.

Seite 87 **D02**

Der neutrale Reiz Glockenton wird durch Kontiguität mit dem UCS (Futter) zum konditionierten Reiz (CS). Nach entsprechend häufiger gemeinsamer Darbietung löst der Glockenton als CS die Speichelflussreaktion als konditionierte Reaktion (CR) alleine aus. Die CR ist der UCR (Speichelfluss auf den UCS Futter) dann sehr ähnlich.
Die Kurve zeigt, dass ab ca. 35 Lerndurchgängen die Speichelabsonderung konstant hoch bleibt. Nach obigen Überlegungen ist anzunehmen, dass die Reaktionsstärke vergleichbar ist mit der Speichelabsonderung auf den unkonditionierten Reiz (Futter) hin.

Seite 90 **D03**

Bei der klassischen Konditionierung folgt auf eine spezifische Reizsituation (UCS und CS) eine motorische Aktivität (bedingter Reflex). Die Konditionierung erfolgt in Bezug auf die Reizsituation.
Bei der operanten Konditionierung wird zunächst eine motorische Aktivität vom Organismus verlangt, die eine spezifische Reizsituation erst zur Folge hat (bedingte Aktion). Die Konditionierung erfolgt in Bezug auf die Verhaltensweise.

Seite 92 **D04**

In a) wird deutlich, dass das Versuchstier bei der Variablen-Intervall-Verstärkung ② trotz wesentlich geringerer Belohnung (3 gegenüber 23) deutlich mehr Reaktionen zeigt, also „besser" lernt als bei der Immerverstärkung ①.
b) Hier zeigt sich, dass die mit variablen Intervallen konditionierte Reaktion deutlich langsamer löscht als die stetig verstärkte.

Seite 94 **D05**

Bei einem solchen Vorgehen würde das Tier die Bestrafung mit der Rückkehr in Beziehung setzen und würde im Extremfall nicht mehr zurückkommen.
Ein Hundeführer, der sein Tier gut kennt, müsste denjenigen Moment abpassen, in dem der Hund zum Wildern loslaufen will, und entsprechend eine negative Verstärkung vornehmen.

Seite 96 **D06**

Das Problem ist deshalb recht schwierig zu lösen, weil man zunächst im Quadrat „hängen bleibt" und die Geraden nicht über die Punkte hinaus verlängert.

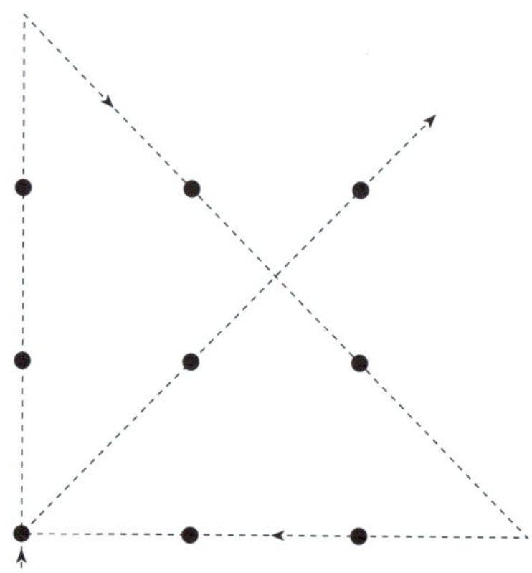

Lösung der Neun-Punkte-Aufgabe

D07 Seite 104

In allen drei Fällen handelt es sich um den Aspekt der sexuellen Prägung.

a) Die Erpel sind wahrscheinlich ohne weibliche Muttertiere nur in Gesellschaft mit anderen Erpeln aufgewachsen (Fehlprägung).
b) Der Zebrafink wurde wahrscheinlich von Menschenhand aufgezogen (Fehlprägung).
c) Hier scheinen während der sensiblen Phase keine adäquaten Reize vorgelegen zu haben (Isolationsaufzucht), das Verhalten bleibt dadurch indifferent (versäumte Prägung).

D08 Seite 105

Auch bei diesen erwachsenen Tieren scheint ein prägungsähnlicher Vorgang abzulaufen, sie werden auf ihre eigenen Jungtiere geprägt. Dies ist in großen Tierverbänden sicher biologisch sinnvoll.
Die Besonderheit besteht darin, dass wir die Prägung bisher auf die frühe Jugendentwicklung eingeschränkt hatten.

Teil E

E01 Seite 118

a) Das beschriebene Verhalten ist dann biologisch sinnvoll, wenn dadurch der Fortpflanzungserfolg des Mutterschweines erhöht wird.
   Im vorliegenden Fall würde die Mutter z.B. nach 115 Tagen einen Wurf mit 4 Ferkeln bekommen und diese 4 Ferkel 55 Tage säugen, zusammen also 170 Tage oder 42,5 Tage pro Ferkel.
   Abortiert sie am 12. Tag, wird sofort wieder trächtig und hat einen normalen Wurf von 9 Ferkeln, sieht die „Investition“ pro Nachkomme für sie deutlich günstiger aus; Gesamttrage- und säugezeit: 182 Tage oder 20,2 Tage pro Ferkel. Unter der Prämisse, dass der Fortpflanzungserfolg das entscheidende Maß darstellt, ist ihr Verhalten also biologisch sinnvoll.
b) Mütterlicher Infantizid; Aufzucht der drei restlichen Jungen: 115 T + 55 T = 170 T, d.h. 56,6 Tage pro Ferkel; Trächtigkeit und Aufzucht eines neuen Wurfes nach vorherigem Infantizid mit neun Ferkeln: 115 T + 115 T + 55 T = 285 T, d.h. 31,67 Tage pro Ferkel; für das Jungschwein also rentabel.
c) Erfahren sein bedeutet zugleich alt sein, deshalb ist die Wahrscheinlichkeit für neuerliche Trächtigkeit und einen großen Wurf geringer, d.h., die Überlebenschance für die drei Restkinder wäre besser.

E02 Seite 122

a) Die Männchen steigern durch ihr Verhalten ihre Fitness, indem sie mehr Nachkommen erzeugen als ihre Konkurrenten, sie verhalten sich also egoistisch.
b) Auch die Weibchen verhalten sich eigennützig, sie versuchen durch ihr Wahlverhalten die bestmöglichen Gene für ihre Jungen zu sichern.
c) Ethologisch: Mit Hilfe der Bruthelfer werden mehr Junge geschlechtsreif, dies nützt der Art. Soziobiologisch: Da die Bruthelfer mit den Jungen verwandt sind, haben sie auch mit diesen gemeinsame Erbanlagen und nützen damit ihren eigenen Genen.
d) Ethologisch: Das Schutz- und Warnverhalten dient dem Gruppenwohl und damit der Arterhaltung. Soziobiologisch: Die Wächter warnen in der Regel nahe verwandte Gruppenmitglieder und erhöhen damit indirekt ihre eigene Fitness.

Seite 123 E03

a) Hier werden Zweckursache und Wirkursache als Erklärungsmodelle angeboten: Die abnehmende Tageslänge als Grund richtet sich auf die Wirkursache (proximater Grund), das zu erwartende reichhaltigere Nahrungsangebot nennt die Zweckursache, den ultimaten Grund.
b) Zunächst setzt die Selektion natürlich an den Organismen selbst an, die bestangepassten haben die größten Überlebenschancen und damit auch die höchsten Fortpflanzungschancen.
Verlässt man aber die Ebene der individuellen Auslese, wird die Weitergabe bestimmter genetischer Programme zum Maßstab.
c) Unter Anpassung versteht man streng genommen die Veränderungen, die ein bestimmtes Lebewesen erfährt, um für konkrete Umweltbedingungen geeigneter zu sein. Anpassung ist also ein Vorgang, während die Angepasstheit das Ergebnis der Anpassung, also einen Zustand, beschreibt.

Seite 128 E04

a) Die Revierbildung ist zunächst Aufgabe der Männchen, sie teilen sich den zur Verfügung stehenden Raum hälftig auf ⓐ. Hat die Verpaarung stattgefunden, „hilft" das Weibchen „mit" ⓑ, das Revier gegenüber dem unverpaarten Männchen auszudehnen. Ist auch dieses verpaart ⓒ, kommt es wieder zum Ausgleich der Kräfteverhältnisse. Nach dem Ablaichen ⓓ muss nun das Männchen wieder allein das Revier verteidigen, es ist auf den Raum um die Brut beschränkt. Es kommt erneut zum Ausgleich, wenn auch das zweite Weibchen abgelaicht hat ⓔ.
Die Laichplätze befinden sich in der größtmöglichen Entfernung zueinander.
b) Die Männchen können keine Reviere in Besitz nehmen; indirekte Bevölkerungskontrolle.

Seite 130 E05

Alpha-Tier ist Huhn E, Omega-Tier ist eindeutig Huhn D. Zwischen den Hühnern A, B und C hat sich eine Dreiecksbeziehung entwickelt.

Pfeildiagramm zu Aufgabe E05

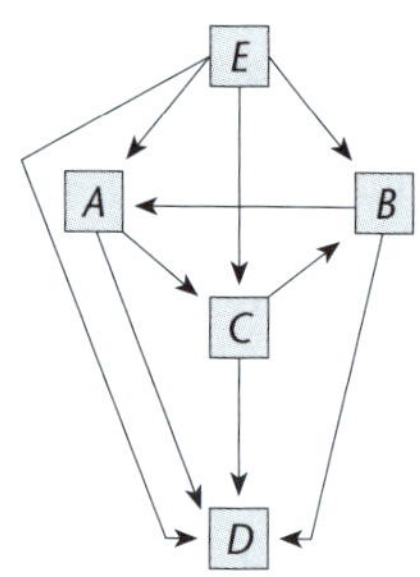

Seite 135 E06

a) Unter den günstigeren Ernährungsbedingungen am Naivasha-See kommen mehr als zwei Drittel der Brutpaare ohne Helfer aus. Mit einem Helfer kann die Gesamtfitness geringfügig gesteigert werden. Unter den ungünstigeren Ernährungsbedingungen am Victoria-See ist die Gesamtfitness mit zwei Helfern am größten; entsprechend höher ist der Anteil von Brutpaaren mit einem oder zwei Helfern.
b) Das Verhalten primärer Helfer beruht auf Verwandtenunterstützung der Halbgeschwister. Sekundäre Helfer können sich im Folgejahr mit dem Brutweibchen verpaaren, wenn das vorherige Männchen stirbt oder verjagt wurde. Sie können Erfahrungen in der Brutpflege erwerben, die zu erfolgreicherer Jungenaufzucht beitragen.

E07 Seite 136

Bei großen Beutetieren (ab ca. 20 mm^2) dauert die Paarung im Mittel 23 Minuten, bei kleinerer Beute wird sie vom Weibchen schon früher abgebrochen. Da die Zahl der übertragenen Spermien, wie Abb. 81) zeigt, direkt mit der Dauer der Paarung korreliert ist, haben diejenigen Männchen einen Fitnessvorteil, die große Beutetiere anbieten.

E08 Seite 146

a) Für Männer ist die körperliche Attraktivität einer potenziellen Partnerin wichtiger, für Frauen der gute finanzielle Status eines potenziellen Partners.
b) Männer können mit körperlich attraktiven Frauen ihren Fortpflanzungserfolg optimieren, da solche Frauen in der Regel ein größeres reproduktives Potenzial besitzen. Frauen können mit finanziell gut „situierten" Männern ihren Fortpflanzungserfolg optimieren, weil unter dieser Voraussetzung der Nachwuchs besser versorgt werden kann.

Glossar

Fremdwörter und Fachbegriffe; Kurzbiografien wichtiger Verhaltensbiologen

Abort (lat.):	Fehlgeburt
Abstraktion:	Begriffsbildung, Verallgemeinerung
Aggression (lat.):	Angriff
Agonist:	Wettkämpfer
Altruismus (lat.):	uneigennütziges menschliches oder tierliches Handeln/Verhalten, Gegensatz zu Egoismus; reziproker A.: wechselseitig, gegenseitig, aufeinander bezüglich
anonym, von anonymos (gr.):	namenlos
Apathie (gr.-lat.):	Teilnahmslosigkeit
Appetenz (lat.):	suchende Aktivität; Begehren
Avunkulat, von avunculus (lat.):	Onkel
Axiom (lat.):	absolut richtiger Grundsatz, der keines Beweises bedarf
Behaviorismus, von engl. behavio(u)r:	Benehmen, Verhalten
Deprivation:	Mangel, Verlust, Entzug (Entzug der Mutter als Bezugsperson)
diploid (gr.)	einen doppelten, d.h. vollständigen Chromosomensatz aufweisend
EIBL-EIBESFELDT, IRENÄUS:	geb. 1928 in Wien, studierte bei K. LORENZ Biologie. Mit LORENZ seit 1951 am Max-Planck-Institut für Verhaltensphysiologie. Viele Forschungsreisen, u.a. in die Karibik und den Indischen Ozean, wiederholt zu den Galapagos-Inseln. Seit 1963 Professor an der Universität München und seit 1970 Leiter der Forschungsstelle für Humanethologie in der Max-Planck-Gesellschaft.
empirisch (zu Empirie, gr.):	erfahrungsgemäß; aus der Erfahrung, Beobachtung oder dem Experiment gewonnen
Ethologie von (gr.) ethos = Gewohnheit, Sitte, (gr.) logos = Lehre:	Wissenschaft vom Verhalten
Extinktion (lat.):	Auslöschung, Tilgung
falsifizieren:	eine Hypothese durch empirische Beobachtungen widerlegen
Generalisation (lat.):	Verallgemeinerung
Habituation (lat.):	Gewöhnung
haploid (gr.)	einen einfachen Chromosomensatz enthaltend
HASSENSTEIN, BERNHARD:	geb. 1922 in Potsdam. 1958 Mitbegründer der Forschungsgruppe Kybernetik am Max-Planck-Institut für Biologie in Tübingen. 1960–1984 Professor für Biologie an der Universität Freiburg; Forschungsgebiet:

	Sinnes- und Nervenphysiologie, Biologische Kybernetik, Verhaltensbiologie des Kindes.
inkompatibel (lat.):	unverträglich
Intention (lat.):	Absicht
interspezifisch:	zwischenartlich
intraspezifisch:	innerartlich
Invariante:	Größe, die sich trotz Eintritt bestimmter Veränderungen im Umfeld nicht verändert
Kategorie (gr.-lat.):	„Grundaussage“
Katharsis (gr.):	Reinigung
kausal (lat.):	ursächlich, das Verhältnis Ursache-Wirkung betreffend
Kausalanalyse:	Beschreibung von Erkenntnissen als Ursache-Wirkungs-Zusammenhang (wenn ..., dann ...)
kognitiv (lat.):	erkenntnismäßig, die Erkenntnis betreffend
Kommentkampf:	*hier etwa:* Brauch, Sitte, Regel
Konditionierung:	einfache Lernvorgänge, durch die eine neue Verknüpfung zwischen einem Reiz und einer Handlung geschaffen wird oder vorhandene Verknüpfungen verändert werden
Konkurrenz (lat.):	Rivalität, Wettbewerb
Kontiguität (lat.):	Berührung; zeitliches Zusammentreffen verschiedener Reize
Kumulation (lat.):	Anhäufung
Kybernetik:	Beschäftigungsfeld: Steuerungs- und Regelvorgänge in Technik, Soziologie, Psychologie und Biologie. Dabei abstrahieren die gewonnenen Modelle von den zugrunde liegenden anatomisch-physiologischen Strukturen vollständig. Ziel ist es, funktionelle Gemeinsamkeiten äußerlich ausgesprochen unterschiedlicher Systeme zu erkennen.
LORENZ, KONRAD:	(1903–1989), österreichischer Biologe und Ethologe; lehrte in Königsberg, Münster und München. Direktor am Max-Planck-Institut für Verhaltensphysiologie in Seewiesen, danach Leiter des Konrad-Lorenz-Instituts in Altenberg. 1973 mit dem Nobelpreis ausgezeichnet. Arbeitete u.a. über Prägungen und den Instinktbegriff.
Mutation:	Veränderungen im Erbgut; unter evolutionsbiologischen Gesichtspunkten Veränderungen im genetischen Bestand einer Population
Ontogenese (gr.-lat.):	die Entwicklung des Individuums von der Eizelle bis zum adulten Organismus
operant (lat.-engl.):	eine bestimmte Wirkungsweise in sich habend
PAWLOW, IWAN P.:	(1849–1936), arbeitete am Physiologischen Institut der Universität Petersburg. Für Untersuchungen zur Verdauungsphysiologie erhielt er 1904 den Nobelpreis. Er entdeckte das Prinzip der Konditionierung. Seine Arbeiten wurden bekannt, als 1927 eine englische Ausgabe („Conditioned Reflexes“) erschien.

Phylogenese (gr.-lat.):	Generationenfolge; stammesgeschichtliche Entwicklung
Polygenie:	Ausprägung eines Merkmals hängt von mehreren Genen ab
Prämisse (lat.):	Voraussetzung
Primat:	Vorrang, bevorzugte Stellung
Progesteron:	Gelbkörperhormon; Hormon, das nach dem Eisprung vom zurückbleibenden Rest des Follikels, dem Gelbkörper, ausgeschüttet wird
Promiskuität (lat.):	Geschlechtsverkehr mit verschiedenen, häufig wechselnden Partnern
proximat:	am nächsten
Quadrivium (lat. Vierweg):	die vier mathematischen Disziplinen der Artes liberales (lat. Freie Künste) der mittelalterlichen Universität: Arithmetik, Geometrie, Musik, Astronomie; im Gegensatz zum sprachlich-formalen Trivium (lat. Dreiweg), bestehend aus Grammatik, Rhetorik und Dialektik
Quantifizierung (lat.):	Umformung von Qualitäten/Eigenschaften in zähl-/messbare Größen
Reflex (lat.):	„Widerschein“; Reaktion von Organismen auf Reizung des Nervensystems
ritualisieren, von Ritus (lat.):	das Vorgehen nach festgelegter Ordnung, festgelegtem Zeremoniell
Selektion:	natürliche Auslese; durch das Einwirken von Umweltbedingungen (Selektionsfaktoren) werden Lebewesen in ihrer Entwicklung und Fortpflanzung gefördert oder eingeschränkt
sensomotorisches System:	die durch Reize bewirkte Gesamtaktivität in den reizaufnehmenden und reizbeantwortenden Teilen des Nervensystems
SKINNER, BURRHUS F.:	(1904–1990), Studium der englischen Literatur, Psychologie und der Naturwissenschaften, Promotion 1931. Wirkte am Department of Psychology der Harvard University in Cambridge. Begründer des Behaviorismus. Arbeitete an Methoden der Konditionierung, Psychotherapie und Erziehung (Prinzip der Verstärkung). In seinem utopischen Roman „Futurum zwei“ übertrug er sein Prinzip konsequent auf eine utopische Gesellschaft.
Testosteron:	Hormon der männlichen Keimdrüsen
TINBERGEN, NIKOLAAS:	(1907–1988), Mitbegründer der Ethologie, erhielt mit LORENZ und V. FRISCH 1973 den Nobelpreis für Physiologie. Wurde 1949 Professor für experimentelle Zoologie in Leiden, lehrte vergleichende Verhaltensforschung in Oxford.
Tradition (lat.):	Überlieferung, Brauch
ultimat (lat.):	der entfernteste
verifizieren (lat.):	durch Überprüfung die Richtigkeit von etwas bestätigen

Register

Weitere mentor Abiturhilfen Biologie

Band 690: Zellbiologie · Struktur und Funktion zellulärer Systeme
Die Struktur der Zelle – Zellwachstum und Zellteilung – Die Organsysteme der Höheren Pflanzen – Chemie der Bau- und Inhaltsstoffe – Biomembranen – Einzeller; Kriterien des Lebens – Das Mikroskop als Analyseinstrument

Band 692: Genetik · Steuerung und Vererbung von Merkmalen und Eigenschaften
Klassische Genetik – Chromosomen und Vererbung – Humangenetik – Genetik der Bakterien und Viren – Molekulargenetik – Gen- und Reproduktionstechnik

Band 693: Nerven, Sinne, Hormone · Grundlagen
Nervensystem – Sinne – Hormone – Gehirn und Verhalten

Band 695: Evolution · Ursachen und Mechanismen der Entwicklung der Lebewesen
Die Entstehung des Lebens auf der Erde – Ursachen und Mechanismen der Evolution – Die Stammesgeschichte der Organismen – Die Evolution des Menschen

Band 696: Ökologie · Wechselbeziehungen zwischen Organismen und Umwelt
Abhängigkeit der Lebewesen von abiotischen und biotischen Faktoren – Eigenschaften natürlicher Populationen – Ökosysteme – Eingriffe des Menschen in Ökosysteme – Umwelt und Naturschutz

Band 697: Stoffwechsel
Abbauende Stoffwechselprozesse – Aufbauende Stoffwechselprozesse – Ernährung des Menschen

---

Außerdem bei mentor erschienen:
Band 11: Grundwissen Biologie